〔英〕约翰·哈里 ——

田伟华 —— 著

译

走出焦虑

Lost
Connections

Uncovering The Real Causes Of
Depression-And The Unexpected Solutions

哈尔滨出版社
HARBIN PUBLISHING HOUSE

黑版贸审字 08-2020-076 号

图书在版编目（CIP）数据

走出焦虑 /（英）约翰·哈里（Johann Hari）著；
田伟华译. —哈尔滨：哈尔滨出版社，2020.10
　ISBN 978-7-5484-5551-6

　Ⅰ．①走… Ⅱ．①约… ②田… Ⅲ．①焦虑—心理调
节—通俗读物 Ⅳ．①B842.6-49

　中国版本图书馆CIP数据核字（2020）第180894号

书　　名：**走出焦虑**
　　　　　ZOU CHU JIAO LÜ

作　　者：[英] 约翰·哈里 著
译　　者：田伟华
责任编辑：王　健　赵　芳
责任审校：李　战
封面设计：末末美书

出版发行：哈尔滨出版社（Harbin Publishing House）
社　　址：哈尔滨市松北区世坤路738号9号楼　　邮编：150028
经　　销：全国新华书店
印　　刷：天津旭丰源印刷有限公司
网　　址：www.hrbcbs.com　　www.mifengniao.com
E-mail：hrbcbs@yeah.net
编辑版权热线：（0451）87900271　87900272
销售热线：（0451）87900202　87900203

开　　本：710mm×1000mm　　1/16　　印张：18　　字数：300千字
版　　次：2020年10月第1版
印　　次：2020年10月第1次印刷
书　　号：ISBN 978-7-5484-5551-6
定　　价：58.00元

凡购本社图书发现印装错误，请与本社印制部联系调换。　**服务热线：**（0451）87900278

对本书的评价

一本重要的、挑战传统的、令人振奋且非常及时的书。对于精神健康这个问题，我们现在应该从社会的角度进行深度理解，而不能仅靠吃药解决。这本了不起的书帮助我们做到了这一点。

——英国小说家、记者马特·黑格

睿智、深入、资料翔实，哈里在此书中对充斥于当今整个社会的绝望情绪进行了爆炸性的揭露。没错，此书是写抑郁的，然而也是写我们的生活方式的——长久的、毁灭性的孤独正在侵蚀我们的精神健康和幸福。

——加拿大著名女记者、畅销书作家内奥米·克莱恩

一本很棒的书。作者以前说过一句很精彩的话："上瘾的对立面就是联系"，如今又对我们的焦虑和抑郁问题提出了解决方案。

——英国电影、纪录片制作人杰米玛·可汗

这是一本你想让你的所有朋友赶紧拿起来读的不平常的书——因为读完此书，你的世界观将发生强制性的、突然性的转变，让你都不知道该怎么和朋友聊天了。一本高度个人化的书，语言中透着谦卑、幽默与坦率……说真的，我一读就停不下来。

——世界级音乐制作人、英国著名电子音乐家、摇滚大师布莱恩·伊诺

一部精心创作、通读易懂的专著，作者告诫我们每一个人，无论何时都不要让自己变成一座孤岛……从最初的消沉到最后的自杀倾向——然而你能感觉到——读这本书吧，它帮你懂得，如果我们想要看到真实的、永久性的变化，就要选择一条正确的路来走。

——英国演员、作家艾玛·汤姆森

约翰·哈里问的是重要的问题，给出的是重要的答案——被忽视了太久的答案。读了这本书才能对我们这个时代的种种罪恶有一个全面的了解。

——英国作家、环保人士乔治·蒙比尔特

对我们信以为真的抑郁和焦虑的谎言进行了重要的揭露，让人极感兴趣、大开眼界……将科学、哲学和冷酷的个人经历精妙地融合在了一起，有条不紊地详述了精神健康的事实。

——美国记者、律师格伦·格林沃尔德

用温雅的文笔对当今社会中一个急需解决的问题进行了不同寻常的细致研究。用词精妙而生动，对当今社会的种种弊病进行了深入而无情的揭露，读了令人震惊……在这本书中，作者用一种精妙的手段挑战了现代人对抑郁的种种固有认知，让人呼吸到了一股清晰的空气。

——英国医生、记者、作家麦克斯·彭伯顿

约翰·哈里通过一次激动人心的环球旅行，让我们认识了一些与众不同的人和概念，而这些人、这些概念将永远改变我们对抑郁的看法。这是一本大胆、感人、精彩、简明易懂、令人惊叹的书，每一个人，任何一个人，只要想过一种有意义的、联系的生活，就都要拿来读读。

——美国剧作家、女权主义者伊芙·恩斯勒

约翰·哈里又一次让人们用不同的方式思考情绪、心理和对药物的使用，我们需要更多这类的引导。

——美国电视节目主持人、喜剧演员、政论家比尔·马厄

抑郁和焦虑是我们这个社会的一种病，但这种病的根源和你所认为的完全不同。在这部关于抑郁和焦虑的可读性极强的著作中，约翰·哈里告诉我们科学是怎么犯错的，一些显而易见的事实又是如何被忽略的……一位最棒的英语国家的记者得出的一个重要的诊断结论。

——美国政论家、记者托马斯·弗兰克

哈里最初认为抑郁完全由生理因素导致，经过一番认真研究，得知心理因素也在其中发挥着重要作用。最重要的是，他关注到了我们这个社会所供奉的那些没有营养的价值观，并且为这种普遍性的、让人感到极度痛苦的疾病提供了一个可能的解决方案。

——美国文学评论家、小说家黛芙妮·梅金

序言：苹果

那是 2014 年春天的一个傍晚，我正在河内市中心的一条小路上走着，在路旁的一个水果摊上看到了一个苹果。这个苹果大得出奇，通红通红的，煞是诱人。我很不擅长讨价还价，因此我用 3 美元买下这个苹果，带回了我在魅力河内宾馆租的房间里。我像任何一个读过健康警告、规规矩矩的外国人那样，用瓶装水把苹果细细洗过，但一口咬下去，觉得满嘴都是苦涩的化学品的味道。那正是我小时候所想象的一场核战过后所有的食物都会有的味道。我知道不能再吃了。但我已是筋疲力尽，没力气去外面找寻别的食物，便吃了半个，然后厌恶地把剩下的那半个丢到一旁。

两个小时以后，我的胃开始痛。我在房间里坐了两天，在此期间，房间开始围着我旋转，并且越转越快，但我不担心：我有过食物中毒的经历。我知道药方——喝水排毒即可。

第三天，我意识到我在越南的时间正在这种"呕吐与模糊"的状态中慢慢流逝。来越南是为我的另一本书搜集素材，追踪越战中的幸存者，于是我给我的翻译唐黄林打电话，对他说我们应该按照之前计划的那样，开车深入南方乡村腹地。于是我们驱车四处旅行——被战争毁掉的小村庄和橙剂①遇害者随处可见——我感觉自己走得稳当了些。第二天上午，唐黄林把我带到了一位身材瘦小、年已 87 岁高龄的老妇人的小屋前。她嚼着一种草药，嘴唇被染得鲜红，坐着一块木板，从屋子那头朝我"滑"了过来。木板很厚，不知是谁在底下装了几个轮子。战争期间，她在炸弹丛中游荡，竭力养活几个孩子。村子里活下来的就她一家。

她说话的时候，我有了一种异样的感觉。她的声音好像是从遥远的地方传过来

---

① 一种除草剂的名称，越战时，曾用于制造化学武器。

的，屋子好像也不受控制地围着我旋转。然后——万万没有想到——我开始狂吐，弄得她的屋里遍地秽物，就像一颗用呕吐物和屎尿制成的炸弹爆炸了一样。后来，我重新恢复了意识，知道自己身在何处，老妇人用似乎很忧伤的眼神看着我。"这孩子得去医院，"她说，"他病得很厉害。"

不，不，我死活不去。我在东伦敦数年来以炸鸡为食，因此这不是我第一次感染大肠杆菌。我让唐黄林开车送我回河内，这样我在宾馆房间里，看着 CNN 和我的呕吐物，再静养几天，身体就能恢复。

"不行，"老妇人坚定地说，"必须去医院。"

"听着，约翰，"唐黄林对我说，"美军曾在她的村里狂轰乱炸了 9 年，只有她和她的几个孩子活了下来。我不听你的，我听她的健康建议。"他拽着我上了车，我一路呕吐着、抽搐着到了一栋孤零零的建筑物跟前，事后才知道那是苏联人几十年前建造的。我是那里收治的第一个外国病人。从这栋建筑物里面跑出来一群护士——又兴奋又困惑——冲到我跟前，把我抬到一张桌子上，立即喊叫起来。唐黄林也冲着那些护士大喊大叫，此刻他们都在尖叫，说的话我一个字也听不懂。然后，我注意到她们把一个很紧的东西捆到了我的胳膊上。

我还注意到角落里有个小姑娘，鼻子上打着石膏，一个人在那里坐着。她看我，我也看她。屋里只有我们两个病人。

他们一拿到我的血压测量结果——一个护士说（唐黄林翻译给我听）低到了危及生命的程度——就开始给我打针。后来，唐黄林对我说，他让那些护士误以为我是一位西方"要人"，如果我死了，越南人民会因此蒙羞。忙活了十来分钟，我的胳膊上因为多了几处针眼和好多管子而变得有些沉重。然后，经由唐黄林的翻译，她们开始问我的症状。把我疼痛的病因列个单子，好像永远也列不完。

在此期间，我有一种被劈为两半的奇怪的感觉。一半的我被恶心毁灭——一切都转得那么快，我不停地在想：别转了，别转了，别转了。但另一半的我——在这一半下面或者上面——正在进行一场很理智的小型独白活动。哦，你就要死了。被一个毒苹果害了性命。你是夏娃，是白雪公主，是阿兰·图灵。

然后，我想——你临死前的想法真的要那么做作吗？

然后，我想——如果吃半个苹果就让你变成这个样子，那这些化学物对那些数年来日夜在田间与其接触的农民会有什么样的影响？此事值得好好探究。

然后，我想——如果你处于濒死之际就不该想这些。你应该想此生中那些深邃的时刻。你应该回忆过去。你何时真正快乐过？我想象自己儿时和奶奶躺在床上，依偎在她身旁，同她一起看英国肥皂剧《加冕街》。我想象自己数年后照顾我的小外甥时，他在早上 7 点醒过来，在床上躺在我旁边，问我很多关于生命的严肃问题。我想象自己 17 岁那年与我的初恋情人躺在另外一张床上的情景。那种记忆与性爱无关——只是躺在那里，被她紧紧抱住。

我想，等等。你是不是只有躺在床上的时候才感觉到真正的快乐？这说明了什么？然后，这种内心的独白被一阵恶心蒙上了暗影。我请求医生给我些东西吃，好让这极度的恶心消失。唐黄林激动地和护士说着话。他最后对我说："医生说了，恶心是必要的。恶心是一种信号，我们必须倾听这种信号。它会告诉我们你哪里出了问题。"

听他说完这话，我又开始呕吐。

又过了好几个小时，一位医生——一个 40 岁左右的男子——进入我的视野，对我说："我们发现你的肾脏已经停止工作。你极度脱水。因为呕吐和腹泻，你很久没有摄入任何水分，因此，你就像一个在沙漠中游荡了数天的人。"唐黄林插话道："他说如果我们把你送回河内，你就会死在途中。"

医生让我列出这 3 天里我吃的所有东西。单子很短，就一个苹果。他一脸疑惑地看着我，"那个苹果干净吗？"我说："干净，我用瓶装水洗过了。"每个人都哄然大笑起来，就好像我说了一句万人迷克里斯·洛克[①]那样的妙语一样。我事后得知，在越南，苹果只是洗洗是不够的。苹果表层都是农药，因此能够放置数月不烂。你需要把皮整个削掉——否则就会患上我这样的病。

尽管我在写这本书的过程中始终没有搞懂这到底是怎么回事，但我一直在想我食物中毒的那段日子，那位医生那天对我说过的某些话。

"恶心是必要的。恶心是一种信号。它会告诉我们你哪里出了问题。"

我现在已经明白，我为何在异国，在数千英里之外的某个地方，在我的旅程即将结束的时候，发现了抑郁和焦虑的真正根源，以及治疗的办法。

---

① 克里斯·洛克（1966—　），美国脱口秀节目主持人。

目　录

导论：谜团

18 岁那年，我第一次服用抗抑郁药。当时我站在伦敦一家购物中心里的一个药房外头，太阳散发出些许微弱的光。那药片白白的、小小的，吃下去，感觉就像和化学品接了一个吻。

那天上午，我去看我的医生。我对他解释，挣扎着对他说，自己每天都觉得有一个又长又尖的牙齿状东西，尖叫着从我的体内摇晃着冒出来。从小时候起——在中学、大学、家中以及与朋友共处时——我常常不得不让自己远离众人，把自己封闭起来默默哭泣。其实，泪水是没有的，正确的说法应是啜泣。但哭不出泪水，我的脑袋里就会嗡嗡响，整个人立即变得焦虑起来，不停地喃喃自语。然后，我会骂自己：那东西就在你的脑袋里，把它赶出去，再也不要这么软弱。

那时候，我羞于说出这番话，就是现在打字时，我也觉得很丢脸。

在抑郁症或者极度焦虑症患者所写的关于这方面的每一本书中，作者都会用很长的篇幅描述那种极度痛苦的受虐状态——所用的语言更狠——描述他们所遭受的那种深深的痛苦。我们需要有人这么做，因为以前旁人不知道抑郁和极度焦虑是什么滋味。数十年来，不断有人打破禁忌，描述这方面的内容，这类书我就不用再写了。我所要在这本书里呈现的并不是这些内容。我把这些东西删掉了，尽管这么做让我不忍。

就在我前往上面提到的那位医生的办公室的前一个月，我正在巴塞罗那的一处海滩上，海浪冲刷我的身体，我在哭泣。然后，突然间，我得病的原因——我为何变成这样，以及解决办法——浮现在了我的脑中。那是我同一个朋友结伴去欧洲旅行的时候，是一年夏天，我考上了一所重点大学，在我们家，这还是头一例。我们买了廉价的学生月票，用这种票在欧洲坐火车旅行，不管坐哪趟车，一个月之内，都是免费的，我们一路住着青年旅舍。我看到了黄色的海滩和高级的文化——

游览了罗浮宫、见识了热情的意大利人。但就在我们离开的前夕，我这辈子第一次真正爱过的姑娘把我"踹"了，我从未觉得这么沮丧过，就好像一股令人难堪的气体从身体里泄露了出来。

这次旅行不如事先想得那么美好。我在威尼斯的一条凤尾船上突然放声痛哭，我在马特洪恩山上号叫，我在布拉格卡夫卡的故居里颤抖。

对我来说，这种事不寻常，但也不是那么不寻常。我以前经历过这样的事，剧烈的痛苦好像掌控不住，我想离开这个世界。但在巴塞罗那这次，当我不住地哭泣时，我朋友对我说："多数人并不像你这样的，你知道吗？"

然后，我感受到了那种神灵的显现，这在我的生命中是很少出现的。我扭过头去，对她说："我抑郁啦！抑郁并不是我的全部感受！我不是不快乐，我不是软蛋——我抑郁啦！"

这听上去很奇怪，但那一刻我感觉到的是一种雀跃——就好像在沙发后面很意外地发现了一沓钞票。有一个词专门形容这种感受。这是一种病症，就像糖尿病和肠易激综合征！这种病症我听过好多年了，它就像一则预言，蹦蹦跳跳着穿过了文明社会，如今终于应验。我得的就是这种病！在那一刻我突然回想起治疗抑郁症的办法：服用抗抑郁药物。我需要的就是这个！等我一回到家，我就要把这些药品吃下去，然后我就会正常了，身体中未被抑郁侵扰的那部分也会获得解放。我的心中总有一种与抑郁无关的渴望——渴望结识别人、渴望学习、渴望理解这个世界。我想，我很快就能让这种渴望变成现实。

第二天，我们去了巴塞罗那市中心的桂尔公园。公园的造型十分奇特，是西班牙著名建筑师安东尼奥·高迪一手设计的。每种景物都给人一种透视感，就好像走入了游乐园里的哈哈镜。我们穿过一条通道，里面的每样东西都是波纹状，就好像这条通道被巨浪撞击过；又看到一栋波浪状的铁房子，近旁的数条巨龙腾空而起，就好像活的一样。我跟跟跄跄地绕着这栋房子看时，心想——我的大脑就跟它一样：变了形、错了位。它很快就会被修好的。

正如所有神灵的显现，这种想法看似是瞬间发生的，其实酝酿了好久。我知道抑郁是怎么回事。我在肥皂剧中看过，也读过这方面的书。我听我母亲说过抑郁和焦虑这种事，也见过她吞服药片。我知道怎么治疗，因为就在前几年全球媒体播报了治疗它的办法。我十几岁时，适逢百忧解上市——这是一种新型药物，能够治疗抑郁症，且没有副作用，这么好的药物还是第一次出现。那个时候出了很多与之相关的畅销书，其中有一本说，吃了这种药会让你觉得"无比舒畅"[1]——会让你比普通人更强壮、更健康。

人家说什么，我就听什么，从来不思考。20 世纪 90 年代末，很多人都在聊这种药物，街头巷尾都有人在说这事。至少我现在知道了——这种药物是适合我的。

下午，我去看我的心理医生，他显然也是这么想的。他在他的小办公室里耐心地同我解释我为什么会有这种感觉。他说，人的大脑中有一种叫作血清素的化学物质，有些人天生血清素含量不足，这就是抑郁产生的根源——那种奇怪、顽固、不温不火的痛苦状态不会消失。幸运的是，在我成年时，新一代的药物出现了——选择性血清素再摄取抑制剂（SSRIs）——这种药物能够让你的血清素含量恢复到正常人的水平。他说，抑郁是一种大脑疾病，服用 SSRIs 就能治好。他拿出一张大脑挂图对我讲解。

他还讲到，抑郁的确存在于我的大脑中——但存在方式不同。抑郁不是想象，是真实存在，是大脑功能障碍。

他用不着再说下去了。因为这种说法我早已知晓。[2] 坐了还不到 10 分钟，我就拿着药方出门了（医生让我服用赛乐特，在美国这种药叫帕罗西汀）。

短短几年过后——在写这本书的时候——有人向我提出了我的医生那天未曾问过的问题。比如：你觉得很不舒服，是否有什么原因？你生活中是否发生了什么重大的变故？是否有什么事情伤害了你，我们是否可以改变一下呢？就算他这么问，我也不知道该怎么回答。我想我只能一脸茫然地看着他。我想说，我的生活过得还算可以。当然了，我是有些问题，但不能就此不高兴——不能这么沮丧。

这些问题医生那天都没有问我，其中的原因，我并不了解。在此后的 13 年中，数位医生给我开的都是这种药，谁也没有问过我上述问题。如果他们问了，我想我会很生气，还会对他们说："如果你的脑子坏了，无法生产一种让自己快乐的化学物质，那你问这些问题有什么用？你忍心这么问吗？你用不着问一位阿尔茨海默症患者为什么不记得把钥匙放在什么地方了。你是医学院毕业的吗？"

医生说，服药两周后才能看到效果，但就在当天晚上，我把药吃下以后，感觉一股热流贯通了全身——一种轻微的摇动，我确信，这就是我的脑突触一路呻吟着、吱吱呀呀响着，如此进入到了正确的原子构型里头。我躺在床上听一盘破旧的音乐磁带，我知道自己不会再哭很长时间。

数周后，我离开家去读大学。如今有了一副新的化学物铸成的铠甲，我不担心了。在大学里，我成了抗抑郁药物的狂热鼓吹者。每逢有人觉得不痛快，我就拿出几个药片让他尝试一下，又让他去医生那里多买些回来。我开始明白，我不光是不抑郁了，而且处于一种更棒的状态——我把这种状态称作"抗抑郁状态"。我对自己说，你的活力真不一般。的确，吃了这种药，我感觉有些副作用——我增重不少，并且有时会无故流汗。不过，这种代价与我让周围的人都变得闷闷不乐相比简直不值一提。看！我现在可是无所不能。

服药几个月，我开始注意到，我有时会突然被莫大的悲伤淹没。这种悲伤来得莫名其妙，出现得很不合情理。我二次就医，和医生商定增大药量，从原来的每天30毫克增加到40毫克，又从40毫克增加到50毫克，到了最后，白药片换成了蓝药片。一吃就发胖，一吃就出汗，我每次吃的时候都会想这种代价是值得的。

每次别人问我，我都会说抑郁是一种脑部疾病，服用 SSRIs 就能治好。做了记者，我在报刊上写文章耐心地向公众解释这一点。我说，这种重现的悲伤是一种正常现象——清楚地表明我的大脑中有化学物质在流失，而我不明白这是怎么回事。我对公众解释，感谢上帝，这些药物的作用非常强大。看看我，我就是明证。我时常听到从大脑里传出来的疑虑——但我根本不去管它，多吃一两片药就完事了。

我的故事讲完了。其实，我现在才知道，这个故事分为两部分。第一部分说的是抑郁的根源，即血清素含量不足或者别的大脑硬件方面的故障所导致的大脑功能障碍。第二部分说的是解决的办法，即服用能够修复大脑化学物质变化过程的药物。

～

我为什么会有这种感觉？关于这个问题，我只听说过另外一种可能的解释。我不是在医生那里听说的，是从书中读到的，又看到有人在电视上讨论，即：抑郁和焦虑源于遗传。我知道，我母亲在生我前后患上了抑郁症和极度焦虑症，我的先人也有得这种病的。在我看来，我和我先人的经历都是一样的。这种病是天生的，肉体生成的那一刻它就存在了。

～

我 3 年前开始写这本书，当时有几个谜团，也就是几件怪事困扰着我，我说了这么久，却始终没有给这几件怪事一个合理的解释，我也想找到答案。

第一个谜团是这样的：从我开始服用这些药物算起，过了好几年，一天，我正在医生办公室里坐着，说我无比感激有抗抑郁的药物存在，吃了这些药，我感觉好多了。"我觉得很奇怪，"医生说，"因为在我看来，你还是很抑郁。"我困惑了。他说这话是什么意思？"这么说吧，"他说，"你很多时候在精神上处于抑郁状态。服药前，你对我说了你的很多病症，但现在我觉得你和那时候比没有什么不太一样的地方。"

我耐心地和他说他不懂这是怎么回事：抑郁是由血清素含量不足引起的，我现在的血清素含量已经大幅度增加了。我在想这些医生接受的都是什么样的教育？

过去的这些年，他不时轻描淡写地重述他的看法。他指出，我认为增大药量就能治好我的抑郁症好像和事实不符，我很多时候情绪还是那么低落，还是那么抑郁，还是那么焦虑。每次他这么说，我都有些不安，却又有些愤怒和自命不凡。

直到几年前我才知道他说的是对的。30 岁出头的时候，我又体验过一次神灵显现——和多年前在巴塞罗那海滩上的那次截然相反。无论我吃多少抗抑郁药，那种悲伤始终挥之不去。吃完药，很明显地感觉轻松了，可没过多久，那种刺痛般的悲伤就又回来了。然后，强烈的消极想法会重现：生命没有意义，你做什么都没有意义，一切纯属浪费时间。无尽的焦虑嗡嗡响着侵入我的整个身体。

因此，关于这第一个谜团，我想知道的就是：我都吃过抗抑郁药了，可为什么还是这么抑郁？我做的每一件事都是对的，可有些地方还是不对劲。为什么？

几十年前，我家出了一件怪事。

～

我小时候就记得我们家的餐桌上总摆着很多药瓶，药瓶上有好多让我困惑不解的白色标签。我以前写过我的家人嗜药如命的事，还提过我小时候曾试图叫醒一位亲戚，却叫不醒他。但当时屡次出现在我们生活中的并不是那些违禁药品，而是医生开的那些药：老式的抗抑郁药和类似安定的镇静药，每天，各类化学物都会在我的家人的身体里扭动、发生变化。

这件事倒也不怪。怪的是，我成年后，西方文明时时与我家为伴。我小时候和朋友在一起时，发现别人吃早饭、中饭和晚饭时并不会同时服用药片。没人服用安定、安非他命和抗抑郁药。我这才知道我家和别人家不一样。

后来，我发现这类药物在人们的生活中越来越常见，医生开的是这类药，人们认可这类药，也推荐这类药。如今，这些药随处可见。为了治疗精神上的疾病，每5个成年人当中就有一个在服用上述药物[3]；在美国，每4个中年妇女当中就有一个定期服用抗抑郁药[4]；在美国的中学里面，学生为了提高专注力，每10人当中差不多就有一人在服用兴奋类药物[5]。在美国，对合法、非法药物的依赖已成为一种十分普遍的现象，导致白人寿命在美国的整个和平历史中首次减少。这种不良的后果蔓延至整个西方世界，比如：在你读我写的这些文字时，在法国，每3人中就有一人在服用精神类药物[6]，如抗抑郁药；而在英国，服用此类药物的人数比例全欧洲最高[7]。你无处可逃，科学家检测西方国家的水源时，发现里面混有抗抑郁药，我们整天服用、排泄这种东西[8]，它们无法从每日的饮用水中过滤掉。我们其实是漂在这些药物上的。

以前让人吃惊的事如今却变得稀松平常。关于这一点，无须多费笔墨，在我们周围，有相当数量的人处于极度抑郁状态，这些人觉得每天吞服大剂量的药物才能勉强活下去。

因此，困扰我的第二个谜团就是：为什么有这么多的人处于极度抑郁和焦虑的状态？这到底是怎么回事？

31岁那年，我发现吃药不管用了，在我的成年生活中，还是第一次发生这种事。为我治病的医生十几年来一直在用温和的口气提醒我，尽管我在服药，但我仍处于抑郁状态。后来，我的生活中出现了一个重大的危机，我怕得要死，无法摆脱，这才开始听他的意见。我努力了这么久，到头来好像没起什么作用。我扔掉最后的几盒帕罗西汀，发现这些谜团在等着我，在千方百计地吸引我的注意，就像在火车站的月台上等车的孩子们，正等着被集合在一起。我为什么还是这么抑郁？怎么有这么多像我一样的人？

我还知道有第三个谜团始终萦绕在我的心头。是否让我和我周围那么多的人抑郁和焦虑的并不是大脑疾病，而是另有其他原因？如果真是这样，那又是什么？

　　但我不愿深挖这个原因。习惯了某个让你感到痛苦的故事，你就不愿摆脱它了。我就像拿来一条锁链，把我的抑郁锁了起来，让它在我的控制之下。我怕如果我把这个伴随我多年的故事和别的故事混杂了，我所承受的痛苦就会像一头咬断锁链的猛兽把我吞噬掉。

　　数年来，我的生活落入了一种固定的模式。我开始研究这些谜团——读科学类报纸、和写这些科普文章的科学家交谈——但我总是畏首畏尾，因为他们说的让我摸不着方向，让我比当初更抑郁了。我反倒因为这件事写出了《追逐尖叫》一书。听上去真可笑，我发现采访那些为墨西哥毒品加工厂卖命的杀手比研究抑郁和焦虑容易，比研究我的情感——我有什么样的感受？我为何会有这样的感受？——危险。

　　我最后发现再也不能回避这个问题。因此，我历时 3 年时间，辗转跋涉 4 万多英里，进行了 200 多次采访，去世界各地采访著名的社会科学家、深受抑郁和焦虑折磨的人们以及那些康复的人。我什么地方都去，连起初想都不敢想的地方也去了——印第安纳州的某个阿米什村子、柏林的某个在反对声中建起来的社区、巴西的某个禁止做广告的城市、巴尔的摩的某个用非常规手段治疗病人创伤的实验室。我获取的知识迫使我修订我的故事——我自己的故事，以及像尼古丁一样充斥于我们文化中的抑郁的故事。

～

　　我在整本书中所要使用的语言是由两件事决定的，从一开始我就要把这两件事说清楚。这两件事都让我吃惊。

　　医生对我说，我患有抑郁症和极度焦虑症。我想这两种病症是不同的，我就医13 年，医生对这两种病症始终是分开说的。但我在研究的过程中发现了某种奇怪的东西。抑郁加重，焦虑也随之加重，反之亦然。它们是一对孪生兄弟。

　　这个发现听上去很奇怪，直到我和一位名叫罗伯特·卡伦堡的心理学教授在加拿大共处时才体会到这一点。他以前也认为抑郁和焦虑是两种不同的病症。但他经过 20 多年的研究发现，"数据显示，二者的差异并没有那么大。"实际上，"抑郁和焦虑的诊断疗法是重叠的。"有时，其中一种症状表现得比另外一种要明显些——这个月心神不定，下个月可能会大哭不止。有人说，抑郁和焦虑，就像一个人得了肺炎，一个人断了一条腿，完全两码事嘛，其实这种看法并没有证据支撑。他证明这种看法是"混乱的"。

罗伯特的研究引起了科学界的争论。在过去的几年中，美国主要的医疗资助机构国立卫生研究院，不再为把抑郁和焦虑分开研究的科研项目提供资金支持[9]。"他们想要某种更加实际的东西，就像实习医生在实践中获得的那种东西。"他解释道。

我把抑郁和焦虑看作不同乐队对同一首歌曲的不同演绎版本。抑郁是由一支节奏强劲的朋克乐队演奏的版本，焦虑则是由一支大声咆哮的重金属乐队演奏的版本，但两个版本都是基于同一首歌曲演奏的。它们并非一模一样，却是一对孪生兄弟[10]。

～

第二件事源于我研究抑郁和焦虑的9种原因时的其他所得。过去，每当我写抑郁和焦虑的文章时，开头总要解释一件事：不幸和抑郁完全是两回事。让一个抑郁的人兴奋起来，或者用一些小手段让他高兴起来，就好像他这一周只是过得有些不痛快，再没有比这种做法更让他生气的了。这就好比你把两条腿都摔断了，有人却让你高兴起来，去外面跳舞一样。

我在研究证据时却发现了某些不容忽视的东西。

导致一些人抑郁和极度焦虑的因素也会让更多的人陷入不幸状态。事实证明，不幸和抑郁是不可分割的。然而，二者仍存在很大不同——就像在某次交通事故中失去了一根手指和失去了一只胳膊的不同，在街上摔了一跤和跌落悬崖的不同。但它们又彼此相连。我后来得知，抑郁和焦虑是一支矛枪最锋利的刃，在文明社会中，几乎刺入了我们每一个人的身体。这便是甚至连那些没有身患抑郁症和极度焦虑症的人也会认同我下面要说的那些话的缘故。

～

你在读这本书时，请阅读、查询我在本书末尾写的那些科学研究的注释，我写的时候持怀疑态度，你读的时候也要秉持这种态度。使劲踢那些证据，看看它们会不会烂掉。因为我开始相信最初会让我大吃一惊的某些事情。

在抑郁和焦虑是什么这个问题上，一直以来我们接收的信息都是系统性错误的。

我这辈子相信两个与抑郁有关的故事。在我生命中的前 18 年，我始终认为抑郁"都是脑子里的事"。——也就是说，抑郁并非真的存在，而是我幻想出来的，是虚假的，是一种沉溺、一种窘迫、一种懦弱。然后，在接下来的 13 年里，我同样认为抑郁"都是脑子里的事"。但本质已有很大不同——抑郁源于脑部功能障碍。

然而，我就要认识到这两个故事都不是真的了。我发现，抑郁和焦虑产生的主要原因并不在我们的脑袋里，而是存在于这个世界以及我们的生活方式中。我知道，抑郁和焦虑产生的原因至少有 9 种（虽然在我之前没有人把这些原因都归纳到一起），其中有很多就出现在我们身边，让我们感觉极其痛苦。

对我来说，接受这种新的认知并不容易，此前我一直认为，我之所以会抑郁和焦虑，完全是因为我的脑子坏了。很久以来，我与这两者抗争，却对摆在眼前的证据视而不见。这不是看法的转变问题，没那么简单。这是一种抗争。

如果我们还像以前那样，在错误的道路上越走越远，就会陷入抑郁和焦虑的消极状态而不能自拔，并且病情会越发严重。我知道，最初认识抑郁和焦虑产生的原因时会让人有些害怕，因为它们早已深深地根植于我们的文化中了。探究其中的原因，我同样感到害怕。然而，随着我越来越深入地对其进行探索，我认识到了恐惧之外的东西，那就是真正的解决办法。

当我最后弄明白我以及很多像我一样的人出了什么问题时，才意识到有真正的抗抑郁药物在等着我们。它们不像那些对很多人而言没有任何疗效的化学物，它们并不是能够买到和吞服的东西，但它们或许会让我们踏上一条能够真正摆脱痛苦的道路。

第一部分

老故事中的瑕疵

1. 魔杖

约翰·海加思医生有些困惑。整个贝思市以及西方世界中的几个零散地区正在发生一件不同寻常的事。因疼痛瘫痪多年的病人们正费力地从病床上爬起来，恢复了行走能力。传言说，无论是风湿还是繁重的体力劳动所导致的瘫痪，都有恢复行走能力的希望。这桩怪事闻所未闻，见所未见。

约翰知道，有个美国人，名叫伊丽莎·帕金斯，来自美国的康涅狄格州，创办了一家公司，数年前他们宣称发现了治愈各类病痛的办法。办法就一个，支付一定费用，用他们公司研制的一根大金属棒治病，他们给这根金属棒起了个名字，叫作"牵引器"。机器含有一些与众不同的小玩意儿，但公司宣称对此无可奉告，怕的是别的竞争者抄袭他们，抢走他们的利润。不过，如果你需要帮助，会有专人把牵引器送到你的家中，或者医院病床旁边，严肃地对你解释，这东西就像避雷针，能够把你身体里的病引导出来，散在空气中。然后，有人会拿着这根金属棒在你的身体上空移动，碰都不会碰你的身体一下。

你会觉得身体有些热，或许还有一种燃烧的感觉。他们说，这是病痛正在被拽出来。你感觉不到吗？

治疗过程一结束，效果就出来了。有很多饱受病痛折磨的人真的就站起来了。他们的痛苦的确消失了。起初，很多显然无法治好的病人也站起来了。

约翰·海加思医生搞不懂这是怎么回事。根据他所学到的医学知识，那些认为疼痛是一种脱离身体而存在的能量、能够被驱赶到空气中的说法纯粹是胡说八道。然而，用牵引器治过病的人告诉他，这东西管用。现如今，只有傻瓜才会怀疑牵引器的作用。

因此，约翰决定搞一个实验。在贝思总医院，他拿来一根长棍子，外面裹上一层旧铁皮，做了一个假的"牵引器"——并没有真的牵引器里的那些神秘的小玩意儿。然后，他找到 5 位病人，这些病人都遭受着慢性疼痛，都瘫痪在床，有的患的是风湿病。他向他们解释，他手中有一根时下正流行的帕金斯魔杖，能够帮助他们治病。就这样，1799 年 1 月 7 日，在 5 位著名医生的见证下，他用魔杖拂过 5 位病人的身体上空。病治完了，过了片刻，他这样写道："在这根假的牵引器的治疗下，5 人中有 4 人的病情得到好转，3 人的病情获得明显好转。"比如，有个病人，膝盖痛得简直让他无法忍受，但治疗结束后，他竟能随意地走路了，还得意地向医生演示了一番。

约翰给他的一位朋友写信，让他也做做这个实验。这人住在布里斯托尔，是位医生，很有名气。这位医生不久以后便写了回信，他在信中吃惊地说，他那个假的牵引器——也是一根棍子，外面裹着一层铁皮——产生了同样的显著效果。他还举了个例子，说有一个叫罗伯特·托马斯的病人，43 岁了，肩部患有严重的风湿，多年来，两条胳膊一直耷拉在膝盖上，就好像用钉子钉在了那里，怎么都抬不起来。然而，那根"魔杖"在他的身体上空只晃了几分钟，他的手就能抬高几英寸了。在接下来的几天里，他继续用这根"魔杖"给他治病，没过多久，他就能摸到壁炉台了。8 天的治疗结束后，他已然能够摸到壁炉台上面一英尺处的一块木板了。

神奇的疗效在一个接一个的病人身上应验。因此，他们有些纳闷：棍子里是否有他们此前并不知道的某种特殊物质？他们决定另做一个魔杖，这次找来一块老骨头，外面裹上一层铁皮，依然有治疗效果。他们又找到一支旧烟管，外面同样裹上一层铁皮。"又成功啦！"他在信中直截了当地说。还有一位医生，也做了这个实验，他在写给约翰的信中说道："我觉得这种事太荒唐，所以做实验时总不在场，我们几乎不敢看对方的脸，怕忍不住笑出声来。"然而，那些病人看着几位医生，一脸真诚地说："愿上帝保佑你，先生。"

不过，让人费解的是，虽然这根棍子有立竿见影的效果，但在某些病人身上，疗效并不能持久。最初的神奇疗效过后，他们就又瘫痪了。

这到底是怎么回事？[1]

当初为了写这本书搜集资料时，我耗费很长时间阅读关于抗抑郁药物的科学之争的文章，笔战在医学杂志上进行，已持续 20 多年。我吃惊地发现没人知道这些药物会对我们造成什么样的后果，连那些极力鼓吹服用此类药物的科学家也不知道。科学家之间争论得很激烈，却没有争出个结果。据我所知，在此类论战中，有一个人的名字出现的频率最高，这人在科学类报纸和他的著作《帝王的新药》中提过一些新发现，我读这些新发现时心理上产生了两种反应。

我最初的反应是笑话他，他说的真荒唐，和我的亲身体验完全相反。后来我又生气。我刚刚写了一个抑郁的故事，他就把我搭建这个故事的那些柱子踢倒了。我很了解自己，他却说我对自己一无所知。这人叫欧文·柯什，是个教授，我在曼彻斯特去拜访他的那个时候，他正在哈佛医学院的一个主要科研项目中担任副头儿。

～

20 世纪 90 年代，欧文·柯什坐在 [2] 他那堆满了书的办公室里，告诉他的病人应该服用抗抑郁药物。他身材高大，头发灰白，说话温和，我能想象出那个场景，病人们听完他的话都如释重负地长出了一口气。他有时发现那些药有作用，有时又没有，却确切无误地知道抑郁症的病根是什么，那就是血清素含量不足，这些药能提高病人的血清素含量。他写了几本书，说这些新型的抗抑郁药物效果良好，再加上一些辅助治疗，对付任何的心理疾病都不在话下。欧文深信那些发表过的科研论文，药效也是他亲眼见过的，因为病人们走出他的办公室门口时都感觉好多了。

但欧文也是某个科学领域的专家，这个领域始于约翰·海加思在贝思市挥舞他那根假魔杖的那一刻。那个时候，英国的医生都认识到了在为病人看病时，其实是给了病人两样东西。一样是药，在某种程度上对病人的身体能够产生一定的化学疗效，还给了病人一个故事——治疗能对他产生什么样的影响。

海加思医生明白，虽说有些不可思议，但药物和故事的确对病人具有同等重要的作用。我们怎么知道这个的？因为如果你什么都不给你的病人，只告诉他一个故事——比方说，你告诉他，这根外面裹着铁皮的老骨头能治疗他的疼痛——结果产生了非凡的效果。

后来我们才知道，这种疗效就和安慰剂的效果一模一样，此后的两个多世纪，支撑这种效果的科学证据越来越多。像欧文·柯什这样的科学家早就把安慰剂的效果展示给我们看了。这种"药"不但能让我们的感觉发生变化，还对我们的身体有重要影响。比方说，安慰剂能让发炎肿胀的下巴恢复正常状态。[3] 安慰剂能治疗胃溃疡。安慰剂还能或多或少地缓解大部分的病痛。你想让它起作用，它就能对我们当中的大多数人起作用。

很多年来，科学家们总会在无意间碰到这种虚幻的效果，总会被这种事实搞得困惑不解。比方说，二战时，盟军伤员众多，吗啡总是不够用。有个美国人，叫亨利·比彻[4]，是位麻醉师，上了前线，他担心没有麻醉剂就给伤员动手术会让伤员因心脏病死掉。他最后没别的办法了，做了个实验。他对伤员说，他给他们注射的是吗啡，其实并非如此，他给他们注射的只是没有添加任何止痛剂的盐水。但伤员们反应很好，误以为自己注射的是吗啡。他们不喊不叫，也没有休克。盐水的效果很不错。

20世纪90年代中期，欧文对这种现象的理解比每个在世的人都要深刻，当时哈佛大学专门针对这种现象搞了一个科研项目，欧文即将成为这个项目的主要负责人。但他也知道，新型抗抑郁药物的效果比安慰剂好，具有真正的疗效。他是怎么知道这一点的？理由很简单。若想把一种药物卖给公众，得有一个严格的过程。你的药得经受两个群体的检验，一个是真正服用了这种药的群体，一个是服用了普通糖丸（或者安慰剂）的群体。然后，科学家对这两个不同群体进行比较。卖药给公众，效果要比安慰剂好得多才卖得动。

这时，他的一个犹太学生，名叫盖伊·萨皮尔斯坦，是个年轻的硕士生，走到他跟前，提了个建议，他一听突然来了兴趣，却还没到极度兴奋的程度。盖伊说，他发现了一个现象，觉得很奇怪。一个人，无论什么时候吃药，除了药物本身的化学效果，还总伴有某种安慰性的效果。但这种效果有多大呢？一剂猛药吞到肚子里头，安慰性的效果总是很轻微的。盖伊觉得，用这种新型抗抑郁药做个实验，弄清楚这种所谓的安慰性效果能在多大程度上让我们相信这种新型药物会很有意思。欧文和盖伊心中清楚，如果他们真的做了实验，肯定会发现大部分的效果是药物本身所致，不过，看看这种很轻微的安慰性的效果也不失为一件趣事。

他们的做法很简单。一个人吃了药，产生的效果有多少是药物本身含有的化学物质所致，又有多少是其对这种药物的信念所致，搞清楚这一点很容易。调研者做了一项很特殊的科学研究。把一群人分成3组，第1组服用的是安慰剂（一种小糖丸，效果类似约翰·海加思的魔杖），调研者却对他们说，他们服用的是抗抑郁药。第2组服用的是抗抑郁药，事实上真的是这么回事。第3组什么都不吃，既不吃药，也不吃糖丸。

欧文说，尽管所有的此类研究都会忽略掉这第3组[5]，但这组真的很重要。他是这么解释的，"想象你正在调研一种新的感冒药的疗效。"你要么给参与者安慰剂，要么给他们真的药。一段时间过后，两组人都感觉好了一些。成功的比例惊人。不过，你要记住一点：很多得了感冒的人，不吃药，过几天也会自愈。如果不把这一点考虑在内，就搞不清楚这种新的感冒药会有多大的效果，结果吃药与否都是一个样。有了这第 3 组人，你就能测出那些能够自愈的人占比多少。

就这样，欧文和盖伊开始翻阅发表过的与这方面有关的科学论文，比对药效。先把不吃药也能自愈的那部分人排除掉，再把服用糖丸之后病情有所缓解的那部分人排除掉，剩下的那部分人反映出的便是真实的药效。

然而，当他们把所有的数据加到一起时，结果让他们困惑不解。

数据显示：在抗抑郁药物的效果当中，25% 自愈，50% 因安慰剂好转[6]，只有 25% 因药物本身所含的化学物质好转。"我惊得目瞪口呆。"欧文在他位于马萨诸塞州剑桥市家中的客厅里对我这么说。他觉得他们肯定把数据搞错了——统计时出了某些问题。盖伊后来对我说，"这些数据肯定出了问题。"于是，他们重新算了一遍，接着又是一遍，反反复复，算了几个月，算了无数遍。"一见那些空白表格和数据，动脑一分析，我就恶心得不行。"盖伊说。虽说他们确信某个地方出了问题，但结果一无所获，于是他们把这些数据发表了，看看别的科学家会做何反应。

结果，有一天，欧文收到了一封电子邮件——邮件中说，他可能（事实的确如此）只是触碰到了一个惊天丑闻的表面。我想，也就是在那一刻，欧文变成了夏洛克·福尔摩斯式的侦探人物，开始深入研究抗抑郁药物的真实疗效。

～

电子邮件是一个叫托马斯·莫尔的科学家发来的，他在邮件中说，欧文的发现让他吃惊不已，还说欧文可以进一步研究，弄清楚这件事的根源。

莫尔在邮件里说，迄今为止，欧文看的那些科学研究报告都是骗人的圈套，多数是在大医药公司的资助下发表的，他们这么干有特殊的目的：想让他们生产的药大卖热卖、赚钱。医药公司出钱偷偷找人写科学研究报告，只发表那些说药有效的文章，说没效的那些一概不发表，同时打击对手，说人家出的药不好。他们的做派和肯德基的一模一样，肯德基永远不会告诉你，它们的炸鸡块对你的身体不好。

有一个专门的词形容这种做法，叫作"出版偏见"。[7] 在医药公司鼓捣出的科研报告中，有 40% 不会对公众发表，更多的只是选择性发表，把负面评价剪掉，出来的都是正面的。

莫尔在这封邮件中对欧文说，迄今为止，他看到的那些科研报告都是医药公司想让他看到的。但莫尔又表示有办法绕过这一切，接触到医药公司不想让你看到的那些数据。办法是这样：每一种新药上市都得向美国食品药品监管局申请，作为申请材料的一部分，必须提交所有的医药试验结果——不管是好的还是坏的，都要提交，这就好比自拍照，一共拍 20 张，把 19 张有损形象的（比如让你看上去有双下巴，或者眼睛看起来没精神的）丢掉，只把那 1 张好看的或者故意弄得极丑的贴在脸书（Facebook）或者 Instagram 上。但医药公司按照规定必须把所有的"自拍照"交给美国食品药品监管局，连那些让它们看上去"肥肥的"也要交上去。

邮件中说，若能够按照《信息自由法案》的规定向相关部门提起申请，就能看到所有的东西。这样一来就能搞清楚事情的真相。

欧文来了兴趣[8]，便和托马斯一起向相关部门提起申请，索要医药公司向美国食品药品监管局递交的、当时在美国市场上应用最广的 6 种抗抑郁药物的材料。这 6 种药分别是：百忧解、帕罗西汀（我服用的那种）、舍曲林、文拉法辛、杜罗宁和西酞普兰。几个月以后，数据给他们传过来了，欧文开始像夏洛克·福尔摩斯那样，秉承科学态度，用放大镜仔细研究那些数据。

欧文得知医药公司数年来一直在有选择地发表科研报告，但其严重程度是他没有想到的。比如说，有一回，百忧解接受临床检测，一共有 245 个病人服用了这种药，但医药公司发表的报告中只有 27 个病人。这 27 个病人[9]吃了这种药好像有些作用。这便是医药公司操作模式的一部分。

欧文和盖伊知道，用这些真正的数据就能算出服用抗抑郁药物的病人比服用糖丸的病人表现得好多少。科学家用一个叫作汉密尔顿抑郁量表的东西测量一个人的抑郁程度，这个表格是一个叫马克思·汉密尔顿的科学家在 1959 年发明的。汉密尔顿抑郁量表从 0 分到 51 分不等，0 分说明你的心情像滑冰时那样快乐，50 分说明你的心情糟透了，想从火车上跳下来，让火车撞死。拿一个标尺测一下，如果你的睡眠好了，你在汉密尔顿抑郁量表中得到的分数就会减少 6 分。

欧文通过研究这些没有被过滤的数据发现，服用了抗抑郁药物的病人得到的分数的确要低一些，也就说吃了这些药能让病人感觉好些。分数大概能降低 1.8%。

欧文紧皱眉头。就效果来说，服用抗抑郁药与提高睡眠质量相比，前者连后者的 1/3 都达不到。这个发现简直令人震惊。如果真的是这么回事，那就说明吃药几乎没什么用，至少对普通病人来说是这样，就像约翰·海加思当初在贝思市治疗的那些病人，他讲的故事能让他们感觉好一阵子，但真正潜伏在身体里的问题重新浮现时，他们就又瘫痪了。

然而，这些数据还说明了一些别的问题。药物的副作用的确存在。吃了这些药，病人会增重，性能力低下，或者开始大量流汗。这些可都是真真正正的药物，也的确有副作用。可是它们对抑郁和焦虑又有多大用处呢？它们极有可能解决不了大多数病人的问题。

欧文不愿看到这种结果，不愿相信它是真的，这和他所发表的作品中的观点相悖，但他对我说："有一件事我为自己感到骄傲，那就是当我看到这些数据，发现它们和我预想的不一致时，会让自己主动改变原有的看法去接受它们。"以前他没别的办法，只能看医药公司的研究报告，鼓励病人们服用这些抗抑郁药。但现在，他弄懂了是怎么回事，知道不能再像以前那样做了。

❧

欧文把这些数据发表在了一份科学杂志上，本以为会招来制作这些数据的科学家们的一通猛烈回击，谁知在接下来的那几个月，这些心怀愧疚的科学家中有不少人却是长出了一口气。一群调研者指出，"抗抑郁药其实没什么用"这个"龌龊的小秘密 [10]"早就是这个圈子里人人皆知的事了。欧文在发表这些数据前本以为发现了一个大新闻，一个以前不为人知的惊人事件，谁承想这件事在这个圈子里头早已是公开的秘密了。

❧

上述内情有很多媒体报道，过了一段时间，一天，盖伊参加一个家庭聚会，他的一个亲戚走到他跟前。他的这个亲戚服用抗抑郁药多年，看到他不禁放声痛哭，又对他说，她觉得他说的每句话都是她服用抗抑郁药物的真实感受。然而，她最基本的感受都是错的。

他对她说："根本不是这么回事。大部分的效果都是安慰性的这一点说明：你的大脑是你的身体中最不可思议的部分——你的大脑做得很棒，是它让你感觉好了些。"他说，并不是说你的感受不真实，而是说你的这种感受的原因不是医生以前对你说的那些，而是别的。

她不相信他说的这番话。她好多年都没搭理他。

～

不久以后，欧文又收到了一份泄露出来的研究报告。我读这份报告的时候尤为震惊，因为它说的正是我多年前经历过的事。

我服用赛乐特（药厂也是当帕罗西汀卖的）前不久，这种药的制造厂葛兰素史克医药公司曾偷偷做了 3 次临床实验，看看这种药能否给像我一样的青少年服用。一个实验结果显示，服用安慰剂的效果好些；一个实验结果显示，服用安慰剂和此种药物效果一样；第三个实验结果显示，有人服用安慰剂效果好些，有人服用此种药物效果好些。3 个实验都没能证明赛乐特有多大的功效。然而，医药公司的人在发表的相关研究报告中宣称："帕罗西汀（赛乐特的别名）对多数身患抑郁症的青少年有效。"

医药公司那段时间围绕这种药物的内部讨论也泄露出来了。公司内部的一位知情人士曾发出警告："报告中有'药效没有得到证明'这一点从商业角度来说无法接受，因为这会降低帕罗西汀的利润。"换句话说，我们不能说它不管用，这么说我们赚的钱就少了。结果他们真的没这么说。

后来，纽约一位名叫艾略特·斯皮策的首席检察官控告他们撒谎，结果医药公司被罚了 250 万美元 [11]。但我小时候医生给我开的就是这种药，从那时起，我接连服用了 10 多年。再后来，世界主要医学刊物之一的《柳叶刀》杂志主导了一项调查研究，详查了 14 种青少年主要服用的抗抑郁药——这次的研究结果没有过滤，是真实的——结果发现，这些药绝大多数无用，只有一种例外，但作用也是微乎其微。这份杂志由此得出结论：不应继续给青少年服用这些药物 [12]。

读了这些内容，我的思想发生了改变。我小时候就在服用这种药，生产这种药的就是这家公司，他们自知这药没用，却依然在大肆鼓吹。[13]

我读着他们说的这些话，心想再也不能忽视欧文·柯什很轻易地说的那番话了。但他所揭露的只是冰山一角。最令人震惊的还在后头。

2. 失衡

　　我第一次服用抗抑郁药的那年，美国副总统阿尔·戈尔的妻子蒂珀·戈尔[1]对《今日美国》解释她为何最近抑郁了。她当时是这么说的："我得的肯定是医学上所说的抑郁症，我需要别人帮助我把它治好。我听说（得了这种病）大脑中需要补充一定量的血清素，血清素用完了，就好比汽油用完了一样。"医生跟数百万的抑郁症病人（包括我在内）都是这么说的。

　　当欧文·柯什发现这些能够提高血清素含量的药物并不像医生说的那样有效时，他便开始问一个更加根本的问题。他想弄明白医生说抑郁症是血清素或者其他化学物质含量不足所致有什么证据支撑？[2] 这种说法从而何来？

$$\backsim$$

　　欧文得知，这个血清素的故事[3]源于一次偶发事件，是在纽约市的一个结核病房里发生的，那是在 1952 年那个又湿又冷的夏天，一群病人在医院楼道里不由自主地手舞足蹈。一种名为异丙烟肼的新药生产出来了，医生认为这种药可能会对结核病人有用。事后证明这种药治疗结核病的效果并不明显，但他们发现治别的病效果很显著。他们当然不会忽视这一点，吃了这种药的病人会变得异常快活，其中有些甚至开始疯狂地手舞足蹈。

　　不久以后，有医生便做出合理判定，让抑郁症患者试吃这种药——效果好像能维持一段时间。在此以后，同类药物也出来了[4]，有一种叫异丙异烟肼，还有一种叫丙咪嗪。人们开始问了，这些药是不是有什么共同之处？不管是什么吧——它们能治疗抑郁症吗？

　　没人知道有没有用，十几年来这个问题一直没有解决，让研究者吃尽了苦头。然后到了 1965 年，有位英国医生，叫艾利克·科彭，研究出了一种理论。他有一个疑问：如果这些药都能提高血清素含量会有什么样的结果？如果真的能做到这一点，那就说明抑郁症是大脑中的血清素含量过低导致的。加里·格林堡医生在写这段历史时曾这样说："真的不敢说这些蹩脚的科学家[5]在一棵树的主干上爬了多高，这些人真的不明白血清素在大脑中有什么作用。"不能让最初提出这个想法的那几个科学家的努力白费，他们便犹犹豫豫地提出一个建议：可以服用这些药物治疗抑郁症。其中一个这样表示："这最多是一种简单的说法[6]，基于现有数据无法证明这种药物真的能够治疗抑郁症。"

然而，过了几年，到了20世纪70年代，终于可以开始验证这些理论了。科学家发现，服用一种化学混合物可以降低血清素含量。如果这个理论是正确的——抑郁症是血清素含量低所导致——会出现什么结果？人吃了这种混合物就会变抑郁。因此，科学家搞了几次实验。他们让病人服药降低大脑中的血清素含量，看看会有什么样的结果。除非病人服用的剂量很大，否则根本不起作用，也就是说病人不会因此变抑郁[7]。其实，对于多数病人来说，吃这种混合物一点影响也没有。

我去拜访率先研究此类新型抗抑郁药的一位科学家，这人叫戴维·黑利，是位教授，住在威尔士北部的一座名叫班戈的小城，自己开着一家诊所。他写的抗抑郁药的历史是迄今为止最为详尽的。我们聊到抑郁是血清素含量低引起的这个话题时，他对我说："这种说法没有根据，目前都是传言。以讹传讹。20世纪90年代，这类新型抗抑郁药刚刚研制出来时，你不能想让那个声名显赫的专家站在台子上对大伙儿说：'嗨，得抑郁症的人大脑中血清素含量低……'没有证据能够证明这两者之间存在必然联系[8]。这种说法不可信，因为没办法证明，在我们这个圈子里，相信这种说法的人连50%都不到。"说到血清素对人类的影响，科学家曾对此进行过一次最大规模的研究，结果显示它和抑郁之间没有直接关系。[9]普林斯顿大学教授安德鲁·思卡尔曾说将抑郁症的根源归结为血清素含量不足是"一种深深的误导[10]，是极不科学的"。

血清素这种说法只在一种意义上有作用。制药公司在把抗抑郁药卖给我和蒂珀·戈尔这样的病人时，其实是向我们传递出了一个大大的隐喻。这个隐喻很好理解，就是你吃了这种药整个人就能恢复一种正常状态——别人都在享受的那种平衡的状态。

～

欧文得知，一旦科学家抛弃（医药公司里的公关团队是不会这么干的）血清素含量低是抑郁和焦虑的罪魁祸首这种说法，他们就会转而去研究别的东西。他们会这么说，好吧 [11]，既然抑郁和焦虑产生的根源不是血清素含量低，那肯定是因为别的化学物质含量不足所导致的。科学家们至今仍想当然地认为，这些问题是因大脑中化学物质的失衡导致的，抗抑郁药物能够解决这种化学物质失衡状态。如果一种化学物质不是治疗心理疾病的良方 [12]，他们肯定会开始寻找别的化学物质。

然而，欧文开始问一个让人尴尬的问题。如果抑郁和焦虑真的是因某种化学物质的失衡所致，抗抑郁药物能够修复这种失衡，那么就应该能够解释他一直在留意的下面这种奇怪的现象。临床试验证明，提高大脑内血清素含量的抗抑郁药物的效果跟降低大脑内血清素含量的抗抑郁药物的效果一样，都很一般。它们和一种能够提高名为去甲肾上腺素的化学物质的药物的效果一样，又和另外一种能够提高名为多巴胺的化学物质的药物的效果一样。也就是说，不管你补充的是什么样的化学物质，结果都是一样的。

因此，欧文自问，服用这些不同种类的药物的病人有什么共同点？他只找到了一点：他们都深信这些药有用。欧文认为，药物所起的作用和约翰·海加思那根魔杖差不多，就是你觉得自己正在被医生照顾、治疗，医生找到了为你治病的良方。

欧文用最高水准研究这个问题 20 多年，最后认定，抑郁是因化学物质失衡这种说法只是"历史上的一个意外事件"，当初，科学家误读了他们看到的东西，然后，医药公司把这个错误的看法兜售给了大众。

欧文就此说，我们文化中对于抑郁症的一贯解释开始崩溃。你觉得自己缺少某种化学物质，所以就感觉不舒服，这种想法是建立在一系列的误解和错误之上的。他告诉我，这种看法就要被证明是错误的，它碎了一地，就像一个矮胖子，脸上露出了惨淡的笑容。

~

我陪欧文走了很长一段路，却在那里停住了脚步，我吃惊不已。他说的真的是对的吗？我学的是社会科学，社会科学讲究证据，在接下来的篇幅中我要着重写这一点。他接受的是医学科学方面的教育，他在这方面是专家，我不是。我在想我是不是误解了他的意思，他是不是一个科学上的门外汉，不懂装懂？于是，我在我的能力范围之内尽可能多地阅读这方面的资料，又让很多别的科学家跟我解释这是怎么回事。

我拜访了这方面的一位专家，她叫乔安娜·蒙克里夫。[13] 在她的伦敦学院的办公室里，她对我很直白地解释道："无法证明抑郁症或者焦虑症患者的大脑处于'化学物质失衡状态'，'失衡'这个词没有任何意义，'化学物质不失衡'的大脑是什么样子，我们谁也没见过。医生告诉病人，抗抑郁药能让大脑恢复自然平衡状态，根本没这回事，药物制造出的是一种虚假的状态。抑郁症仅由化学物质失衡所致这种看法是一个'未解之谜'，我认为这是医药公司兜售给我们的概念。"

心理学家露西·约翰斯通说得更加直白[14]："医生对你说的那些话纯属放屁。"她一边品尝咖啡，一边对我这样说，"血清素缺失会导致抑郁症这套理论是谎言。我认为我们不应给它戴上一个漂亮的脸谱，然后说：'哦，好吧，也许有证据支撑这个看法呢。'根本没有。"

可我仍然觉得不可思议，这么大的一件事——世界上最常见的药物之一，吃的人又这么多——怎么可能大错特错呢。显然有保护措施阻止这种错误的发生：一种新药，在投放市场之前，要经过多次的科学验证和临床试验，确定安全、有效后，才会进到我们家中。我感觉自己就像乘飞机从约翰·肯尼迪国际机场出发刚刚抵达了洛杉矶国际机场，却被告知这一路上开飞机的竟然是一只猴子！真的有适当的举措阻止这种事情的发生吗？如果这些药真的像这些深度研究中所暗示的那样作用有限，那它们又是如何绕过这些适当的举措的呢？

我就此和这一领域的一位著名科学家讨论，这位科学家名叫约翰·约安尼迪斯，是位教授，《大西洋月刊》曾将其称为"可能是在世的最伟大的科学家之一"[15]。他说医药公司毁灭证据、将药品投向市场这种事不足为奇，此类事件一直存在。他详细地跟我解释了抗抑郁药物从研发阶段一直进到我嘴里的过程。过程如下："医药公司生产出一种新药，进行科学验证和临床试验时，不找别人，自己操作。也就是说，做这些试验时，首先考虑的是服用对象，光说这种药如何如何有用，没用的话一概不说。他们找来一帮穷困潦倒的受试者，这些受试者平时没什么收入，只靠医药公司施舍度日……试验过程也不是他们能够掌控的……试验报告怎么写，怎么描述，他们说了都不算数，大权掌握在医药公司手中。科学证据弄出来了，但写这些证据的并不是那些受试者，而是医药公司的人，包括最后的报告，也是医药公司的人搞的。"

　　然后，证据会提交给监管部门，监管部门的工作就是决定是否允许这种药进入市场。然而，在美国，在所有的监管者当中，有 40% 的人的工资是医药公司支付的，在英国，这个数字是 100%。一种新药最终是否能够安全地进入市场，取决于两股力量的较量：一股是研制这种药的医药公司，一股是为老百姓说话的专家，专家要辨别这种药是否真的有效。然而，约安尼迪斯教授对我表示，在这场较量中，专家早就被医药公司收买了，因此最后赢的几乎总是医药公司。

　　他们写研究报告遵循一条规则：想方设法让这种新型药物极为容易地进入市场。只需写两份临床试验报告——全世界的医药公司都是这么干的——暗示这种药有效即可。两份报告，又都暗示有用，足够了。这样，打个比方，本来做了一千次临床试验，只有两次显示这种药物有轻微效果——也就是说，过不了多久，这种药就会被送到你家附近的药房里。

　　约安尼迪斯教授对我说："我觉得这个领域让人恶心透了，用语言无法描述。"我问他得知这个真相有何感觉。"我很难过。"他这么说。我说这令我万万没有想到。他又说："难过程度比不上我服用抗抑郁药物 SSRIs。"

　　我想笑，却有一种如鲠在喉的感觉。

～

　　有些人对欧文说，你说什么？好吧，就算是安慰性的效果，那么多人吃了也管用。你为什么打破这个魔咒？他就此解释道，临床试验证明，抗抑郁药物的效果主要是安慰性的，但副作用主要由药物中所含化学物质所致，并且副作用会很严重。

　　欧文说："体重增加是肯定的了。"我对此深有感触，吃药时，我的身体像气球那样迅速膨胀，停药时，体重马上下降。"我们知道，SSRIs 尤其会造成性能力低下，在服药的患者当中，约有 75% 的人存在这种现象。"他继续说，"虽然这么说我觉得很痛苦，因为我自己就是个例子。我服用帕罗西汀多年，发现生殖器的敏感度降低了很多，耗费好久才能射精。这样，做爱就变成了一种痛苦，性爱的乐趣因此减少很多。我停药后才重新获得性爱的美妙感受，才想起来有规律的性爱是世界上最棒的自然抗抑郁药物之一。"

　　"对年轻人而言，服用这些药物会增大自杀风险 [16]。瑞典新发布的一份研究报告显示，这会增加暴力犯罪行为。老年人服用这些药物会增大死亡风险，中风的概率也会增加。对每个人来说，服用这些药物都会增加患二型糖尿病的风险，孕妇会因此增大流产风险，生出来的孩子患孤独症和身体畸形症的风险也会增加。这些事人人皆知。"上述后果一旦开始出现，就很难对付——约有 20% 的人有过严重的戒毒般的痛苦感受 [17]。

因此，他这样说："如果你想吃点药，获得那种安慰性的效果，至少应该服用安全药物。比如，我们可以让病人服用一种名为圣约翰草的中草药，这种草药有安慰性的效果，并且没有任何的副作用。当然了，医药公司没有圣约翰草的专利权，因此没人能够从这种草药身上赚很多钱。"

这个时候，欧文用轻柔的语气告诉我，他曾为这些药物做了那么多年的宣传、推介，深感愧疚。

〜

1802 年，约翰·海加思让公众知道了魔杖这个故事的真相。他解释道，有些病人真的从病痛中恢复了过来，但这不是魔杖的魔力所致。这是病人的意念所致。这是一种安慰性的效果，不可能持续，因为最根本的问题并没有解决。

这番话几乎激怒了每一个人。[18] 有些人当初花那么多的钱买所谓的魔杖，如今听了这话不由得勃然大怒，但更多的人对约翰·海加思充满愤恨，说他在胡说八道。"我这番话引起众怒，有人威胁我、辱骂我。"他这样写道，"一大批非常受人尊敬的人物即将签署一份反对性的声明，其中包括几位现世的著名科学家，据他们解释，魔杖有用，它的魔力是有形的、是真实存在的。"

自从欧文发表了最初的研究结果，此后数年又对此种结果不断进行补充，公众的反应始终差不多。没人会质疑医药公司呈递给食品药品监管局的数据的真实性，没人会相信抗抑郁药物的效果只比安慰剂的效果好那么一点点。没人相信我曾经服用的帕罗西汀这种药物的研发、生产厂家私底下承认，这种药对我这样的人根本不起作用，他们不得不为他们的欺骗行为支付高昂罚金。

但有些科学家（数量还不少）反驳柯什的很多言论。我想仔细研究他们的观点。我希望柯什说的是真的。于是，我找到了一个人，此人的活力无人能及，专门向公众推销抗抑郁药物，并且做得很成功，他相信这些药物有用，所以才会极力推荐，但有一点值得注意：他从来没有从医药公司那里拿过一分钱。

~

20 世纪 90 年代，彼得·克莱默医生 [19] 看着一个又一个的病人走进他在罗德岛的办公室，他给他们开了新的抗抑郁药，这些病人在他的眼前就变了样。他们的病不但有了好转，还像他说的那样，"健康状况超过了普通人。"他们比普通人更有活力、更有恢复力。他因此写了一本书，书名叫《静听帕罗西汀的心声》，这本关于抗抑郁药物的书在当时大卖特卖。我服药后不久也读到了这本书。我确信，彼得在书中所描述的药物发挥作用的过程很有说服力，是我亲身经历过的。我为此写了不少文章，并数次采访他，把他介绍给了公众。

因此，当欧文把他的研究结果拿出来以后，当时在布朗医学院当教授的彼得就被吓坏了。针对欧文对抗抑郁药物的批评 [20]，他最终进行了公开的猛烈回击，他写书、发表演讲，驳斥欧文的说法。

他反驳欧文的第一点是，欧文没有给抗抑郁药物足够的时间以证明其有效性。他分析的那些临床试验——几乎都是医药公司提交给监管部门的——持续时间一般为 4~8 周。然而，这段时间并不够。需要更长的时间才能见到真正的药效。

在我看来，这一点反驳得很有力量。欧文也是这么看的。因此，他开始留意是否有持续更久的临床试验。结果发现了两个——在第一个中，安慰剂的效果和抗抑郁药物的效果一模一样。在第二个中，安慰剂的效果胜于抗抑郁药物。[21]

然而，彼得指出了欧文所犯下的第二个错误。欧文所关注的抗抑郁药物临床试验的对象是两群人：中度抑郁症患者和重度抑郁症患者。彼得认为，或许抗抑郁药物在中度抑郁症患者身上表现得不明显，在重度抑郁症患者身上会有很好的表现。他见过这种情况 [22]，因此，当欧文把中度抑郁症患者和重度抑郁症患者集合在一起，让每个人都服下同等剂量的药物时，效果当然不明显了——他相当于把真正的效果稀释掉了，这就好比把好几品脱的水和可乐掺和在了一起。

欧文觉得这一点也很重要，很想弄清楚是否真的如此，于是重新翻看那些科学试验报告，因为他的数据就是从这些报告中来的，结果发现，除了一例，其他的试验对象都是重度抑郁症患者 [23]。

这一点引发了彼得和欧文之间最激烈的一场论战，这是彼得反驳欧文、为抗抑郁药物辩护的一个关键点。

~

2012 年，彼得去看某个临床试验，试验在一个医疗中心进行，那地方很漂亮，就像一个巨大的玻璃试管，俯瞰着几栋豪宅。医药公司的人想做关于抗抑郁药物的临床试验，这让他们碰到了两件头痛的事。第一件：必须招募一批愿意长期服用具有潜在危险的药物的志愿者，但根据法律规定，这类志愿者所得的报酬少得可怜：40 美元到 70 美元。第二件：必须找到一批身患严重精神类疾病的人，比方说，做抗抑郁药物试验，对象就必须是重度抑郁症患者，并且这些患者没有其他病症。鉴于此，找到合适的人选难度极大，于是他们将目光转向了那些绝望的人，用别的东西诱惑他们。彼得看到一群可怜的人从城市的各个角落被搜集到一起，接受他们在家中绝不会接受到的极度细心护理——一大群人听取他们的意见，白天待在一个暖暖和和的地方，给他们做检查，让他们吃药，拿到手的钱也比他们那点可怜的薪水多一倍。

彼得看着这一切不由得大吃一惊。他发现，那些充当试验对象的志愿者总是装病，医疗中心的医生为他们做检查时，碰巧问了一句，这里痛不痛，舒服不舒服，他们不痛也说痛，舒服也说不舒服，但那些主导此次试验、以赚钱为目的的医疗公司并不理睬那些志愿者。彼得算是看出来了，这两群人都在瞎扯淡。他看到主导试验的专家问那些志愿者吃了这药感觉如何，那些志愿者说的那些话都是专家们想听的。

彼得就此得出结论：抗抑郁药物的临床试验结果——我们所得到的那些数据——没有任何意义。也就是说，欧文所得出的抗抑郁药物的作用非常有限这个结论是建立在一堆垃圾上的。临床试验本身就是骗人的。[24]

~

这一点对欧文来说无疑是致命的一击，彼得出示的证据非常有力。但欧文听到彼得这番言论时感觉很困惑，我也有同样的感觉。抗抑郁药物的坚定捍卫者彼得·克莱默竟然说这种药物的临床试验是垃圾。

我对彼得说，如果他说的是对的（我也认为他说的是对的），那他就在反对此类药物，不是在支持它们了。也就是说，依照法律规定，这类药物不应该进入市场。

　　我这么问彼得的时候用的是很友好的语气，彼得一听这话顿时怒气大发，说就算是糟糕的临床试验也能产生有用的结果。他很快转换了话题，反复强调那次临床试验是他亲眼所见。我问彼得对那些宣称约翰·海加思的魔杖有疗效的人有何看法——因为他们也只相信亲眼看到的事情。他说："在你说的这件事当中，那些专家和这次的抗抑郁药物临床试验中的专家相比根本算不上专家，人数也不够。我是说，如果那些所谓的魔杖真的是一根骨头外头裹着一层铁皮，那简直就是一桩大丑闻。"

　　过了一会儿，他又说："不聊了。"

～

　　就连彼得·克莱默在谈及这类药物时也提到了一个注意事项。他着重向我指出，根据他所掌握的证据，医生给病人开这类药只能开 6 周到 20 周的量。他说："我认为超过了这个范围证据就显得不足了，我在这件事上也不会再争论下去，因为你服药的时间够长，有发言权。我是说，谈到这类药物是否有用或者有害，一个病人得有 14 年的服药期，真的有人服药这么长时间吗？我认为我们真的不知道。"他这么说我很焦虑——我之前已经跟他说过我吃这类药就吃了差不多这么久。

　　或许他是因为觉察出了我的焦虑，便补充道："我真的认为我们都很幸运，这类药对你这样的人来说还是有用的。"

～

　　现如今，很少有科学家认为抑郁仅由血清素含量不足所致，但出于某些我们无法完全理解的原因，关于化学类抗抑郁药物是否有用的争论仍在继续。科学界对此并没有一个统一的说法。有些著名的科学家认同柯什那套说法，有些则认为彼得·克莱默说的是对的。我不知道应该相信谁，直到欧文把最后的一则证据交到我的面前。我认为这则证据把化学类抗抑郁药物的一个最重要的事实告诉了我们。

～

　　20 世纪 90 年代末，一批科学家想要测试一下 SSIRs 这种新的抗抑郁药的效果，但测试地点没有定在实验室或者诊所、医院。他们想看看在日常生活中测试会有什么样的结果，于是组织了一次名为 "Star-D" 的临床试验。方法很简单，一位普通患者走到医生那里，说自己得了抑郁症。医生会和他一起商讨治疗办法，如果双方达成一致意见，患者就开始服抗抑郁药物。从这一刻起，负责指导此次试验的科学家们就开始密切注意这位患者的反应。如果这种抗抑郁药物不起作用，他们就会给他换一种。如果这种再不起作用，就再换一种——如此反复，直到找到患者觉得有用的那种。在真实的世界中，大多数人都有过这样的经历：患有抑郁症的人，在从医生那里拿到合适的药物之前总要尝试一种以上的药物，要么就是剂量上会出现一些变化，直到找到想要的效果。

这次试验结果显示，抗抑郁药物有效。67%的患者觉得比以前好了一些，就像我当初服药头一个月时的感受。

然而，过了一段时间，他们发现了别的情况。服药一年后，半数患者又完全抑郁了。只有约1/3的服药患者的康复状态维持了下去[25]，我们知道，这个数字是夸大了的，就算这部分人不吃药，也会自然恢复。

这好像和我的经历分毫不差。刚开始服药时感觉很好，后来药效就消失了。我只好增加剂量，然而后来增加剂量也没用了。我这才知道抗抑郁药物对我没用了，无论我狂吞多少药，悲伤依然会慢慢地渗入我的整个身体，我当时还觉得自己是不是哪方面出了毛病。

如今，我读了这次"Star-D"的试验结果[26]，才知道自己是正常的。我的经历是教科书级的，根本不是瞎扯淡，我服用抗抑郁药物的经历很典型，很能说明问题。

此后数月，证据继续浮现[27]——在服用抗抑郁药物的患者当中，当初病情好转、随后重回抑郁状态的人数比例为65%~80%。

在我看来，这就是关于各类抗抑郁药物效果的最重要的一条证据：多数人刚开始服药时会感觉良好，但随后重回抑郁和焦虑状态。我想强调一点——有些著名科学家仍坚持认为，由于这类药物中所含的化学物质会在人体内发生反应，所以对少数患者真的有效。这一点倒有可能。化学类抗抑郁药物可能会对一小部分抑郁症、焦虑症患者有效——我当然不会想当然地认为这类药物一无是处。如果你吃了这种药感觉不错，副作用又不大，那就继续吃下去。但在证据面前，不能认为它们对绝大多数抑郁症、焦虑症患者同样有效。我再也不能否认下面这一点：对绝大多数患者来说，我们需要找到令我们抑郁或者焦虑的真正根源和一套不同的解决方案。

我在困惑中问自己：真的有这样的方案吗？

3. 悲伤除外

讽刺的是，在得知抑郁和焦虑并非由化学物质失衡所致之后，我自己竟然有了一种失衡的感觉。以前曾有人对我说，和一个身处病痛中的人聊天时，跟他说说他的痛苦因何而来是你能做的最有效的事情之一。现如今，我才明白，把那个让你痛苦的故事拿走，也同样最有效：我感觉自己好像坐在一条摇摇晃晃的船上，有人把船舷上的栏杆拿走了。

我开始寻找另外一个故事。直到又过了一段日子，我和一位名叫乔安妮·凯恰托雷的亚利桑那州的女士聊天时才对这个问题有了些许不同的看法——这个新的看法改变了我即将开启的这段旅程。

❧

"哦，亲爱的，"乔安妮的医生对她这样说，"你只需稍稍注意些就行了。"她子宫收缩 3 个星期，疼得要命，她觉得自己需要帮助。她怀孕时也不肯休息，勤勤恳恳地做事，甚至连含有阿斯巴甜的口香糖都不嚼，生怕影响到肚里的孩子。她不停在说："我的子宫收缩得很厉害，我感觉很疼，这不正常。"可她的医生总对她说："正常的，没事的。"

最后快生产了，她去了医院。"我有 3 个孩子，知道产房是什么样子。"她这样说。然而，她生产的时候觉察到有什么地方不对劲。很多医生、护士围着她转，吵吵闹闹的，乱成了一团，医疗组显然有些慌乱失措。她第一次宫缩持续了一分钟，30 秒钟以后，第二次宫缩来了。

她用力生产时，医生告诉她，孩子没心跳了。她又用了些力气，感觉孩子就快下来了，她朝身子下面看着。"我记得……我在看自己。我的两条腿在打战。不停打战。我控制不住。孩子出来的那一刻，我紧闭双眼……我想让她快点出来。"

孩子一出来，医生便做了一个决定——没有经过乔安妮的允许——不去叫醒她。他们把那孩子交到了她丈夫怀里，丈夫温柔地对她说："我们添了一个漂亮的女儿。"

"就在那一刻，我突然坐了起来。"数年后，乔安妮对我这样说，"在那一刻，我成了她的母亲。我把两只胳膊伸向丈夫，对他说：'把孩子给我。'她是个完美的孩子，体重8磅，脸蛋肥嘟嘟的，小胳膊上的肉胖得都起了褶子。他把孩子交到我的怀里。她好像在睡觉。那一刻真的好奇怪，生与死同时存在——改变了我的生命轨迹。"

"我跟你说，"她告诉我，"我这一生失去了很多东西。我还不到40岁就失去了父母双亲，又失去了最好的朋友。但我从未想过失去我的这个女儿，对此我没有心理准备。我不知道失去她会有什么样的后果。"她的女儿夭折以后，仅过了3个月，她的体重骤然降到88磅。"我不知道自己能不能挺过这一关。"她说，"我觉得自己就要死了。每天，我都会睁着两只眼睛发呆，就算是睡着的时候，也一直在说梦话：'我不想待在这个地方。我不想待在这个地方。'我不想再有这种感觉。我承受不下去了。"

验尸结果出来了。"孩子不存在任何先天性的问题。我就在想……是不是我太累了。我只能认为是我的身体害了她，让她窒息而死。因此，有相当长的一段时间，我恨透了我的身体，你能想象出那是怎样的一番情景……我只怪我自己。我的身体。我只想做一件事——生一个健康的孩子——她很健康，这说明她没有任何问题，完全是我自己的问题。我的身体某个地方出了毛病。我过去常称呼我的身体为犹大，因为我觉得它背叛了我的孩子，背叛了我。"

～

此后的很多年，乔安妮一直在学习临床心理学[1]，并最终成为了亚利桑那州立大学社会福利系的一名教授。她专门研究丧失亲人给人带来的创伤——人在最糟糕的情况下失去亲人或者朋友对其造成的影响。

向她求助的人很多，这些人都和她有类似的经历，在看病的过程中，她注意到了一件很特别的事。患者失去了亲友，找医生来看病，精神科医生就说他们患上了抑郁症，并为他们开了很多效力强劲的精神类的药物。这已经成了一种惯例。这就好比一个人的孩子不幸死掉了，医生就说他精神上出了某些问题，需要修补大脑中缺失的化学物质。在找她看病的人当中有这样一位女士，她的孩子最近夭折了，有时她会觉得孩子在和她说话。她为此并没有觉得难过，反而得到了些许安慰。然而，就是这位患者，也被精神科医生诊断为精神上出了某些问题，并给她开了治疗精神错乱的药物。

乔安妮发现，病人一听自己得了这种病，就开始对自己、对自己的感受产生质疑——这让他们更多地掩盖了自己的感受。

这种事乔安妮看了很多，多得都让她数不过来，她便开始研究抑郁症的诊断过程，并发表这方面的科学研究报告。医生诊断病人是否患的是抑郁症，美国精神病学会推出的《精神障碍诊断与统计手册》中已经写得明明白白了。迄今为止，这个手册已有 5 个不同版本，每个版本中都有关于抑郁症如何界定的清晰条目。这个册子的作者都是美国著名的精神科方面的医生，其权威性如同《圣经》，全美几乎所有的全科医生在诊断抑郁症或者焦虑症时都要用到它，它在全世界拥有巨大的影响力。诊断病人是否得的是抑郁症，要看病人在每天的生活中是否表现出了 9 种症状中的至少 6 种：比如说，抑郁的心情、对追求快乐的兴趣减少、觉得自己一无是处，等等。

然而，当医生们最初施行这个比对用的图表时发现了某个尴尬的情况。几乎每一个悲伤的人都和抑郁症在医学上的评判标准相匹配。如果仅以这个图表为标尺，每一个丧亲者都应该被诊断为精神病患者。

这让很多医生和精神病学家觉得不安。因此，《精神障碍诊断与统计手册》的编写者创造出了一种叫作"悲伤除外"的说法 [2]。

他们说，只在一种情况下，一个人表现出了抑郁症的症状却不会被诊断为精神病——最近经历了丧亲的痛苦。一个人，失去了孩子、姐妹或者母亲，这些症状表现的时间超过一年才会被诊断为患上了精神病。一年后，倘若仍处于重度抑郁状态，才会被诊断为精神错乱。过去数年，随着《精神障碍诊断与统计手册》不同版本面世，这个期限几经改变：从一年减为三个月、一个月，最后减为两个星期。

"对我来说，这是一种莫大的侮辱，"乔安妮对我说，"不但是对悲伤、友情或者亲情（你和逝去的那个人的友情或者亲情）的一种侮辱，更是对爱的一种侮辱。我是说——我们为何悲伤？如果街对面的哪个邻居死了，我又不认识他，我可能会这样说:'哦,他的家人肯定会很伤心。'但我不会悲伤。不过,倘若我爱的人死了,我就会悲伤。我为何悲伤,因为我们彼此爱过。"这么看的话,如果悲伤超过了某个期限就被诊断为得了什么病,需要吃药治疗,她觉得这是一种没有人性的做法。

乔安妮的一位病人有个女儿,女儿刚上大学,去公园玩时被拐走了,后来又被活活烧死。她对我说,因为一位失去爱女的母亲数年后仍处于痛苦之中就认为她得了精神病,我们怎么能这么干?!可《精神障碍诊断与统计手册》中就是这么说的。

乔安妮冷静地说:"伤痛是必要的。我甚至都不想从失去女儿的痛苦中挣脱出来。与失去她的痛苦时刻保持一种联系能让我充满热情地工作,尽可能充实地活着。我将我感受到的那种愧疚、羞耻、背叛与帮助别人结合在一起,我帮助别人,把我解救出的、此刻正在我身后的草地上奔驰的那些骏马供给他们骑用,让他们怀着无限的热情在生命的惊涛骇浪中奋勇前进。因此,从某种意义上说,我帮助别人其实就是在补偿她——是我每天对她表示歉意的一种方式。我对不起她,没能把她平平安安地带到这个世界上来,正因为如此,我才要把她的爱带到这个世界中来。"

这让她能够深深地感受到他人的痛苦,换作以前,她根本做不到这一点。"她甚至让我身体中最脆弱的那个部分变得坚强了。"她说。

❧

"悲伤除外"揭示出了让《精神障碍诊断与统计手册》的编写者们深感不安的某种东西,这种东西是精神病学家的主流看法。他们不得不在编写的正式手册中承认,在一种情况下表现出抑郁症的症状是合理的,并且甚至是必要的。

不过一旦承认了这一点自然就引出了下面这个问题。一个人,他(她)的亲人或者朋友不幸亡故,他(她)由此患上了抑郁症,据精神病学家所言,只有在这种情况下患的抑郁症才是一种合理的反应。一个女人,结婚 30 年,她的丈夫有一天离她而去,她很痛苦,由此患上了抑郁症,按照精神病学家们的说法,这个女人的反应就是不合理的。一个人,在接下来的 30 年,干一份他不喜欢的工作,他痛苦、懊恼,由此患上了抑郁症,据精神病学家们的说辞,他的反应也是不合理的。你有一天一贫如洗,连家都没有了,一个人孤零零地住在大桥底下,做了流浪汉,你不高兴,由此抑郁,你的反应也是不合理的。如果一个人在一种情况下患上抑郁症是合理的,那么有无可能他在别的情况下患上抑郁症也是合理的?

编写《精神障碍诊断与统计手册》的精神病学家们很久以来划着一条船一直朝前走，这种质疑就像一颗炸弹，把这条船炸出了一个大窟窿。突然间，复杂的生活中便涌入了抑郁和焦虑的诸多症状。这不是某种化学物质失衡的问题，没这么简单，这一点已经在抑郁症症状图表那里被证明了。抑郁症应该被视为对一个人所处环境的一种反应。

随着乔安妮·凯恰托雷对"悲伤除外"研究得越来越细，她开始认识到这件事揭示出了我们的文化在如何定义痛苦上所犯下的一个基本错误。她对我说："我们在界定痛苦这个概念的时候没有考虑一个人所处的环境 [3]。拿一个抑郁症症状图表出来，仅以这个为依据，由此断定一个人患上了抑郁症，脑子出了毛病，这是一种与生活本身的影响割裂开来的孤立做法。"

她说这话的时候，我对她说，我服用抗抑郁药物十几年，医生为我开的剂量逐年增加，却始终没有一个人问我之所以抑郁是因为什么。她对我说，不只我一个人经历过这种事，很多人都是如此，这简直是一场大灾难。医生给我看病，得出的诊断结果显示，我之所以抑郁，只是因为我的大脑出了毛病。根据乔安妮所言，这种做法没有考虑到我们自身的问题，最终切断了抑郁症和其他因素之间的关系。

乔安妮说，我们在处理抑郁症和焦虑症患者的问题时，应把其真实的生活这个因素考虑进去，要做到这一点，需要对患者进行一次"彻彻底底的大检查"。有很多精神病学家技术精湛，人品高尚，想要更深入地思考这个问题，能够看出当前这套简单粗暴的诊断疗法的局限性。他们不会说我们的痛苦是抽风式的异常情感喷发，吃点药就没事了，他们会开始倾听我们所承受的痛苦的心音，弄明白它正在向我们传达的信息。

乔安妮表示，多数情况下，我们都应该停止谈论"精神健康"——这会让我们想到大脑扫描和有缺陷的突触——而应谈论"情感健康"。她问我："我们为什么将其称为'情感健康'？因为我们想让其科学化。我们想让它听上去很科学。然而，这仅仅关乎到我们的情感问题。"

她为病人看病，不用抑郁症症状图表，而是用轻柔的语气询问他们："跟我说说你的事。哦，天哪，你要挺过这一关真的好难。如果我是你，很可能也会有这样的感受。我很可能也会有这些症状……跟我说说你的生活。"有时候，病人所缺少的只是你的一个拥抱。我上面提到的那位丧女的母亲，当时是哭号着找到乔安妮的，痛苦让她不停尖叫。乔安妮坐在地板上，紧紧抱着她，让她尽情宣泄内心的痛苦，哭完了，她感觉好了些，因为她知道，她不孤独。有时候，我们能做的只是这个。但其实，我们做了很多。

有时候，当你倾听他人或者自己内心痛苦的心音时，你很可能就会有别的发现——正如我以后发现的那样。

乔安妮说，现在的做法就好比"在截肢上贴创可贴。遇到一个极度抑郁的人，我们不应再从症状下手。症状是信息，传递出的是更深的问题。我们应去研究这些更深的问题"。

❧

此后的数十年，关于这本精神病学方面的权威手册一直存在一个争论的焦点。公众从这本册子中知道了两件相互冲突的事。第一件：抑郁症由大脑内部某种化学物质的失衡所致，药物能够修复这种失衡状态。第二件：不知是怎么回事，在某种特殊的情况下，抑郁症的所有症状实际上是对一个人生活中某种凄惨遭遇的一种反应，化学物质失衡并不是主因，因此药物并不能解决问题。

这种冲突搞得很多人心烦意乱，也引出了很多问题。像乔安妮这样的人会在这些问题上争论不休，但更多的人并不想在这上面浪费时间，他们只想要一个简单、明确的结果。

因此，编写《精神障碍诊断与统计手册》的那些精神病学家在编写第 5 版，即最近一版时就想出了一个解决的办法。他们把"悲伤除外"这部分内容删掉了。新版中看不到这部分内容。只有几个症状图表，下面附带着一些模棱两可的注释[4]。乔安妮对我这样解释："假如说一个人的孩子夭折了，第二天，他（她）去看医生时情绪处于极度抑郁状态，医生很快就能诊断出他（她）患上了抑郁症。"

诊断抑郁症的办法就此保存下来。拿个图表一比对就知道得没得抑郁症。对上了就说明你的精神出了问题。不要再去考虑病人的生活环境了。考虑症状就行了。不要再去问病人生活中有过什么样的遭遇。

❧

乔安妮告诉我，她的这种想法让她认定"我们的文化是完全断裂的，我们全然感受不到他人承受的痛苦"。她看着我，我想着她所经历的一切以及她从中获得的智慧。她眨眨眼，说："我们没有做到这一点。"

～

我和乔安妮此番深谈之后又过了很久，在我做了更多的研究之后，我又听了一遍对她的采访录音。我开始发现悲伤和抑郁有着类似的症状，这个事实有几分意义。后来，有一天，在采访了几位抑郁症患者之后，我这样问自己：我们的生活往往不如意，我们因此而悲伤，倘若抑郁其实只是这种悲伤的一种表现形式会怎样？我们在生活中失去了很多联系，但我们仍然需要它们，我们因此而悲伤，倘若抑郁只是这种悲伤的一种表现形式会怎样？

不过，要想搞清楚我为什么会这么问，我们需要朝回走——走到我们对抑郁和焦虑有突破性、科学性理解的那个时候。

4. 月球上的第一面旗子

在二战后的那段日子里，有个 20 岁出头的女人，刚生完孩子，穿过了肯萨台的废墟。这个地方在西伦敦，属于郊区，是工人们的聚居地，战时有一部分受到纳粹军的狂轰乱炸，如今已变成一片瓦砾。她正朝大运河走去，她一到那里就跳入了肮脏的河水。

她自杀了，此后的数年数月，没人说起过她的抑郁症。人们闭口不言。一个人抑郁到了跳河自尽的程度，其中有什么隐情？问这个问题在当时是一种禁忌。

不远处的一栋房子里有一个 10 多岁的男孩子。这个女人生前与他做邻居，两人关系很好，那孩子不幸伤口感染，当时又没有抗生素，是这个女人在那栋破烂的房子里精心照顾了他好几个月。"她人很好的，热心肠。" 71 年过后，他微笑着回忆着往事对我这样说，"这是我最早的经历之一。那个时候，人们谈论抑郁症会有一种很强烈的羞耻感。"过了一会儿，他又重复道："谈论抑郁症会有一种很强烈的羞耻感。"

"真的不能谈的。"他补充道。

这件事让他困惑不解，尽管他直到 36 岁才开始再次深入思索这个问题，并慢慢有了一个惊人发现 [1]。

〜

20 世纪 70 年代初，乔治回到伦敦，去一处跟他小时候住过的那个社区很像的工人阶级社区调查一桩迷案。为什么有很多像他邻居那样的人会陷入深度抑郁状态？这其中的缘由又是什么？

当时，人们对他那个女邻居的惨死以及笼罩在整个社区上空的抑郁氛围仍是不愿多谈。专业人士避开大众目光讨论抑郁症这件事时往往秉持两种截然不同的看法。[2]

想起来，大体上就是这样一幅画面：一侧是一个病人，正躺在沙发上，对面就是心理分析学的开创者西格蒙德·弗洛伊德先生；另一侧放着一个被切成几半的大脑。信奉弗洛伊德那套学说的专家们讨论了将近一个世纪，认为抑郁症的根源只能在个人的生活中找到——特别是他的童年生活中。对付抑郁症没别的办法，只能通过一对一的治疗，医生尽可能细地去探究病人的过往生活，耐心地劝慰、引导病人说出他（她）的故事。

但很多的精神病学家竭力反对这种看法，他们认为一个人之所以抑郁只是因为大脑内部出了问题——由大脑疾病所致——因此，从病人的过往生活中去寻找病根就走错路了。抑郁症显然是一种身体上的疾病，只能从身体中去寻找病根。

乔治觉得这两种说法都有对的地方，却又不十分准确。他认为抑郁症的根源还有其他因素，但这些因素又是什么？他学的不是医学和精神病学，他学的是人类学，人类学家观察、研究一种文化总以局外人的身份出现，站在远处，细细观察，试图搞清楚此种文化的缘由。他对我说，他去南伦敦参观一处精神病诊疗中心时，完全不知道精神病学是怎么回事，但从另外一方面来讲，他对这块知识的完全无知也不失为一件好事，因为缺少了这些知识的束缚，反倒给了他一个完全开放的心态。

他开始阅读精神病学方面的科研报告，结果让他大吃一惊，这些报告中所涉及的精神病学方面的数据少得可怜。根据他的回忆，他觉得这里面有太多的无知。那些理论都是在一种稀里糊涂的状态下形成的，都是基于个人逸事或者某些抽象理论形成的。他对我说："我觉得这些研究报告都是不准确的。"

那个时候，官方对抑郁症的这两种看法并未做出明确表态。多数精神病学家认为抑郁症分为两种。一种由大脑或身体其他部位疾病所致，他们把这种抑郁症称为"内源性抑郁症"[3]。另一种由个人伤痛经历所致，他们把这种抑郁症称为"反应性抑郁症"。然而，没人知道患有"反应性抑郁症"的人反应的东西到底是什么，也不知道这两种不同的抑郁症的根本区别[4]到底是什么——即便是两者有区别，这种区别又有什么意义。

乔治就此得出结论，要想探究事情真谛，挖掘事物背后根源，必须下一番苦功夫，做彻底而深入的调查，必须用科学的方式、方法仔细研究那些身患抑郁症或者焦虑症的人，还要用上一些比如说研究霍乱或者流感为何蔓延时所采用的那样的小技巧。于是，他开始制订计划。

~

乔治穿行在南伦敦坎伯韦尔区的街道上,城市的喧嚣仿佛在另外一个世界。这里距离伦敦市中心仅两英里,但唯一能够让你确信这一点的是远处的圣保罗大教堂。他悠闲地走过几栋漂亮的、宏伟高大的维多利亚时代风格的建筑物,然后穿过几条穷街陋巷,这些破烂的街慢慢地被人们抛弃,因为政府要拆掉这一片。他小时候熟识的那些一排排的工人们住的房子被扒倒,碎砖瓦砾被清除,为的是给那些高大威严、开始刺入伦敦上空的水泥建筑腾地方。他到了一个女人家里,那女人告诉他这周她不得不3次叫消防队来灭火,因为随着很多的房子被腾空,那些坏小子开始在破烂的房基地上放火取乐。

在当地精神病研究机构的帮助下,乔治准备进行一项前所未闻的研究计划。这个计划是这样的:他和他的团队会耗费数年时间跟踪、认识两组不同的女性。第一组由一群被精神病医生诊断为抑郁症患者的女性组成。这组共有 114 人,团队的工作就是在她们家中对其进行深度采访,并收集她们的主要信息。[5] 他们尤其想要弄明白的是这些女性得抑郁症的前一年中都遇到过什么事。这段时间非常重要,你慢慢就会明白。

与此同时,他们在坎伯韦尔随意挑选了 344 位"正常"的女性,这些女性的收入和上述患病女性的收入是一样的,唯一的不同只是她们并未被归为抑郁症患者之列。他们在她们家中对她们进行深度采访,想弄明白在过去的几年中她们的生活中都发生过什么样的坏事和好事。

乔治认为抑郁症的根源就存在于这两组女性的对比中。

想象一下,你正在研究某件非常随意的事情,比如说研究被流星的碎片击中的人。研究他们在出事的那一年生活中发生过什么样的事,然后把这些事与那些没有被流星碎片击中的人在那一年中所发生的事对比,你会发现这两部分人所经历的事情都差不多。那些被流星碎片击中的人在那一年中并未遇到过什么重大事故,他们只是运气不好,碰巧被天上落下的一块石头击中。很多人当时包括现在就是这样想的,一个人患上抑郁症或者焦虑症只是因为运气差了些,大脑里的某种化学物质出了问题,并不是因为生活中出了什么大事故。这项调查研究就是为了证明这种观点是否正确。如果真的是这样,乔治就会发现那些身患抑郁症的女性在得病的前一年中和那些"正常"的女性在那一年中所经历的生活没什么不同。

可要是有不同呢？乔治知道，如果能够发现这种不同就能揭示出某种真正重要的东西。这种不同能够为我们研究抑郁症的根源提供一些线索。事情真的像信奉弗洛伊德学说的学者所认为的那样，那些身患抑郁症的女性之所以得病只是因为她们的童年或者个人生活中出了某些问题吗？抑或还有别的因素存在？如果存在，又是什么？

于是，乔治和他的团队（其中有个年轻的姑娘，叫蒂丽尔·哈里斯，是个外科医生，还是个调研者）走到这些女人家中，跟她们坐下来聊天，试着了解她们。他们采访她们，问得很细。他们离开以后就用调查之初商定的那些复杂的数据收集法和统计法把她们的生活分类。他们建立了一个包含诸多因素的庞大数据库——他们认为任何一个因素都有可能在抑郁症的发生中扮演着一定角色。

一天，蒂丽尔去这个社区拜访一位特伦特太太，这位太太的房子是很典型的那种，有两个卧室，她住一楼。她的丈夫是开卡车的，他们有 3 个孩子，都不到 7 岁，一家 5 口蜗居在这栋小房子里。据她说，蒂丽尔同她见面前，她根本无法集中注意力，连早报上的一篇小文章都读不完。她对吃饭和做爱都失去了兴趣。她一天当中大部分的时间都在哭泣。她感觉自己的身体因为紧张变坚硬了，被什么东西给锁住了，却不知道是为什么。她一连 6 周白天躺在床上，面目呆滞，盼望这个世界赶快离她而去。

他们了解了特伦特太太以后发现在她患抑郁症不久前发生了一件事。他们的第 3 个孩子刚一出生，特伦特先生就丢掉了工作。他妻子不担心，因为他几周后就找到了新工作，但令她万万没想到的是，新工作刚一上手就又被辞退了，老板也没给出什么理由。她觉得是他的前任老板从中搞的鬼。在那以后，他始终没能找到工作，生活简直糟透了。在她住的那个地方，女人是不能出去工作的，这就意味着她家会长期陷入贫困的状态。他们怎么生活呢？她告诉乔治和蒂丽尔，她的婚姻实际上已经结束了，可她又能怎么办呢？她数次收拾东西离家，可每次走不到街尾就又回来了。她能去哪里呢？

"现在回想起来，这些采访令我动容。"我去拜访乔治时，他对我这样说，"这些女人都不习惯谈论自己。我们去了，对她们表现出了兴趣，愿意听她们说话。我能看出来，这件事对这些女人而言有着一定的意义。另外，她们说的那些事也有一定的意义……她们知道自己正在受苦，麻烦缠身。"

在他们采访的女人当中，大部分都和特伦特太太很像，上面提到的那两种抑郁症好像都不足以描述她。或许她的大脑或者身体中出了什么问题。但确切无误的是，她的生活中同样存在一定的问题。然而，在乔治看来，她之所以身患抑郁症是某种更重要的东西所致。直到他把整个的研究结果拿到手才知道如何去描述这种东西。

〜

他们首先想要弄明白的是这些女人在得抑郁症的前一年是否经历过丧亲的痛苦，或者生活中是否发生过什么不如意的事。这些女人往往会说她们经历过一系列的伤痛事件，比如说儿子蹲了监狱，丈夫被诊断为患了精神分裂症，孩子出生时身患重度残疾，等等。乔治和蒂丽尔在他们的数据库中对什么样的事件才算"严重"事件有着严格的界定。比如说，一位女士的狗死了，这只狗生前对这位女士来说就像她的儿子一样，她的整个生命都寄托在它身上，如今它死了，她的生命顿时变得空虚，虽说这件事让这位女士伤痛不已，但乔治他们并不会把其归为"严重"事件。

与此同时，他们开始关注有可能会影响一个人精神健康的其他因素，但这些因素不是一次性的。他们把它们分成了两大类。

他们把第一类称作"麻烦"[6]——一类长期存在的问题，比如说婚姻的不幸，住的房子不好，被迫搬离以前的社区，离开旧邻，等等。

第二类看上去和第一类完全相反，他们把它们称作"稳定因素"，认为这些因素能够让一个人变得强大，免受绝望的侵扰。为了搞清这些稳定因素，他们仔细记录这些女人每人都有几个密友，每个人与其父母的关系如何。

数年来，他们很耐心地收集证据，和一个又一个的女人聊天，了解她们各自的心事，一段长久的时间过后再次去采访她们，他们终于能够坐下来仔细分析这些数据了。他们耗费数月试图弄清楚这些数据揭示了什么东西。他们做这件事的时候觉得肩上的担子很重，有一种很强烈的责任感。用这种方法收集科学证据还是有史以来的第一次。

如果我10多岁的时候医生对我说的话是真的——抑郁症仅由大脑内部血清素含量低，而并非由于生活中的某些变故所致——那么这两组女性就应该没有什么不一样的地方。

∽

蒂丽尔注视着研究结果。

在那些没有得抑郁症的女性中间，有 20% 的人在上一年均经历过不顺心的事；而在那些身患抑郁症的女性中间，有 68% 的人在她们患病的前一年经历过非常不顺心的事。

48% 的差别，不可能是偶然。[7] 这表明一个人经历过真正让其伤心的事会患上抑郁症。

然而，这仅仅是他们的第一个发现。他们还注意到，和没有得抑郁症的女性相比，那些得了抑郁症的女性在患病的前一年中更有可能面对长期的紧张性刺激。偶尔碰到的某件不顺心的事并不会导致抑郁症发生，抑郁症更多是由长久的压抑、沮丧心绪所致。如果一个人的生活有积极而稳定的因素，就会大幅度降低患病概率。有好朋友，伴侣体贴有加，付出得更多，就会大大降低患病风险。

乔治和蒂丽尔就此发现两个因素会增加抑郁症的发病风险——一个是生活中出现了重大变故，一个是长期处于紧张压抑和不安的状态中。但最令人震惊的是这些因素叠加到一块所产生的结果。患上抑郁症的概率不是简单相加，而是呈爆炸性增长。比如说，你一个朋友也没有，没有能够扶持你的伴侣，当你遇到不幸的事情时，患上抑郁症的概率就会达到 75%。得病的概率远远高于不得病的概率。

结果显示：一个人所遇到的每一件不顺心的事，每一个紧张的根源，每一次失去支持，都会加大患上抑郁症的风险。这就好比把真菌放到一个阴暗、湿冷的地方。它不只是比放在阴暗或者湿冷的地方长得快。这两种环境叠加到一起，它就会像气球那样呈倍数膨胀增长。

乔治没想到会得到这样一个惊人的结果。他们试图理解这些结果，回想这些年来采访过的那些女士。他们证明，抑郁症其实在相当大的程度上并不是由大脑疾病所致，而是因为个人生活中出了问题。研究结果发表以后，一位教授称这是人类在研究抑郁症这个问题上的一次重大飞跃[8]。

∽

传统观念认为，抑郁是一种不正常、不合理的表现，得了抑郁症的人觉得自己不正常，外人看他们也觉得他们不正常。但乔治和蒂丽尔正如他们在研究报告中所写的那样，认为："抑郁只是对不幸的一种正常反应，是可以理解的。"[9] 想想特伦特太太的故事，她的婚姻实际上已经死亡，丈夫找不到工作，一家人挣扎在死亡线上，想方设法活下去，改善生活是永远没有希望的，她终生被困在这种绝望的状态中——她知道自己面临着巨大的生活压力，快乐永远也不会再出现。她的抑郁的根源在于所处的环境，而不是个人，这样说是不是更合理一些？

我读了他们的这种观点，觉得有几分道理，却不完全认同。我住的地方并不在伦敦最贫苦的区域，我患抑郁症的这些年里从来也没有住过那么差劲的地方。我的日子和特伦特太太的完全不同。在我认识的抑郁症患者当中，很多人并不穷。这样看来，他们的发现对我们这样的人来说又有什么意义呢？

乔治和蒂丽尔分析数据时发现，穷人更容易变得抑郁，不过，倘若就此认为抑郁的根源是贫穷，那么这种看法未免太草率了。不，这种看法不对，是某种更细微的因素导致了抑郁症的发生。穷人更容易抑郁是因为总的来说他们要面对长期的紧张和压抑，生活中不顺心的事会更多，稳定的因素和富人相比要少得多。但不管是穷人、富人还是中产阶级，所面对的某些最根本的东西都是一样的。我们面对巨大的生活压力，或者生活中出现了重大变故时都会变得绝望，然而，倘若这种压力或者变故持续的时间很久，我们的绝望就会常态化。这种漫无边际的绝望情绪就像浮油一样笼罩着你的生活，让你开始想要放弃。

数年后，社会科学家运用乔治和蒂丽尔的方法深入巴斯克地区和津巴布韦等地调查抑郁症的根源。[10] 虽说这些地方和英国的情况完全不同，但科学家发现，人们患上抑郁症的原因都是一样的，都是上述因素所致。在西班牙的农村地区，很少有人得抑郁症，因为当地政府对农民实施了有力的保护，每个成年人都能找到工作，完全不用担心生计上的问题，很少有人遇到不顺心的事。而在津巴布韦，得抑郁症的人很多，因为那里的人们通常要面对各种各样的麻烦和伤痛，比如说，如果你是个女人，却不能生育，就会被赶出家门，离开所在社区。（我写这本书的时候去过津巴布韦，亲眼见过这种事情。）

调查研究者认识到，无论哪个地方的人，得不得抑郁症关键就在于上述因素。他们好像找到了抑郁症的根源和治疗的秘方。

然而，乔治和蒂丽尔仍然认为有某种未知的东西他们还没有找到。这种东西又是什么呢?

～

乔治和蒂丽尔的研究结果刚一发表就遭到了一些精神病学家的激烈回应。他们说,我们不是早就说过了吗,有些人得了抑郁症是因为他们的生活中出现了重大变故。这种抑郁症就是我们所说的"反应性抑郁症"。这下好了吧,你们两个研究的这些东西我们早就知道了,我们早就给它们下了定义。除了"反应性抑郁症",还有一类患者得的是"内源性抑郁症。"这类患者的病因在身体内部,是身体内部出了某些问题。

但据乔治和蒂丽尔解释,他们一直在研究身患"反应性抑郁症"和"内源性抑郁症"的女性。他们通过比对证据发现,这两类抑郁症患者其实没有任何分别。她们的生活中都曾发生过某些不顺心的事。他们由此断定这种区别没有任何意义[11]。

"知道吗,我想要做的是让人们认识到抑郁症和焦虑症其实与生活中的事件密切相关,现在看来我的这种想法真的很不可思议。"这份调查研究报告的合著者蒂丽尔·哈里斯在她位于伦敦北部的诊所中对我这样说。我问她对那些认为抑郁症仅因大脑内部某种化学物质缺失的人有何看法,毕竟在我们这代人当中,医生就是对我们这么说的。她皱皱眉,说:"任何有机体都不能脱离环境而存在,他们的看法是错误的。我认为这些人有些无知,就这样。"她微笑着看着我,继续说:"我是说,在这个世界上仍有很多人抱有毫无根据的错误观念,时间一长,他们就习惯了这些观念。"

～

数年后,乔治用同样的方式搞了一次关于焦虑症的科学研究[12],得到了相似的结果。有些人之所以会得焦虑症,并不是因为大脑出了问题,而是因为生活中出了问题。

～

乔治和蒂丽尔认为他们在南伦敦的穷街上搞的这次研究只是触及了一点表皮,还有很多的疑问没有解决。他们敏锐地意识到,在抑郁症和焦虑症患者的生活中还有很多他们尚未发现的东西。接下来该研究什么？他们开始研究抑郁和焦虑的社会根源，就好比在月球上插入了第一面旗子。他们盼着其他的宇宙飞船赶快跟过来，进行其他方面的研究。然而，当他们把这些观点和公众进行交流时，公众给予他们的只是沉默。其他的宇宙飞船始终没有跟上来，他们的那面旗子被孤零零地插在了无风的月球上。

几年后，公众对于抑郁症的讨论慢慢转到了新型抗抑郁药物上面，觉得治疗抑郁症关键靠预防，要从大脑内部着手，而不是从社会中去寻找病根。公众最初讨论的是"我们为什么这么不快乐"这个问题，如今讨论的却是如何阻止大脑内部的神经传递素，从而令我们感觉不到抑郁的存在。

然而，从有限的意义上讲，乔治和蒂丽尔是成功的。短短几年过后，能够证明社会环境也是导致抑郁症和焦虑症的一个重要因素的证据越来越多地浮现在学术界，直到大多数的精神病学家再也无法否认这一点。很快，在很多的西方国家中，精神病学家在为抑郁症患者看病时都要考虑到社会环境这个因素了。多数主流的培训课程都开始这样教了：抑郁症和焦虑症这类精神疾病由生理因素、心理因素和社会因素共同导致 [13]。它们都是真实存在的。这就是所谓的"生理 - 心理 - 社会模式。[14]"解释起来很简单，三种因素彼此密切相关，要想彻底了解一个人为何得抑郁症或者焦虑症，这三方面都要考虑到。

但这些真正的见解仍是秘密，被小心包裹起来，不让公众知道，公众要是知道了，本可以为他们带去一些帮助，可面对数量越来越庞大的抑郁症和焦虑症患者，精神病学家们并不愿把这些知识透漏出去，因此长期以来的治疗方案并未发生改变。

公众永远不会知道这次研究的一个最大暗示。乔治和蒂丽尔认定，谈到抑郁症和焦虑症的治疗办法，"关注患者所处的社会环境至少与身体上的治疗具有同样的效果" [15]。没人问过他们怎样才能做到这一点？环境如何变化才能降低抑郁症和焦虑症的发病概率？

这些问题好像过于深奥、极具革命性，让人无从下手。如今这些问题仍未引起重视——尽管接下来我开始研究它们所包含的真正意义。

~

我现在认识到，乔治和蒂丽尔当初在坎伯韦尔搞的那次研究本可以改变人们对抑郁症的认知。他们的研究报告是在 1978 年也就是我出生的前一年发表的。如果当时世人听了乔治和蒂丽尔的意见，那么 18 年后我去就医时，我的医生很可能就不会简单粗暴地对我进行诊断了，他会很耐心地问我为何如此痛苦，从而开出良方治疗我的疾病。

~

我和乔治·布朗的长谈结束了，我向他道别，他说要用余下的时间写一份科研报告，深入研究抑郁的根源。我初次见他时，他已是 85 岁高龄，故此他说这很可能是他最后的一份科研报告了，但他的脚步不会停住。我离开时脑子里浮现出了一幅画面，那是他的那位女邻居，我在想她那些年是怎样悄无声息地生活的。乔治告诉我还有很多的东西等着我们去解开谜底。他为何现在要止步不前呢？

第二部分

失联：抑郁和焦虑的9个原因

5. 捡起那面旗子

有了这些知识，我开始沿着乔治和蒂丽尔的研究之路继续朝前走，我的足迹遍布了整个世界。我想知道世界上还有谁在研究抑郁症和焦虑症的潜在因素，这个事实对我们想方设法降低这两种病症的发病概率又意味着什么？在接下来的几年中，我发现世界上有很多的社会科学家和心理学家正在捡起乔治和蒂丽尔的那面破旗子[1]。从旧金山到悉尼，从柏林到布宜诺斯艾利斯，我和他们坐在一起倾心交谈，并将他们视为研究抑郁症和焦虑症的地下人物，我和这些人慢慢拼贴出了一个更加复杂而真实的故事。

我和这些社会科学家倾心长谈，逐渐认识到他们所发现的抑郁和焦虑的原因有着某些共同之处。

它们都以断裂的形式出现。它们都是我们和某种东西被割裂开来的不同表现形式，这种东西我们生来就需要，却在成长的路途中丢掉了。

我潜心研究抑郁症和焦虑症数年，最后总结出了 9 个原因。在此我想强调的是，抑郁和焦虑的原因不止这些，还有尚未发现的原因（或者在我的研究过程中没有碰到的原因）。我还想指出一点，并不是说每一个抑郁症或者焦虑症患者都能在他的生活中找到这 9 个原因。拿我自己来说，这 9 个原因中有几个是我经历过的，但不是全部。

但沿着这条路继续向前走即将改变我对自己内心最深处的某些情感的看法。

6. 原因 1：和有意义的工作决裂

　　乔·菲利普斯正在等着天黑。如果你走进他在费城工作的涂料店，要一加仑某种颜色的涂料，他会给你拿一个表格过来让你把那种颜色指出来，他好去准备。他把少许涂料装进一个罐子，放到一个有点像微波炉的机器里面，机器会猛烈地摇动一阵子。这么做能让涂料的颜色变均匀。然后他伸手接过你给的钱，说一句"谢谢你，先生"。然后他会等待下一位顾客的到来，做同样的事情。在这之后，他还要等待下一位顾客的到来，做同样的事情。每天都是这样。天天如此。

　　接单。

　　摇涂料。

　　说："谢谢你，先生。"

　　等待。

　　接单。

　　摇涂料。

　　说："谢谢你，先生。"

　　等待。

　　周而复始。年年如此。

　　没人注意到乔干得是好是坏。老板唯一在乎的是他上班是否会迟到，迟到了就一通臭骂。乔每天下班后都会这样想："我觉得我对别人的生活没有任何帮助，有我没我人家过得都一样。"他的老板对这件事却是这么看的："这活儿你得这么干。你每天都得这个点来上班，只要你听话就会干得不错。"然而，他在和我聊天时发现自己有了这样的想法："我改变现状的能力是什么？我晋级的能力是什么？我影响公司的能力是什么？因为每个人都能按时上下班，都能按照老板的指令做事。"

乔觉得他的这些想法、见解和情绪几乎算是一种缺点。我们每次都会在一家中餐馆吃晚饭，吃饭时他总会和我聊聊他的工作给他的感觉，他说自己的工作还不错，但片刻之后他就又会责备自己。他对我这样说："有些人愿意为了自己的工作去死，我知道那种感觉。我感谢自己还能有这样的感觉。"其实他的工作还过得去，薪水不错，和女朋友住的地方也不算差劲。但他又觉得就这样过一辈子有些对不住自己。这种感觉始终挥之不去。

他摇着更多的涂料。

他摇着更多的涂料。

他摇着更多的涂料。

"你总觉得你现在做的工作并不是你想做的，无聊就无聊在这里。"他对我这样说，"工作的乐趣在哪里？我不善言辞，无法准确描述这种感觉，却总能感觉到一种空虚，需要用什么东西把它填满才好。这种空虚到底是什么，我搞不懂，也说不明白。"

他每天早晨 7：00 离家，干一整天，晚上 19：00 回来。他开始这样想："我每周要工作 40 到 50 个小时，如果我不喜欢这份工作，总有一天会陷入抑郁和焦虑。我也曾问过自己，我为什么要这样活？换个更好的活法行不行？"他说自己开始有了一种绝望感，开始追问生活的意义。

"有挑战的生活才有意思，"他耸耸肩对我这样说，我觉得他羞于这样讲，"你说的话得有分量。有了好点子就说出来，从而为自己和公司带来一些改变。"他始终没有找到这样的工作，他担心自己永远也不会找到。

他解释道，如果一个人把白天的大部分时间浪费在疲于应对不喜欢的工作上面，回家以后就很难摆脱掉那种不好的情绪，和心爱的人和谐共处也会慢慢变得困难。乔每天晚上睡觉前有 5 个小时供自己支配，睡醒了就又要赶赴公司去摇涂料。不上班的时候，他只想瘫倒在电视机跟前或者一个人安静地待一会儿。每逢周末，他能做的只是一边痛饮，一边看球赛。

一天，乔主动和我联系，他在网上看过我的演讲，想和我聊聊我上本书的事，那本书是写毒瘾的，至少一部分是写毒瘾的。我们商定好了见面的时间和地点，吃饭前去费城的大街上转了一圈。路上他对我讲了一个故事。乔摇了很多年的涂料，一天晚上和一个朋友去赌场玩，这个朋友给了他一粒蓝色的小药丸。小药丸叫奥施康定，是一种止痛药，主要成分为鸦片，重30毫克。乔吃了，有一种很舒服的麻木的感觉。几天后，他想说不定吃这种药能让自己在工作的时候快乐起来。他一吃药就能暂时忘掉工作的无聊和心中的痛苦。"我每天上班前都要吃上几粒这种药，每天都会服用一定的量，下班后，喝啤酒的时候再吃上一些。为了应付那份很烂的工作，我每天必须吃药。"

他摇着更多的涂料。

他摇着更多的涂料。

他摇着更多的涂料。

我在想是不是这种药像他的工作那样也让他变空虚了。他想过一种不一样的生活，但生活的现实逼迫他不得不做他不喜欢做的事，这种药好像帮助他化解了这种矛盾和冲突。我和乔刚开始聊天时，他还以为他对我讲了一个毒瘾的故事。那些给他这药的人曾对他说他天生就是个瘾君子，他刚和我聊的时候就是对我这么说的。然而，我们聊了一会儿之后，他说上大学时有段时间喝酒喝得很凶，也抽大麻，吸食可卡因，不过只有在参加派对时才会这么干。他只是在做了这份该死的工作之后才开始麻痹自己，因为他觉得自己这辈子也就这样了。

他吃了几个月的药，又开始觉得生活让他无法忍受了。他一次又一次地摇着涂料，他一直想要摆脱的那些不良情绪又出现了。

他对我说，他知道人们需要涂料，知道自己应该心存感恩，但一想到接下来的35年还要不停地摇着涂料，一直摇到退休，他就无法忍受。他问我："你喜欢你的工作吗？"他说这话的时候我正在笔记本上写东西，听他这么问，我停下笔，沉思了片刻。他接着说："你早晨醒过来对生活充满渴望。我早晨醒过来却不愿去上班……这份工作我是被迫做的。"

著名民调机构盖洛普公司在2011年到2012年间做了一项有史以来的最细致的

问卷调查，问世界各地的人对他们的工作有何看法。他们从 142 个国家中随机选出数百万职员进行问卷调查，结果发现有 13% 的人对他们的工作"极其感兴趣"——也就是说这些人对他们的工作"充满了热情，愿意投身于他们的工作，愿意用一种积极的态度为所在工作单位贡献自己的一份力量"。与之相对的是，有 63% 的人对他们的工作"没什么兴趣"，也就是说这些人白天上班是在混日子，虽然也付出了时间，却对自己的工作提不起兴趣，缺乏热情[1]。

更有 23% 的人对工作"极其不感兴趣"。[2]根据盖洛普的调查，这些人"不光是对工作不满意，并且处处释放、发泄这种不良情绪，对那些尽职员工造成某种程度上的伤害，说到底这些人是在慢慢毁掉所在公司"。

根据盖洛普的这份问卷调查，有 87% 的职员如果读了乔的故事，多少都能在里面看到自己的影子。喜欢本职工作的人和不喜欢本职工作的人在数量上相比，后者约是前者的两倍。

不喜欢自己的工作，整天混日子，白天像梦游，甚至情况更为糟糕，这种状态把我们的大部分时间都浪费掉了。一位研究此种状况的教授很详细地写道："最近的一份调查结果显示，朝九晚五其实是一种遗风。现如今，总的来说，职员会在早晨 7：42 查看工作电子邮件，8：18 到公司，19：10 下班……最近的这份调查研究结果显示，1/3 的英国职员会在早晨 6：30 之前查看工作电子邮件，80% 的英国老板认为在工作时间之外给雇员打电话聊工作上的事是可以接受的。对很多人来说，'工作时间'这个概念正在慢慢消失，因此 87% 的职员不喜欢本职工作这个事实正在慢慢地蔓延到我们的生活中。"[3]

我陪乔吃完了饭不由得开始想，这种东西是否在抑郁症和焦虑症的高发中发挥着一定的作用。抑郁症的一个常见症状就是所谓的"现实感消失[4]"，也就是说你觉得自己正在做的事都是不真实的。我觉得这个概念用在乔的身上不算不合理。一个人，像乔那样，一辈子都与涂料为伍，有这种反应是很正常的。为了弄清楚这种浑浑噩噩的工作状态对人造成的影响，我开始四处搜寻科学证据，我想看看这种所谓的"现实感消失"的状态是否和抑郁、焦虑有关联。我在拜访了一位著名科学家以后找到了答案。

～

20 世纪 60 年代末的一天，一位身材矮小的希腊女士，拖着疲惫的脚步走进了澳大利亚悉尼市郊的一家诊所。诊所在城市中最贫困的地带，病人主要是希腊移民。她对当班医生说她整天都在哭泣。"我觉得生活没什么意思。"她这样解释。在她面前坐着两个男人——一个是带着浓重欧洲口音的精神科医生，一个是名叫迈克尔·马默特的身材高大的年轻实习生。"你什么时候有这种感觉的？"年长的男人问。她说："哦，医生，我丈夫又喝酒了，又开始打我了。我的儿子又进了监狱。我那个十几岁的女儿也怀孕了。我整天都在哭。我觉得自己浑身没力气，也睡不好。"[5]

迈克尔见过很多像她一样的病人来医院寻求帮助。澳洲移民是种族主义的受害者，第一代移民的生活尤为凄惨。当这些人像这个女人一样落魄地站在医生跟前时，医生通常会认为他们的精神出了问题。有时候，医生只是给他们开一点性情温良的白色合剂，当安慰剂服用，有时候会给他们开一些烈性的药。

对迈克尔这个年轻的实习生来说，这种简单粗暴的做法很奇怪。他数年后这样写道："她的抑郁和生活环境有关，这一点再明显不过。然而，当人们生活中遇到了问题、向我们来求助时，我们只是给他们开点白色合剂。"[6]他认为他们看到的很多问题——比如说有的男人会抱怨自己的胃莫名其妙地疼痛——也是不如意的生活给他们造成的压力所致。

迈克尔围着医院病房边走边想，病人这种疾病和沮丧的心绪肯定说明他们的社会出了问题，他们的行为中存在不妥之处。他试图和别的医生讨论这一点，他觉得面对这样的一个女病人，他们应该关注她抑郁的根源。那些医生不相信他说的话。他们说他在胡说八道。他们认为抑郁的情绪不会造成身体上的疾病。那个时候，世界上大多数的执业医生都是这么想的。迈克尔觉得他们的看法是错误的，却又说不出个所以然。他没有证据，当时也没有人研究这个。他有的只是一种预感，仅此而已。

其中有个医生用温和的态度向他提议，如果他真的对这个感兴趣，就去搞调查研究吧，不要再当实习生了。

～

又过了几年，时间来到了20世纪70年代，迈克尔发现自己正身处在乱哄哄的伦敦市中心。这是最后的年代，头戴圆顶礼帽的英国绅士和穿着超短裙的年轻姑娘会在街上相遇，尴尬地躲避着对方凝望的目光。他来的时候正值寒冬，英国好像正在分裂崩塌。工人罢工时间延长，整座城市近来每周4天都处于停电状态。

然而，在这个断裂的英国社会的中心有一台油滑的机器正在轰轰运行。英国公务员的办公室列满怀特霍尔街的两侧，从特拉法尔加广场一直蔓延到议会大厦，在里面工作的那些人都觉得自己是官。官员多得像海水，掌控着英国的各个部门，组织有序，纪律严明，好像一支军队。这就意味着每天都会有数千名男性公务员——迈克尔初到那里时看到的几乎都是男性——搭乘地铁赶到这里，坐在整洁的办公桌前做事，是他们掌控着整个大不列颠群岛。

对迈克尔来说，这就好比身处一间完美无缺的实验室，检测某种让他极为感兴趣的东西：一个人的工作是如何影响他的健康的？通过比对某些很不同的工作是研究不出什么结果的。比如说，比对建筑工人、护士或者会计员的工作，其中就存在很多变化，很难搞清楚真实的情况。建筑工人遇到的事故多，护士接触到的疾病多，会计员坐着的时间长（久坐对一个人的健康是不利的），你无法从中找到一个明晰的答案。

但在英国的公务员中没有穷人，下班后没人会回到一栋潮湿的房子里，没有人的身体健康处于危险之中。每个人做的都是案头工作，但地位有很大分别，自由度也不同。英国的公务员是分级别的，每一级都有着严格的划分，这决定了一个人拿多少薪水，工作中承担多大的责任。迈克尔想要研究的是这些分别是否会对一个人的健康产生影响。他觉得从中或许可以弄明白当今社会这么多人变得抑郁和焦虑的根源——那个从悉尼开始就一直在困扰着他的谜。

那个时候，大多数人自认为已经知道答案，因此这项研究没有任何意义。想象一个大的政府部门的主管和一个工资级别比他低 11 级的普通办事员，后者每天的工作就是整理、打印文件，谁更有可能得心脏病？谁更有可能被压垮？谁更有可能变抑郁？几乎每个人都认为答案是很明确的：主管。他的工作要承受更多的压力。他必须做各种艰难的决定，承担各类重大后果。那个整理、打印文件的办事员肩负的责任要小得多，压力要小得多，生活当然会更轻松。

迈克尔与其所属团队开始采访这些公务员，以收集他们身体健康和精神健康方面的数据。这项工作需要花费数年时间，会分成两项主要研究。公务员走进迈克尔的办公室，迈克尔会挨个和他们交谈，每人谈一个小时，聊他们工作上的事。团队用这种方式采访了 1.8 万名公务员。迈克尔很快就注意到了这个社会阶梯中不同梯级之间的差别。他和高级别的公务员聊天时，对方通常会坐在椅子上，将身体后仰，掌控谈话的主动权，主动问迈克尔他想要知道什么。他和低级别的公务员交谈时，对方会将身体前倾，等着他问自己。

经过多年细致、彻底的采访，迈克尔和他的团队得到了一个满意的结果。他们发现高级别的公务员患心脏病的概率要远远低于低级别的公务员。[7] 这个事实和人们想的完全相反。但他们发现的另外一件事要更怪一些。

他们发现随着一个人的级别越来越高，其身患抑郁症的概率会越来越小。级别和抑郁症存在着一种密不可分的联系，这就是社会科学家所说的"梯度"。"这一点真的令我震惊，"迈克尔这样写道，"为何有着一份稳定好工作的知识分子与那些受教育程度稍高一些、级别也稍高一些的人相比，更容易倒下或者变抑郁呢？"

～

工作中的某些因素会让人变抑郁。但这些因素是什么呢？迈克尔和他的团队返回英国政府机关所在地怀特霍尔街进行深入调查，他们想知道随着一个人地位的提升，其工作中的哪些变化让他患抑郁症的概率变小了。

他们最初有一种猜测，这种猜测是基于他们所看到的事实做出的。有没有这种可能，高级别的公务员与低级别的公务员相比，前者更能掌控自己的工作，这就是他们不容易变抑郁的原因？听上去这似乎是一种合理的猜测。"想想你自己的生活，"我和迈克尔见面之后，他在伦敦市中心的办公室里对我这样说，"留意你自己的感受。工作或者生活时，你觉得最不顺心的那个时候就是你对工作或者生活失去控制的时候。"

弄清楚这一点还是有办法的。这次他们不去比对那些高级别、中级别和低级别的公务员，他们比对的是同级别的公务员，但这些人对各自的工作也有着不同的控制力。他们想知道在同级别的公务员当中，那些更有控制力的人与控制力不那么强的人相比，前者是否更有可能变抑郁？他们又采访了很多人，收集了翔实的数据。

迈克尔这次的发现与上次相比更让他吃惊。读读这个结果是值得的。

如果你是英国公务员，对工作的控制力又比别人强一些，那么，和那些拿同样薪水、处于同样级别、处在同样部门、对工作的控制力稍差一些的公务员相比，你变抑郁或者重度沮丧的概率就要小一些。[8]

迈克尔想起了一个叫玛乔莉的女士。玛乔莉是个打字员，每天的工作就是打文件。她说上司允许她在工作的间隙吸烟、吃糖果。"这就好像天堂一样美妙，"她对我这样说，"但每天都要坐在那里打塞给你的各种文件，你又对那些文件一概不懂，这种工作简直就是在毁掉一个人的灵魂。我们不允许说话，只能乖乖坐着打文件，有时打的还是瑞典语的文件，打完以后，交给不认识的人，又被一些人围着，还不能和这些人说话。"[9] 迈克尔说，决定玛乔莉这份工作的性质的不是上司对她有多高的要求，而是她根本没有任何的决策能力。"

与之相对的是，如果你是一位高级别的公务员，有了一个好想法，就能有机会让其变为现实。这关乎你的整个存在，体现的是你对这个世界的看法。不过，如果你是一位身份较低的公务员，就得被动行事了。"想象一下，在周二的上午，在一个大的政府部门里面，"迈克尔数年后这样写道，"打字员玛乔莉来到级别比她高11级的奈杰尔跟前，这样说：'我一直在想，奈杰尔，如果我们在网上订货就能节省一大笔钱。你对此怎么看？我一直想和你说这事，却不敢张口。'"[10]

要想做成这件事你得有冒死的勇气，迈克尔发现了能够影响一个人整整一生的证据。他发现，公务员的级别越高下班后拥有的朋友和社交活动就越多，级别越低，朋友和社交活动就越少，那些做着无聊的工作、级别低下的公务员每天下班回到家中只想瘫倒在电视机跟前。怎么会出现这种情况？"工作充实了，生活也就充实了，这种充实感会随之渗透到工作之外的活动中。"他对我这样说，"工作无聊透顶，看不到希望，一天下来就会有一种垮掉的、想死的感觉。"

～

对于此次研究结果以及其中所展示出的科学证据，迈克尔认为："工作压力由什么组成这个想法经历了一次革命性的变化。"对职员来说，最大的压力不是要承受很多的责任，而是要忍受工作的枯燥、无聊，对灵魂的扼杀。一个不喜欢本职工作的人，每天出门上班，工作时可以说是在一点点地靠近死亡，一点点地消耗生命，因为他对他所做的这份工作没有一点兴趣。那个在涂料店里做事的乔就是一个活生生的例子，他的工作让他感到无比压抑。"沮丧是一切疾病的根源，无论这种疾病是身体上的、精神上的，还是感情上的。"迈克尔对我这样说。

～

几年前，离研究英国公务员这事已经过去很久了，英国政府碰到了麻烦，他们让迈克尔回来一趟，赶紧帮他们想想办法。在负责审查纳税申报单的公务员当中不时有人自杀。因此，迈克尔在他们的办公室里待了一段时间试图找出问题所在。

他们向他解释，他们工作时会马上受到收文篮的攻击。那东西好像要把他们"吞掉"，"收文篮里的文件堆得越高，那种好像把头浸泡在水底下永远不会出来的窒息感觉就越强烈"。他们工作时超级卖力，从早干到晚，要忙一整天，晚上下班前却发现收文篮里的文件比早上来的时候堆得还要高。迈克尔发现，放假时他们并不高兴，因为每天的工作都做不完，今天没有处理完的文件会堆到明天，这周没有做完的工作会堆到下周，天天如此，月月如此，周而复始，永远看不到头，那种被文件吞噬的感觉始终摆脱不掉。毁灭他们的不只是流水般的永远也做不完的工作，更重要的原因是缺乏控制力。无论他们做得有多辛苦，却总感觉被落得越来越远。没人会对他们说一句"谢谢"，他们指出人家的逃税事实，人家也不会多紧张不安[11]。

调查英国公务员时，迈克尔发现了另外一个工作会让人变抑郁的因素——他在这里也看到了这种因素。这些税务审查人员卖力工作，把全部身心都放在工作上面，却没人注意到这一点。倘若他们工作时出了什么差错，也没有人会注意到。迈克尔发现，当付出和回报不成正比时，绝望的情绪就会时常出现。乔在那家涂料店里工作时也是这样。没人注意到他付出了多少。在那种情况下，一个人从外面世界中得到的信号就只能是"你根本不重要"。

因此，迈克尔向税务部门主管解释，缺乏控制力和付出与回报不成正比是其手下员工抑郁以至于频频自杀的两个原因。[12]

40年前，迈克尔在悉尼市郊的一家诊所向别的医生建议，说一个人的生活环境会成为其抑郁的根源时，围在他身旁的那些医生还笑话他。现如今，已没有人会对他发现的重要证据再抱有任何异议，尽管我们不常谈论这些证据。他已成为世界上顶尖的公共卫生科学家。然而，我认为我们仍在犯那些医生过去犯的错误。那个希腊女士当初找到迈克尔时说自己一哭就是一整天，不知道怎样才能让自己停下来，其实她的脑子没问题，是生活出了问题。但医院的医生只给她开了一些药片，他们也知道给她开的是安慰剂，然后就把她打发走了。

返回头再说费城的事，我把我对英国公务员的那次调查研究和我得到的一些科学证据对乔说了。起初他还有点兴趣，但只过了一会儿就有些不耐烦地说："你说得倒是挺高深的，也很有学术性，但涉及实际问题——一个人为了谋生什么都愿意做，工作没有目的性，因能力所限没有别的选择，只能继续干下去，这是一种很糟糕的状态。至少对我来说是这样，结果会——哦，你说这些有什么用？"

乔有一点让我困惑不解。他不喜欢涂料店的工作，却又不像很多人那样被工作牢牢困住了：他没有孩子，不用承担任何责任，他还年轻，还有别的选择。"我喜欢钓鱼。"他告诉我，"我的目标是有生之年把全美 50 个州的鱼统统钓一遍。我已经去了 27 个州，我现在才 32 岁。"他想去佛罗里达做一个钓鱼指导。这份工作的薪水与他现在的工作相比要少得多，但他喜欢干这一行。他渴望每天工作，也畅想过那是怎样的一番情景。他问我："你会放弃稳定的高薪工作做自己真正喜欢做的事吗？"

乔这些年一直想放弃费城的工作去佛罗里达实现梦想。他说："我说这话只代表我个人的看法。我每天下班时都会有一种强烈的感觉——我的生活不该是现在这个样子啊，我的这辈子难道就这样了吗？不行，绝对不行。我有时会对自己说：'伙计，辞职吧，去佛罗里达，在一条船上当个钓鱼指导，你会快乐起来的。'"

我于是问他为何不马上辞职，为何不离开这里？他看着我，目光中先是透出希望，而后又露出胆怯。在我们的谈话即将结束时，我又提到了这件事。"你明天就可以这样干，"我说，"是什么事阻止了你的脚步呢？"他这样回答："我总有一种感觉，要是我能拥有更多的东西，买一辆奔驰开着，再买一栋有 4 个车库的大房子，外人就会认为我过得不错，然后我就能让自己快乐起来。"他想走，却有某种我和他都不能完全弄明白的东西阻止他这样做。从那时起，我一直想要弄清楚乔为何不走。有某种东西让我们中的很多人被困在了这种矛盾的生活状态中，不只是需要付账单那么简单。我很快就会研究这件事。

我和乔道别，他转身走了，我在他身后喊道："去佛罗里达吧！"但话出口的那一瞬间我觉得自己蠢透了。他没有回头。

7. 原因 2：孤独

小时候，我的父母碰到了一件意想不到的事。我父亲是在瑞士山区的一个小村子里长大的，那地方叫坎德施泰格，他能说出村子里每一个人的名字；我母亲是苏格兰人，在一处经济公寓群里长大，在那个地方高声讲话，邻居们能听到你说的每一个字。我出生后不久，我们家就搬到了一个叫埃奇韦尔的地方。埃奇韦尔是北部地铁线的最后一站，那里是郊区，遍布独立和半独立的房子，过去算是伦敦的边了。倘若你搭乘一列火车，中途睡着了，醒过来时刚好到那里，就会发现很多的房子，其中有几家快餐店，还有一个公园，很多穿着体面、长相可爱却又冷冰冰的人匆匆穿行其中。

我父母搬了新家，想用旧有的方式和邻居们交好。对他们来说，交朋友这种事就像呼吸一样自然。可他们试着对人家表达善意时竟搞得自己一头雾水。埃奇韦尔的人并不坏，对人没有恶意，邻居们见了，彼此间笑一下，但也就是这样了，别想着和人家套近乎。我父母后来才慢慢体会到，大家都是关起门来过日子。我觉得这没什么不正常的，但我的父母始终不能习惯这一点。我记得有一次，我和我母亲到街上去，当时我还很小，街上却空荡荡的，一个人都碰不到，母亲困惑地问我："人都到哪里去了？"

如今，孤独就像浓雾一样笼罩着我们每一个人的生活。越来越多的人说他们比以前更加孤独，我在想这种现象是否与抑郁症和焦虑症的高发有关。我研究这件事的时候得知有两位科学家数十年来一直在研究孤独这个问题，并且获得了一系列的重大突破。

～

20 世纪 70 年代中期，有一个叫作约翰·卡乔波的研究神经系统科学的年轻人，正在认真听教授们说话，这些教授当中有几位还是世界级的，但他们说的某些东西让他搞不明白。

他们在试着解释人类情感的变化时，好像只关注一件事：大脑里面的事。他们不会去关注一个人的生活中发生过什么事，也不会去问这些事件是否会对他们正在研究的大脑造成某种变化。他们好像觉得大脑就像一座孤岛，和世界上的其他地方没有任何关联，彼此间也不会有什么影响。

因此约翰这样问自己：我们不把大脑视作孤岛研究，而是换个方式，结果会怎样？如果我们把大脑视作一座小岛，这座小岛通过100座桥梁与外部世界相连，彼此间不断传递信息，就像我们不断地从世界上接收信号一样，会有什么样的结果？

他提出这些问题时，那些教授个个困惑不解。他们对他这样说："就算是有关联，大脑外部的那些因素对诸如抑郁或者焦虑这种情感上的变化来说也不重要。"他们还说这个问题太复杂，弄也弄不明白。"100多年来，没人能弄明白这里面的奥秘，因此我们就不在这方面浪费时间了。"

约翰始终没有忘记这些问题。这些问题困惑了他好多年，直到20世纪90年代的一天，他最终想到了一个办法，用这个办法，他就有可能更细致地去研究它们。要弄清楚一个人的大脑和情感在与世界上的其他人或者其他事物相互影响时会发生怎样的变化，完全可以反过来想这个问题，也就是当你觉得孤独和世界切断了一切联系时，你的大脑和情感会发生怎样的变化。他问自己，这种体验是否改变了一个人的大脑？是否改变了一个人的身体？

～

他开始用他能想到的最简单的办法研究这个问题。约翰和他的同事从他执教的芝加哥大学找来100个陌生人做实验，实验简单明了，以前从来没人试过。

如果你是参与这个实验的那100个人中的一员，你要做的就是出门，过几天正常的日子——只是有几个不同的小地方。你出去的时候要带着一个能够测量心率的心血管检测器、一个传呼机和一些试管。你离开了实验室。实验的第一天，传呼机每次响的时候——每天响9次——你要停下手中的事情，记下两件事情。第一件：你要记下你的孤独程度或者你和这个世界的亲密连接程度。第二件，你要记录你的心率。

实验的第二天，你还像第一天那样行事，只不过这次传呼机响的时候，你要在试管里啐一些唾液，之后把试管口封好，到时候交回到实验室。

约翰想要弄清楚一个人觉得孤独时他的压力会有多大。这种事没人知道。你感觉有压力时，心跳就会加速，唾液中就会充满一种叫作考的索的激素。这样看来，这次实验最终能够测试出有多大的效果。

约翰和他的同事把数据集中到一起，结果让他们震惊不已。[1] 实验表明，一个人觉得孤独时，其考的索的水平就会急剧攀升 [2]，这种事情足以让一个人感到莫大的恐慌。一个人陷入严重抑郁状态时，其内心所承受的压力就好比身体上受到了重击。

有必要再说一遍，一个人陷入深度抑郁状态时，其内心所承受的压力就好比身体上被一个陌生人重重地打了一拳。

❧

约翰开始调查是否有别的科学家研究过孤独的影响。他了解到一位叫谢尔顿·科恩的教授做过一项研究，科恩教授找来一帮人，记下每个人有多少朋友和健康的社会关系。然后，他把这些人带到一间实验室中，有意让他们暴露在感冒病毒的侵袭中（这些人事先知道这件事）。他想知道那些孤独的人和那些有朋友、有健康的社会关系的人相比，是否更容易得病。结果发现，前者患感冒的概率是后者的3倍。[3]

还有一位科学家，叫丽莎·伯克曼，用9年多的时间追踪、查访一群孤独的人和一群与外界有着紧密联系的人，想看看前者的死亡概率是否会高于后者。她发现，在这段时间内，孤独的人死亡概率是后者的两到三倍。一个人孤独时几乎每一种疾病都更为致命，比如说癌症、心脏病、呼吸系统疾病等。[4]

约翰把这些证据拼到一起时慢慢发现，孤独本身好像也是致命性的。约翰和其他的科学家们把这些数字叠加到一起时发现，一个人，不与周围的人接触，其危害就和肥胖症一样——那个时候，肥胖症被视为发达国家所面对的最大的健康危害。[5]

❧

因此，约翰现在知道了孤独会对健康产生严重的不良影响。他接下来想要研究的是孤独是否会引发抑郁症和焦虑症的显著流行。

乍一看，这个问题好像很难查清。调查一批人，问他们3件事：你孤独吗？你抑郁吗？你焦虑吗？然后你就可以比对答案了。如果你这么做的话，就会发现孤独的人更容易变得抑郁或者焦虑。但这种结果并无意义，因为抑郁或者焦虑的人常常对世界和社交充满恐惧，所以他们总是倾向于远离这两种事物。完全有这种可能：一个人先变抑郁，而后变孤独。但约翰觉得反过来也有可能说得通——一个人先变孤独，而后变抑郁。

于是，他开始用两种很不同的方式寻找答案。

他先把135个被明确认定为极度抑郁的人召集到他在芝加哥大学的实验室里，让他们在那里待上一天一夜。他们接受了极其广泛的测验，以至于约翰不由得开玩笑说他们这是要被送往火星执行任务。测验的结果和预料的很相近：孤独的人也是焦虑的、自信程度低、悲观、害怕别人不喜欢自己。现在，问题的关键是约翰需要找到一个办法，让他们中的某些人"变得更加孤独"而不会影响到他们生活中的其他方面——比如说，不做任何让他们感到恐慌或者让他们觉得自己正在接受评判的事情。这个办法去哪里找呢？

他把接受实验的这些人分为两组：A组和B组，然后让一个名叫戴维·斯皮戈尔的精神病专家挨个为他们实施催眠 [6]。A组的人在催眠术的作用下需要记起他们真的觉得孤独的那段日子。B组的人在催眠术的作用下需要记起他们和某个人或者某个组织真正亲密的那段日子。当实验对象处于极度孤独或者感觉与外界的关系极度紧密的时候，他们就会再次接受性情上的测试。

约翰认为如果抑郁会让人变得孤独，那么让一个人觉得更加孤独就没有任何意义。不过，如果孤独能让人变得抑郁，那么随着一个人孤独程度的加深，其抑郁程度也会加深。

约翰的实验结果后来被视为这个领域内的一个主要转折点。一个孤独的人极有可能会变抑郁，而一个觉得自己和周围的世界有着亲密联系的人变抑郁的概率会微乎其微。"让人吃惊的是，孤独不只是抑郁的结果，"他告诉我，"但孤独的确会导致抑郁。"他说，这就像电视连续剧《犯罪现场调查》当中专家们终于找到匹配指纹的那一刻。"孤独，"他解释道，"绝对在抑郁的发生中扮演着重要的角色。" [7]

～

但这个问题并未就此解决。约翰知道实验室的各种条件都是人为制造的。因此他开始用不同的方式解决这个问题。

芝加哥不远处就是库克县，县郊是连绵不断的由钢筋水泥建造的粗陋房屋和柏油碎石路，约翰开始关注 229 位年龄从 50 多岁到 70 多岁不等的美国老人的情况。选择对象具有广泛的代表性——男性、女性各半，3/1 拉丁裔、1/3 非裔、1/3 白人。研究开始之初，这些人既不抑郁也不孤独。每一年，他们都会来实验室一趟，接受一系列完整的检查。约翰会研究他们的健康状况——身体上的和精神上的都要研究。检查完以后，他的团队会问他们很多问题，这些问题都和他们是否感到孤独有关。比如说，他们一天当中要接触多少人？和他们关系亲近的人有多少？他们在生活中遇到快乐的事情时会和谁分享？

约翰想知道的是，随着时间的推移，当研究对象中的某些人抑郁时（有些人不可避免地要变抑郁），哪种情况先出现？是孤独，还是抑郁？

通过研究 5 年来的数据，约翰发现，多数情况下，孤独先于抑郁出现 [8]。一个人变得孤独，然后变得绝望、悲伤和抑郁。这种不良的后果是很严重的。把弥漫于社会中的孤独感的等级想象成一条直线。直线这头，你的孤独程度为 0。直线那头，你的孤独程度为 100%。如果你从线的中间——孤独程度 50%——走到 65% 的那个点，你变抑郁的概率就会增大 8 倍。

约翰通过这两种截然不同的方式所得出的这个研究结果以及另外做的大量研究工作，让他得出了一个他一直想用科学证据支撑的重要结论，那就是孤独导致了我们社会中抑郁症和焦虑症的高发。

发现了这一点以后，约翰开始问自己，为何孤独在抑郁症和焦虑症的高发中发挥着如此大的作用？

他认为存在一种合理的理由，能够很好地解释这一点。人类起源于非洲草原，属于群居动物，以打猎为生，几百人或者几十人聚居在一起。人类的存在只有一个理由：懂得协作。他们分享食物，照顾弱者。"他们能够捕获大型动物，"约翰向我指出，"但只有相互合作才能做到这一点。"只有作为一个群体，人类的存在才有意义。"据我们所知，每一个农业社会之前的社会都具有这种特点。"他和一位同事这样写道，"面对恶劣的生存环境，他们单个人很难存活下来，但他们最终存活下来这个事实说明，他们之间存在着亲密的社交活动和大量的相互合作。在这种自然的生存状态下，彼此间的联系和社会协作无须强加……自然就是联系 [9]。"

想象一下，在这些草原上，如果你很长一段时间处于离群索居状态，所面对的状况将是很危险的。你会受到猛兽的攻击，病了也没人照顾，缺了你，别的人也容易受到猛兽攻击。你会觉得很糟糕，其实这是一种正常反应。[10] 这是从你的身体和大脑中发出的一个紧急信号 [11]，让你无论采取何种方式都要赶紧回到群体中去。

因此，人类的每一种本能的磨砺都不是因为个体，而是因为部落这样的群体。人类需要群体，正如蜜蜂需要蜂巢。[12]

约翰表示，长久的孤独所导致的恐惧感和警觉感故此就有了一个很好的解释。这种感觉会迫使人们回归群体，这同样意味着，当一个人回归群体时，会用一种友善的方式对待其他人，这样就不会从群体中被赶出来。"与他人交往的强烈渴望，"他这样解释，"会更加有利于个人的生存。孤独是一种消极的状态，能够促使我们重新与别人建立联系。"

这一点会帮助我们理解为何孤独总是伴随着焦虑出现。"我们与他人交往时，进化不但能让我们觉得快乐，更能让我们觉得安全。"约翰这样写道，"我们由此可以推断出一个很重要的结论，那就是当我们陷入孤独时，进化不但能让我们感觉不舒适，更能让我们觉得不安全 [13]。"

这个理论真棒。但约翰开始想这一点如何才能得到验证。在人类的进化中，好像有一些人依然保持着人类最初的那种生活状态。比方说，约翰得知，在美国的北达科他州就生活着一个人与人之间紧密联系、高度宗教化的农耕群体，有点类似于极其信奉宗教原旨主义的阿米什人，这些人被称作哈特派信徒。他们远离文明地带，一同工作、吃饭、祈祷、休息。每一个人每时每刻都要与别人合作。（在我的旅程的后半段，我去拜访了一个这样的群体，后面我会提到这件事。）

因此，约翰找到一位研究哈特派信徒多年的人类学家，两人共同测试哈特派信徒的孤独程度有多高。他们想到了一个简单易行的办法。无论在这个世界上的什么地方，只要是孤独的人，都会在睡觉时体验到一种叫作"微醒"的状态。这种状态持续的时间很短，醒过来时不会记得，但睡觉的时候你会坐起来，待上一会儿。所有其他的群体性动物在离群索居时也会这么做。对于这种情况，最好的解释就是，当你独处时会觉得不安全，因为远古时代的人离开群体独自睡觉时的确会不安全。你知道没有人会帮助你，因此你的大脑不会让你进入完全睡眠状态。测试这些"微醒"的状态是一个测试孤独程度的好办法。因此，约翰的团队监测这些哈特派信徒，看他们当中有多少人每天晚上睡觉时会经历这种状态。

结果显示，几乎没有人会经历这种状态。[14]"我们发现这些人的孤独程度是我在世界上的各个地方见过的最低的，"约翰向我解释道，"我因此震惊不已。"

这件事表明，孤独并不只是某些无法避免的人类的悲哀之处，比如说死亡。孤独是现代生活方式的一种必然产物。

～

我母亲初到埃奇韦尔时，发现邻里之间不来往，没有社交活动——两个人见面时只是礼貌性地点一下头就关起门来过各自的日子了——因此断定这个地方有问题，其实我们的小郊区并没有什么不对劲的地方。

有一位叫作罗伯特·普特南的哈佛大学教授，数十年来一直在研究现代社会的一个最重要的趋势。人类由各种各样的方式聚集到一起，作为一个群体，去做某些事情，比如体育队、合唱队、志愿队或者定期聚餐，等等。他数十年来一直在收集数据，想弄清楚上述活动我们都做过多少，结果发现这些数据一路呈下滑状态。他举了一个很有名的例子：在美国，打保龄球是最受欢迎的休闲运动之一，过去人们打保龄球都是在俱乐部之间进行，每个人都隶属于一个俱乐部，俱乐部中的球员很多，大伙儿彼此间都认识。但现在，这种情况发生了变化，人们还打保龄球，不过都是单个人在玩了。他们站在各自的球道上，做着自己的事情。那种传统意义上的团队模式已经看不到了。[15]

想想我们在一起做的其他事情，比如说为孩子所在的学校共同提供一些帮助。"从1985年到1994年这短短的10年间，"罗伯特这样写道，"社区活动减少了45%。"[16]这10年正值我的青春岁月，却不幸患上了抑郁症，而在整个西方国家中，人与人之间的亲密程度正在大幅度降低，我发现我们都在关起门来过日子。

我和罗伯特聊天时，他说我们不再是社区的一分子，而是转为专注于自己的事情。这种趋势始于20世纪30年代，但在我们所处的这个年代中变得越来越明显。

这种现象说明，人们对社区和朋友的依赖感正在快速消失。打个比方，社会科学家们数年来一直在问美国人一个很简单的问题，"你有多少密友？"他们想知道在你遇到困难时能为你提供帮助的人有多少，在你春风得意时能够和你一同分享你的快乐的人又有多少。数十年前，他们开始做这项调查时，一个美国人平均有3个密友。到了 2004 年，最常听到的答案是一个也没有。[17]

说到这里有必要停一下，我想再强调一下我上面所说的意思：现如今，越来越多的美国人连一个密友也没有了。

～

我们并没有将心思转移到家人身上。罗伯特的研究结果显示，我们不再和家人共同做一些事情，全世界的情况都是这样。我们和家人在一起吃饭的次数减少了；我们和家人在一起看电视的次数减少了；我们和家人一起去度假的次数也减少了。"其实，一切形式的家庭和睦相处，"罗伯特用一系列的图表和研究结果证明，"在 20 世纪的最后 25 年中变得越来越罕见。"[18]英国以及其他西方国家的情况也都差不多。

我们和前人相比，协同做事的次数越来越少。2008 年经济危机爆发前的很长的一段时间内，一直存在着一种社会性的危机，我们发现，我们与以往任何时候相比都更加孤独。从家人到邻里之间，那种相互看护的旧有模式正在崩溃。我们都处于离群索居的状态。我们正在进行一项实验——想看看人类是否能够脱离群体而存在。

～

一天，我正在美国肯塔基州的莱克星敦为写这本书搞调研，发现身上带的现金不多了，于是，在这个城市里待的最后一个晚上，我搬到了临近机场的一家很便宜的汽车旅馆里住。旅馆是水泥造的，光秃秃的，又小，每时每刻都有飞机降落，正当我在小房间来回踱步时，注意到隔壁房间的门总开着，电视也总开着，里头住着一个中年男人，始终在床上坐着，有时动动身体，动作看上去有些奇怪，又有些笨拙。

我第 5 次经过他的房间时忍不住问他怎么了。他的声音嘶哑，听不太清，我费了好大力气才大概明白了他的意思，他说几天前和继子打了一架——原因他没说——继子把他痛打一顿，还把他的下巴给打烂了。他几天前去了医院，医生说 48 小时后给他动手术，随后给他开了些止痛药，让他这段时间吃，就让他走了。唯一的问题是，他没钱付医药费，只能暂住在这家破旅馆里，一个人孤苦伶仃地哭泣。

我想说，你就没有朋友吗？就没人帮助你吗？显然没人能帮助他。因此，他就只能在那里坐着，一手捂着被打烂的下巴，一边轻轻地啜泣。

〜

小时候，每逢社交活动，我总是积极参与。然而，我和研究孤独的科学家们交谈时突然想起了一件小事。我的整个童年，一直到 10 多岁的这个阶段，我一直在做一个梦。我梦到我父母的朋友们——他们散居在这个国家的各个地方，我们每年只能看他们几次——会搬到我们这条街上，和我们住一起，赶上日子不好过时（日子总不好过），我会去他们家。他们坐在一起聊天。这是一个白日梦，我每天都在做。但我们那条街上只有陌生人，他们同样关起门来过日子，同样不和别人交往。

〜

有一次，我听到戏剧演员莎拉·希尔曼在接受电台专访时，提到了她第一次突然变抑郁的情景。当时她母亲和她继父问她怎么了，她却找不到合适的词汇解释。后来，她终于说她想家了，就像在夏令营时有的那种感觉。当时她是一脸困惑地对国内公共无限电台（NPR）《清新空气》的主持人泰莉·格罗斯说这话的。[19] 她想家了，可她明明在家里啊。

我想我知道她这是怎么了。今天，我们谈论家这个概念时，指的只是四面墙和核心家庭（如果我们够幸运）。但在我们的先人眼中，家绝对不是这么回事。对他们来说，家是社区，是我们周围的一大群人，是一个群体。但这种情景早就看不到了。我们对家的感觉已经大大缩水，并且在快速流逝，早已无法满足我们对某种归属感的渴望。因此，我们就算在家里待着，也不会有家的感觉。

〜

就在约翰研究这种结果对人类的影响时，其他的科学家也在别的动物身上搞起了实验。比如说，玛莎·麦卡琳托克教授就把实验中的老鼠分成了两组。一些被单独养在笼子里，一些群养。结果显示，单养的老鼠与群养的老鼠相比，前者患上乳腺恶性肿瘤的概率是后者的 84 倍。[20]

约翰做了很多年的实验和研究，在这个故事中发现了一个残酷的、令人意想不到的转折点。

他把孤独的人放入脑部扫描仪器中，发现了某种东西。这些人能在 150 毫秒之内感觉到潜在的威胁，但那些有着丰富社交关系的人，要做到这一点，需要花费多一倍的时间，即 300 毫秒。这到底是怎么回事？

他发现，长久的孤独会让人变得封闭，对社交更加怀疑。一个人，长期处于孤独状态，会变得过于警觉。孤独的人，就算别人没有威胁到他，也会呈现出保护自己的姿态。孤独的人害怕见到陌生人，对自己最需要的东西也会开始感到恐惧。约翰把这种状态称为"雪球"效应，也就是孤独的人，若不改变心态和生活方式，将会变得更加孤独，更加不愿和外界接触。

孤独的人总在提防着来自外界的威胁，因为他们在潜意识里知道遇到危险时没人会帮助他们。约翰得知，这种所谓的雪球效应，若是反过来讲，是能够帮助抑郁或者焦虑的人摆脱这种不良的心理状态的，他们需要的是更多的关爱和更多的信任。

约翰意识到，造成这种悲剧的原因是，很多抑郁或者焦虑的人在越来越难与人相处的情况下，受到的关爱越来越少。他们的确受到了外界的评判和批评，这让他们更加畏惧这个世界，变得更为封闭。他们最后就像雪球一样滚入了一个更加冰冷的地方。

～

约翰在研究了那些说自己感觉孤独的人多年之后，却发现自己在问一个最基本的问题：什么是孤独？这个问题来得太突然，令人难以回答。当他问别人"你孤独吗？"时，那些被问的人不难明白他在说什么，不过，要想把孤独这个定义阐述清楚就没那么容易了。起初，我没有过深地思考这个问题时，觉得孤独是一种有形的与世隔绝的状态。我的脑子里出现了这样一幅画面：一位老妇人，身体虚弱不堪，始终待在家里，没人去看她。

但约翰发现，其实这种看法并不对。他通过研究得知，孤独指的不仅仅是一个人。让人吃惊的是，孤独跟一个人每天或者每周和多少人说过话没有多大关系。在这次研究中，有些人每天都会跟很多人说话，却依然觉得无比孤独。"有形的社交与真正的社交存在很大分别。"他这样说。

约翰最初和我说这话时很困惑。但他后来让我想象这样一幅画面：我独自一人身处一座偌大的城市中，却一个人都不认识。去一座公共广场，比如说时报广场、拉斯维加斯的赌城大道或者巴黎的共和国广场。到了这些地方，你就不能说自己孤独了，因为周围都是人。如果你依然觉得孤独，那就是真正的孤独了。

或者想象自己正躺在一所医院的病床上，病房里患者很多，医生、护士也多。这时候你应该不孤独，你周围躺满了病人，你无论何时按动某个电钮，用了不多久就会有护士进来。可在这种情况下，几乎每一个人仍然觉得孤独。这又是为什么？

约翰研究时发现，关于孤独以及摆脱孤独，有一种因素是我们一直忽略的。

摆脱孤独需要别人的帮助，再加上其他的一些东西。他向我解释，你还需要感觉到你正在和别人或者别的群体分享某种对你们双方都有意义的事物。你要参与到这件事物中去，这件事物可以是你觉得有价值、有意义的任何东西。你初到纽约的那个下午，去了时报广场，广场上不止你一个人，然而你觉得孤独，因为在那里没人关心你的存在，你也不关心别人的存在。你没有同别人分享你的快乐或者痛苦。对周围的人来说，你根本不存在；而对你来说，周围的人也不存在。

你躺在医院病床上，也不是孤身一人，但护士给予你的帮助只是单向的。护士帮助你，你却不帮助护士，你要是试着帮忙，人家也不让你这么干。单向的关系不能让人摆脱孤独。只有双向或者多向的关系才能做到这一点。

约翰说，孤独并不是没有人在你的身旁，而是一种你没有同别人分享某种有意义的事物的感觉。就算你的周围有很多人，丈夫、妻子、家人或者同事，你没有同他们分享对你们双方而言某种有意义的事物，你同样会感到孤独。约翰指出，要想摆脱孤独，你需要同至少一人共同拥有一种"互助和互相保护的感觉"。人数越多，效果越好。

对于这一点，我想了很多。我最后一次和约翰交谈之后的几个月里，老发现人们彼此间说着一句用滥了的话，还在脸书上不时分享。这句话就是："除了你自己，没人能帮助你。"

这件事让我意识到，从20世纪30年代开始，我们就慢慢地不再协同做事了。我们开始认为，独自一人做事是一种非常自然的人类状态，也是唯一能让人类发展进步的状态。我们开始这样想：我会照顾好自己的，别人也应该照顾好自己。除了你自己，没人能帮助你。[21]这种想法已经深深地渗入了我们的文化，甚至在为情绪低落的人提建议时，我们也会把这句自我感觉良好的烂俗话说给对方听，就好像这么一说，他们就能马上变得斗志昂扬一样。

但约翰证明，这种做法是对人类历史和人类本性的一种否定。它会让我们曲解我们的多数本能。这种生活态度让我们感觉很糟糕。

～

我们回到约翰最初问这些问题的 20 世纪 70 年代，当时他的那些教授认为，如果要研究心绪的改变对大脑造成的影响，考虑社会因素是没有多大意义的（或者社会因素这种东西太复杂，弄也弄不明白）。此后数年，约翰用有说服力的证据证明，社会因素反倒是决定性的。他开创了一种不同的研究大脑的思想流派，这就是所谓的"社会神经系统科学"[22]。你怎么用你的大脑，你的大脑就会发生怎样的变化，这一点我会在以后详述。他对我说："'大脑是静止的、固定不变的'这种看法是不准确的。大脑是变化的。孤独会让大脑发生改变，摆脱孤独也会让大脑发生改变，因此，你若不同时考虑大脑以及影响它的社会因素这两个方面，就不能真正理解事情的真相。"

你的大脑不是一座孤岛，以前不是，现在仍然不是。

～

然而，有一个显而易见的反证可以反驳我们变得越来越孤僻这种说法，我也一直在想这个反证。是的，我们是失去了一种联系，但我们没有得到一种全新的联系吗？

我打开脸书，有 70 个好友在线，这些朋友来自几大洲。我能马上跟他们聊天。我为写这本书做调研时，总会遇到这种显而易见的矛盾之处，我的足迹遍布整个世界，我研究的是人类为何变得孤独，我打开手提电脑，却发现在整个的人类历史上，人与人之间的联系从未像现在这样紧密。

我们的心思转移到了网络空间上，关于网络带给我们的感觉，这方面已有太多的文字描述，我们上网的时间越来越长。我在研究这件事时，发现我们一直在忽略最重要的一点：互联网正是在一切撕裂人类联系的力量抵达最高值的那一刻到来的。

我去了美国第一家网瘾治疗中心之后，才真正明白这意味着什么。但我们首先要做的是追溯以前，看看互联网为何被创造出来。

20 世纪 90 年代中期的一天，一个 25 岁的男子走进心理医生海莉·卡什位于华盛顿微软总部附近的办公室。他是一个帅气、穿着时髦的小伙子。几句寒暄之后，他开始对她说他遇到的问题。

詹姆斯来自一座小城，从小到大一直是班里的优等生。每次考试都得 A，并成为一支校体育队的队长。他很轻松地考入一所常春藤名牌大学，邻居们为此赞叹不已。但就在踏入这所一流大学的门槛时他突然感到了恐慌。他平生第一次不再占据班里的头名位置。他看着同学们如何说话，看着他想要参加的各种仪式，学校里正在形成的古怪社团，觉得自己好孤独。因此，当其他的同学们在一起欢聚时，他总会走回自己的宿舍，打开电脑，玩一种叫《无尽的任务》的网络游戏。这是一款2003 年发行的网络游戏，在网上能够同时和很多的陌生人一起玩。他用这种方式和他人建立起一种联系，但他所在的这个世界是虚拟的，里面有着清晰、严密的规则，他可以扮演另外的角色。

詹姆斯开始逃课玩《无尽的任务》。好几个月过去了，他依然沉浸在网络游戏中，浪费着宝贵的时间。他正在这个电子世界中慢慢沉沦。过了一段时间，校方告诉他不能再这样下去。可他执迷不悟，沉浸在网络游戏中不能自拔，就好像这款游戏是他的秘密情妇，一直在摄取他的魂魄。

他被学校开除了，家里人为此困惑不解。他娶了高中时的女友，向她保证再也不玩游戏。他找到了一份和电脑有关的工作，生活好像在慢慢步入正轨。不过，在他感到孤独或者迷惑时，仍会痴迷于电子游戏。一天晚上，他等妻子睡了，偷偷摸摸地爬到楼上，又兴奋地玩起了《无尽的任务》。没过多久，这种偷偷摸摸的行为就成了一种习惯。他慢慢地患上了强迫症，不玩游戏就活不了。后来，有一天，他等妻子出门上班以后，给公司打电话谎称病了，要请一天假在家里休息，就又玩起了游戏。这种做法也慢慢地成了一种习惯。最后，他的老板也像校方那样把他开除了。他不敢把这件事告诉妻子，开始用信用卡付账单。他的压力越大，玩游戏就越凶。

他走进海莉办公室的那一刻，一切都完蛋了。妻子发现了他的行为，他想自杀。

20 世纪 90 年代中期，互联网不像现在这样发达，虽说海莉所接待的这样的患者越来越多，但她毕竟不是治疗网瘾的专家。这些人在处理自己和网络的关系上出了问题，忍不住在网上耗费宝贵的生命。有这样一位女士，沉浸在网聊中不能自拔，她总是同时开至少 6 个聊天窗口，幻想着自己正在和对方搞一场罗曼蒂克式的恋爱或者网络性爱。还有一个小伙子，玩网络版的《龙与地下城》停不了手。他们就一直这样玩了下去。

海莉最初不知道如何应对这类患者，没有这方面的规则手册。一天，我和海莉在华盛顿郊区的一家餐馆吃饭，她回想起当初面对这类患者时对我这样说："我最初给这类患者看病只是出于直觉，我感觉自己看到了洪水到来之前的细流。洪水正在变成海啸。"

～

我下了车，走入丛林，来到一片空地上。我们周围的枫树和柏树在风中轻轻摇摆。一只狗从一座农舍样的房子里蹿出来，跑到我跟前汪汪乱叫。我听到远处有别的动物也在叫，却不知道是什么东西，也不知道它们在什么地方。我此时正站在一个名为"重新开始生活"的网瘾戒治中心门前，这个治疗机构是海莉10年前和别人共同出资开办的。[23]

我想都没想就条件反射式地掏出手机看了看。没有信号，可笑的是，我竟生出了一丝懊恼。

起初，两个患者带着我参观。一个叫马修，二十五六岁，华裔，瘦得皮包骨头；一个叫米切尔，白人，比马修大5岁，长得很帅气，却已经开始谢顶，像是个老大哥。他们指给我看："这是我们的健身房，我们常在里面做引体向上。这是冥想小屋，我们会在里面练习专注力。这是厨房，我们要学着自己做饭。"

参观完了，我们坐在离中心不远处的一片林地中聊天。马修对我说他感到孤独："我总是隐藏这些感情，把上网作为一种逃避的方式。"他说从十几岁就开始沉迷于《英雄联盟》这款游戏。"那是一款5对5的游戏。"他说，"一组5个人。大伙儿协力朝着一个共同的目标努力，但每个人都有具体分工。很复杂……我觉得很快乐，非常迷这款游戏。"他来中心前每天玩14个小时，人本来就瘦，后来又瘦了30磅，不想为了吃饭离开电脑桌。他说："我每天都在电脑前面坐着。"

米切尔的故事稍有不同。他从记事起，为了躲避艰难的家庭生活带给他的那种孤独感，一直在收集任何让他感兴趣的信息。小时候，他总在床底下放上好几大堆报纸，一有空就拿出来读。后来，12岁那年，他知道了拨号上网，便开始在网上搜集感兴趣的信息，打印出来读，一直会读到"昏厥"。他从未控制寻找信息的能力，从未对自己说过："好啦，我懂的够多了，不找了。"再后来，他找到了一份软件开发的工作，公司分给他的任务繁重，搞得他压力很大，他发现自己每时每刻都在搜寻网上的各种怪异知识。无论什么时候，只要他想，轻点几下鼠标，他收集的那300份通俗小报就会出现在眼前的屏幕上。

我觉得马修和米切尔很像。如果你是一个身在21世纪的典型的西方人，每隔6.5分钟就要拿出手机来看一下。[24] 如果你是一个青少年，每天都会发100条短信。还有，有42%的人从来不关手机。

当我们为这种变化寻求某种解释时，总会被告知是科技的问题。我们说，每一封新的电子邮件进入你的邮箱时，你就像被注射了一针小剂量的多巴胺那么兴奋。我们说，智能手机中有某种令我们上瘾的东西。我们责备各种各样的电子设备。然而，当我在这家网瘾戒治中心参观，我回想起自己的上网习惯时，忍不住想，关于这个问题是否有一种不同的、更加真实的解释方式。

海莉告诉我，在这家网瘾戒治中心收治的患者中，几乎每一个人都有着某种相似的特点。在上网成瘾前他们都处于焦虑或者抑郁状态。对这些患者来说，互联网是一种逃避焦虑的休闲放松方式。他们的共同点是：将90%的时间都花在了上网这件事上。

上网成瘾前，他们在这个世界中是孤独的，是迷失的。网络世界为这些年轻人提供了某些他们渴望却又和现实不相干的东西，比如说游戏中的某个目标、身份、级别、所属群体等。海莉对我说："最流行的网络游戏都是多人一块玩的，你要成为某个团体（组）的一分子，就得争取自己的地位（等级）。这些年轻人会说，打游戏这种事有利的一面是，我是小组中的一员，我知道如何与别人合作。从根本上来说，多人游戏强调的是群体主义。你一旦投入进去，就会沉浸在一个虚拟的世界中，完全迷失方向。游戏中挑战、合作的机会、所在小组以及获得的身份会让你有一种成就感，你对虚拟世界的控制力要大于你对现实世界的控制力。"

这里的网瘾患者上瘾前就已经抑郁或者焦虑了，这到底是怎么回事？关于这个问题，我想了很多。海莉说，上网成瘾是一种试着消除他们内心痛苦的方式，这种痛苦早已存在，部分原因是他们在这个世界中感到孤独。我在想，如果这一点不但适用于这里的患者，还适用于我们当中的大多数人将会怎么样？

互联网诞生于一个很多人彼此间丧失了关联感的世界。在此之前，这种人际关系崩塌的情况已持续数十年。然后，互联网出现了，为人们正在失去的东西提供了某种低劣的替代品——脸书上的朋友代替了邻居,视频游戏代替了有意义的工作,游戏中的升级代替了现实世界中的职位升迁。喜剧演员马克·马龙曾这样写道:"每一次(游戏中的)升级都是基于一次简单的请求:有人愿意承认我的级别吗?"[25]

海莉对我说:"社会文化不健康,人就不健康。我近来一直在想这件事。"她用手撩撩头发,朝周围看看,继续说:"觉得很失落。"她认为在我们所处的这个社会中,人们并没有得到成为健康的人所需要的那种人际关系,这就是我们不愿意放下智能手机、不想关机的原因。我们会说,我们的大部分的生命要在网络中度过,因为上了网,我们就能和别人建立联系——我们和数十亿人一起被卷入了一个令人感到天旋地转的派对。"这种说法纯属扯淡。"海莉愤愤地说。她并不反对互联网,她也喜欢玩脸书,但她说:"一个人最需要的并不是这些东西。我们所需要的联系是这种——"她在我和她之间挥挥手,继续说,"面对面的联系,我们能够看到对方,感觉到对方,触摸到对方,闻到对方,听到对方……我们是社会性的动物,我们需要用一种安全、关爱的方式和他人建立联系,有屏幕在我们中间遮挡,这种联系是无法实现的。"

我在那一刻认识到,网络生活和现实生活的区别有些类似色情片和真正的性爱的区别:色情片能让人产生一些欲望,却永远无法让人满足。她看着我,然后扫了一眼我放在桌子上的手机,说道:"以屏幕做媒介的科技给不了我们真正需要的东西。"

❧

约翰·卡乔波经过多年对孤独的研究对我这样说:"社交媒体无法在心理上满足我们丢失的东西——社交生活。"

还有,我们对于社交媒体的滥用是一种弥补心灵上的莫大的空虚的尝试,这种莫大的空虚早在智能手机出现前就已经存在。这就像抑郁和焦虑,是当代社会危机的又一种症状。

❧

我离开网瘾戒治中心前不久,那个老大哥模样的米切尔对我说想让我看样东西。"那东西真了不起,我在这儿的这段时间一直在看。"我们一边走,他一边对我说:"那棵树上有个蜘蛛卵。如果你看过《夏洛特的网》这部动画电影,就知道到了最后那个卵会孵化出一堆小蜘蛛，然后它们会吐丝，顺着丝线不停移动。我看到的就是这样的事！每次微风吹来，我就会看到树尖上有一些丝线射出。"

他说，他曾和网瘾戒治中心的几个小伙子聊这件事聊了好几个小时，他觉得他们就像这个蜘蛛网中的那些小蜘蛛，在现实中而不是在虚拟的网络中交谈，当时他笑着看着那几个人。

换作别的时候，我会觉得他有些矫揉造作——刚才还在说互联网这种虚拟的东西，现在就把话题转移到蜘蛛网这个有形的东西上来了，还说得很高兴。但米切尔的脸上分明泛着快乐的光，我不再想下去了。我俩站在那里看着那个蜘蛛网，看了好久。他盯着那东西，用十分平静的语气对我说："这东西真的很有趣，我以前从来没见过。"

我有些感动，暗中对自己许下承诺，以后多学着点。

然而，当我驱车离开网瘾戒治中心，在路上只开了10多分钟就感到了一种强烈的孤独，忍不住看了一眼手机，有信号了。我马上查看了一下邮箱里的电子邮件。

〰

最近，我父母回到了他们小时候生活过的地方，那个时候邻里之间和睦相处，社交活动十分丰富，可回到那里一看，发现那里竟变成了另外一个埃奇韦尔。人们见了面，彼此间只是点点头，就各回各家关起门来过日子了。这种失联的孤立状态已经蔓延至整个西方世界。约翰·卡乔波很喜欢生物学家威尔逊先生说过的一句话："人类必须属于群体。"这就像蜜蜂失去蜂巢会变得心烦意乱，人类离开群体也会这样。

约翰发现，我们这代人虽无意这样做，却在不知不觉中成了拆掉我们所属群落的先行者。结果就是，我们被孤零零地丢弃在了一片不熟悉的草原上，被从心中萌生出的莫大的悲伤搞得不知所措。

8. 原因 3：和有意义的价值观断裂

我快 30 岁时变得很胖。一方面是因为抗抑郁药物的副作用，另一方面是因为炸鸡的副作用。就算是现在，我想起东伦敦每一家炸鸡店的好处还能和你如数家珍地说个不停。那个时候，我的主食就是炸鸡，我在鸡肉小屋吃过，在田纳西炸鸡店（店的标志是一只抱着一桶炸鸡翅的卡通鸡：谁知道同类相食也能成为一种有效的营销手段呢？）也吃过，但我最喜欢吃的那家店有一个有趣的名字，叫作"鸡肉，鸡肉，鸡肉"，他家的炸鸡翅在我看来就像是肥嘟嘟的蒙娜丽莎，看了就想吃。

有一年的圣诞夜，我去当地的一家肯德基吃东西，柜台后面的一位员工见我过来，微笑着对我说："约翰，我们有份礼物要送给你！"另外一位员工一听这话马上转过身体用期待的目光看着我。他从烤架后面拿出一张圣诞卡。他们满怀期待地看着我，我只好把卡片接过来当着他们的面打开。上面写着："给我们最忠诚的顾客。"旁边是每位员工的私人祝福语。

我再也没有去那家肯德基吃过东西。

我们当中的大多数人都知道我们的日常饮食存在一定的问题。虽然很多人不像我这么爱吃肉，但越来越多的人正在胡吃乱吃，这让我们的身体经常出毛病。我研究抑郁和焦虑时开始明白，我们的价值观中也出现了类似的问题，这让我们当中的很多人患上了各类心理上的疾病。

这种情况是一位叫提姆·卡塞尔的美国心理学家发现的——于是我去拜访他，想听听他的故事。

❧

提姆小时候跟随父母到一大片沼泽地和开阔的沙滩中定居。他父亲是一家保险公司的经理，20 世纪 70 年代初被调到佛罗里达西海岸一个叫作皮尼拉斯县的地方工作。那个时候，这个县的大部分地方还没有开发，有很多宽阔的户外场所供孩子们玩，但没过多长时间，这里就成了美国发展最快的地方，天翻地覆的变化在提姆的眼前不断出现。"我离开佛罗里达时，"他告诉我，"那里就和以前一点都不一样了。海滩上的路不能走了，水也看不着了，因为处处是高楼大厦和公寓。以前短吻鳄和响尾蛇出没的地方，如今却变成了一座又一座的购物中心……"

提姆就像他认识的别的孩子一样被这些取代了沼泽地和海滩的购物中心吸引着。他在那里会一连数个小时玩《小行星》和《太空侵略者》这两款游戏。他很快发现自己想要某些东西了——他在广告中看到的玩具。

听起来和我的老家埃奇韦尔很像。我八九岁那年，宽街购物中心开始营业，我记得自己经常围着那些闪亮的店铺看，兴奋地注视着想买的东西。我很想把那绿色的格雷斯库尔塑料玩具、卡通人物太空超人占据过的堡垒和卡通熊在云端住过的爱心城堡弄到手。一年的圣诞节，我母亲没有注意到我的暗示，没给我买爱心城堡，我不高兴了好几个月。我太想得到那堆塑料了。

和那时候大多数的孩子一样，我每天至少要看3个小时的电视——常常会超过这个数字，休息的时候我会去宽街购物中心溜达一圈，回来以后接着看，夏天的日子就这样过去了。我记得当时没人明确地告诉我这一点，但我觉得幸福就是去购物中心买上很多橱窗中展示的东西。如果你那个时候问我什么是幸福，我会这样回答你：逛宽街购物中心，买想买的任何东西。我会问父亲电视上的那些名人都挣多少钱，他猜测一个数字，我们就用这笔虚拟的钱买想要的任何东西，结果总会让我们大吃一惊。哇，原来能买这么多东西啊！这便是那个时候我和父亲经常玩的游戏：用想象中的钱买东西。

我问提姆，那个时候在皮尼拉斯县是否有人对什么是有价值的东西有着不同的理解，认为幸福并不是物欲的满足。"这个嘛，我觉得好像没有。"他说。当初在埃奇韦尔肯定有人有着不同的价值观，但我觉得我没有见过这种人。

提姆十几岁时，一年夏天，他的游泳教练走了，留给他一小堆唱片，里面有约翰·列侬和鲍勃·迪伦的专辑。他听这些唱片，发现里面有某种东西是他以前没有意识到的。他开始想那些歌词中是否有某种暗示：人也可以这样活，却找不到和他倾心交谈的人。[1]

直到提姆考入范德比大学（在里根执政的那个年代，是美国南部一所很保守的大学），才慢慢地对这个问题进行深入思考。1984 年，他把票投给了罗纳德·里根，却又开始对什么是真实这个问题进行深入思考。"我什么都怀疑。"他对我说，"我对一切充满质疑。我思考的不只是价值观的问题。我拷问自己，我反复追问现实的本质和社会的价值。"他好像觉得周围都是彩罐①，他正用棍子一通乱打。他又说："我觉得我在相当长的一段时间里都把真实奉为自己的行动准则。"

考入研究生院后，他开始阅读大量的哲学著作。也就是在这个时候，提姆意识到了某种奇怪的东西。

数千年来，哲学家一直在说，如果你把财富看得过重，或者以他人的标准看待生命就不会幸福——这样看来，在某种深层的意义上讲，皮尼拉斯县和埃奇韦尔的人们的行为都是错误的。在世的圣哲们就这个问题已经谈过很多，提姆觉得他们说的是对的，却没人真正研究过这些哲学家说的是否正确。[2]

这种认识让他在接下来的 25 年中一直在搞一项调查研究。这项研究让他发现了能够证明我们的思想是错误的，并且正在变得越来越错的细微证据。

这一切始于他读研时搞的一个小调研。

提姆想要弄明白的是，和其他的价值观相比，比如说与家人共处，或者让这个世界变得更美好，一个人对物欲的满足和金钱有多么看重。他把这个称为"渴望指数"[3]，方法执行起来也很简单。他会问一个人在多大程度上认同"拥有奢侈品很重要"这种看法，又在多大程度上认同"为他人创造一个更好的世界是重要的"这种看法。然后，他会对他们的价值观进行统计。

与此同时，他会问人们很多其他的问题，其中一个就是你是否觉得幸福，或者你是否曾饱受抑郁和焦虑的折磨。然后，作为研究的第一步，他会看它们（价值观与幸福、抑郁或者焦虑）之间是否匹配。

提姆做的这个小调研的首批研究对象是 316 名学生。等结果出来，做完统计，提姆大吃一惊：那些更加崇尚物质主义，也就是认为幸福源于物欲的满足和更高的

① 墨西哥人过节时将糖果、玩具等装到彩罐里吊起来，让小孩子蒙住眼睛，用棍子打破，拿到里头的东西。

社会地位的学生的抑郁和焦虑的程度，和那些不怎么看重这些东西的学生相比要高得多。[4]

提姆知道这主要还是一种没有多少根据的猜测。因此，他下一步——一项大的研究的一部分——找来一位心理学家，对140名18岁的学生进行深度评估，计算他们处于渴望指数中的什么位置，看他们是否抑郁或者焦虑。等每项结果出来，叠加到一起，结论还是一样：物欲越强的学生变抑郁或者焦虑的概率也越高[5]。

这个结论是否只适用于年轻人？为了搞清楚这一点，提姆在纽约州的罗彻斯特市调查了100位年龄不同，收入也不同的市民。结果还是一样。

但他如何才能弄清楚事情的真相呢？为什么会有这样的结果呢？

提姆接着搞了一项更为细致的研究，试图弄清楚这些价值观随着时间的推移对人造成的影响。他找来192名学生，让他们每天写两次日记，记录9种情感，比如说快乐或者愤怒，同时记录身体上的9种症状，比如说背痛。他把所有的结果加到一起之后发现——再次发现——那些崇尚物质主义的学生更容易抑郁，但更重要的一点是：物欲强烈的人每天都过得不太好，比如说更容易得病，更容易恼怒。提姆开始认为："对于物质的强烈渴望，真的会影响到一个人的日常生活，降低其日常生活体验的质量。"他们体验到的是更少的快乐，更多的绝望。[6]

怎么会这样？背后的原因又是什么？从20世纪60年代开始，心理学家就已经知道有两种不同的方式能够让一个人早晨从床上爬起来。一种是内在动机，你要做某件事，并不是因为你对其有什么样的企图，而仅仅是因为你喜欢这么做。比如说，一个孩子喜欢玩，他这么做完全出于内在动机，他喜欢玩，是因为玩能为他带来快乐。一天，我问我一位朋友的5岁的儿子为什么喜欢玩。"因为我喜欢啊！"他说，又对我做个鬼脸，笑话我，"你好蠢啊，竟会这么问！"说完就假装自己是蝙蝠侠跑开了。这些内在动机在我们童年过后的相当长的一段时间内会一直存在。[7]

还有一系列相反的因素，我们把它称为外在动机。[8]你做某些事情，不是因为你真的喜欢做，而是因为你能从中得到某种回报，这种回报有时是金钱，有时是别人的羡慕，有时是性，有时又是显赫的地位。我们在上一章中说的那个乔，每天都要因为纯粹的外在动机去涂料店上班，他不喜欢这份工作，可他需要付房租，买药麻痹自己，还要保养车，买衣服，他觉得这些东西能够换来外人的尊重。我们做事都有着类似的动机。

想象你是个弹钢琴的。如果你弹琴纯粹出于喜欢，那你这么做的时候就是基于内在动机。如果你在一家不喜欢的低级夜总会中弹，只是为了挣足够多的钱，不让房东把你从你租住的公寓里一脚踹出去，那你这么做的时候就是出于外在动机。

我们做事的时候这些相互对立的因素都存在。一个人做事时不会完全受到一种因素或者另外一种因素的驱使。

提姆开始自问，如果更深入地研究这种冲突是否能够揭露出某些重要的东西。因此，他开始细致地研究200个人。他让他们列出以后的目标。然后，他和他们弄清楚这些目标是源于外在动机——比如说升职、买一所大公寓——还是内在动机，比如说更好地对待朋友、更好地对待父母，成为一个更好的钢琴手。最后，他让他们每天写日记，记录心情的变化。

他想知道的是实现外在目标是否能让一个人快乐，实现外在目标和实现内在目标有何不同。

他计算出的结果让他极为震惊。[9] 实现外在目标的人的快乐并没有因此而增加。他们努力实现目标，目标实现后却味同嚼蜡，他们的心情和当初一模一样。职位的提升、靓车、新一代的苹果手机、价格不菲的项链等东西都不会给一个人带来真正的快乐。

但那些实现了内在目标的人和以前相比就快乐多了，也不容易变抑郁和焦虑。你可以追寻这些人的心灵轨迹。比如说，他们更加友善地对待朋友时，并不是想要从中得到什么，只是因为觉得这么做很好，这让他们对生活感到越来越满足。做更好的父亲，为生活本身的美好翩翩起舞，帮助别人，只是因为你觉得这么做是对的，这些事情都能让你变得更加快乐。

然而，大多数的人，大部分的时间，都在追求外在的目标，那种什么都给不了我们的东西。我们的整个社会文化让我们不得不这样想。拿好成绩，找一份薪水丰厚的工作，想方设法升职，买衣服、买车，以证明你挣的钱多，正是这些东西让你自我感觉良好。

提姆发现，我们的文化一直在向我们传递的那种如何过上体面、令人满意的生活的信息其实是错误的。这一点研究得越多，结果就越清晰。近年来的 22 份不同的研究报告均表明，一个人的物欲越强烈，做事时受外在因素的驱使越多，就会更容易变抑郁。受到提姆的启发，在英国、丹麦、德国、印度、韩国、俄罗斯、罗马尼亚、澳大利亚和加拿大等国，一些研究者采用他的办法，也开展了类似的研究——全世界的研究结果都是一样的。[10]

〜

提姆发现，以前我们吃的是健康食品，现在吃的却是垃圾食品；以前我们拥有的是有意义的价值观，如今拥有的却是垃圾价值观。那种大规模生产出来的炸鸡看着像食品，也诱发着我们的食欲，却给不了我们需要的东西——营养。它给予我们的只是毒素。

同样的道理，崇尚物欲的价值观看着像真正的价值观，好像能够给予我们某些生活的准则，却给不了我们真正想要的东西——一条通向令人满意的生活的道路。它们给予我们的只是心灵上的毒素。垃圾食品扭曲我们的身体，垃圾价值观扭曲我们的心灵。

肯德基对身体的毒害，正如物质主义对心灵的毒害。

提姆对此进行更加深入的研究时发现了垃圾价值观让我们感觉如此糟糕的 4 个原因。

〜

第一个：看人只看表面会毒害你和他人的友谊。他和一位叫作理查德·瑞安的教授（此人从一开始就是提姆的支持者）再次联手对 200 个人进行深度研究，结果发现：一个人越物质，他和别人的友谊维持的时间就越短，他本人的品质也会变得越来越烂。[11] 如果你看人只看表面，或者只看他给别人留下的印象，那么当你看到一个长得更漂亮、更让你心动的人时会很轻易地把他抛弃。还有，如果你只对一个人的表面感兴趣，你得到的回报就越少，对方也会轻易地将你抛弃。这样一来，你拥有的朋友和人际关系就会越来越少，即便是有那么一些，也不会持续很久。[12]

❧

第二个和垃圾价值观给你造成的另外一个改变有关。我们回去看弹钢琴的那个例子。提姆每天花费至少半个小时和孩子们一块弹琴、唱歌。他这么做没有别的理由只是因为喜欢，这让他快乐又满足。他觉得自我正在消散，他只存在于此刻。有足够的科学证据证明，我们能够从一种所谓的"流动状态"中获得最大的快乐[13]，我们做喜欢做的事情时就会出现这种状态，它能让我们浮游在快乐的海面上，久久不能停息。这件事说明，即便是成人，也能像孩子玩耍那样，基于纯粹的内在动机做自己喜欢的事。

然而，提姆在研究那些更为崇尚物质的人时发现，他们所经历的这种流动状态比其他人要少得多[14]。这又是怎么回事？

他貌似找到了一种解释。想想看，提姆弹琴时如果常常想我是伊利诺伊州最好的钢琴手吗？观众会为我演奏的这首曲子喝彩吗？我弹这支曲子能拿到小费吗？能拿多少？这样的话，他的快乐就会像缩壳的蜗牛那样大大缩水。他的自我不会消散，只会加重、承受重击、被捅得浑身乱颤。

你变得更物质时面容就会不好看。如果你做事时不是因为喜欢而是另有所图，那你就不会放松，就不会得到欢愉。你在不断地监视你自己。你的自我会像警报那样发出一阵又一阵的尖叫声，你却永远无法将它摆脱。

❧

这就引出了垃圾价值观为何会让你感觉如此糟糕的第三个原因。提姆对我说："当你变得极度物质时就会一直自问——别人是怎么看我的呢？这让你总去关注别人对你的评判、对你的赞誉，然后你就会陷入一种担忧的状态，总担心别人不看好你，总担心别人是否会把你想要的那些赞美之词给你。这样，你就有了一种莫大的负担，不敢再去做真正喜欢做的那些事，不敢再和那些真正欣赏你的人交往。"

"如果你的自尊，你的自我价值感，都以你有多少钱、你穿的衣服多么好以及你有一栋多么大的房子而定，你就总会被迫和别人比较外在的东西。"提姆说，"总有比你有钱的人，总有比你穿得好的人，总有比你住得好的人。就算你是世界上最有钱的，你的地位又能保持多久？"物质主义会让你不断地受到这个你所不能够控制的世界的伤害。

~

然后，他说第四个原因很重要。有必要在这里停一下，因为我觉得这个原因是最重要的。

每个人都有某种天生的需求，比如友谊、个人价值、安全感、自由、不凡的工作能力。提姆认为崇尚物质主义的人不会太快乐，因为他们所追求的那种生活方式无法满足这些需求。[15]

你真正需要的是友谊，是和他人之间的联系。但在当今社会文化的影响下，别人告诉你的是别的东西，比如金钱、物质、显赫的地位，这样在下述两种信号（一种源自自身，一种源自外界）的分歧撕扯下，当真正的需求没有得到满足时，抑郁和焦虑就会出现。

"你可以把指导你做事的价值观想象成一个馅饼。"提姆对我说，"每一种价值观都是一块馅饼。"[16]这一整个馅饼中包括精神至上价值观、家庭至上价值观、金钱之上价值观和享乐主义至上价值观。每个人或多或少地都有这些价值观。你沉浸在物欲和对地位的追求中，相应的馅饼份额就会变大。这部分份额变大了，其他的份额就变小了。如果你始终在追求物质和地位，你对友谊、生命的意义以及如何才能让这个世界变得更好的思考与关注就会减少。"

"周五下午四点，我既可以待在办公室，做更多的工作，又可以回家和孩子们一起玩。"提姆告诉我，"我无法同时做这两件事。我要么待在办公室，要么回家。如果物质主义的价值观占了上风，我就得留下来继续工作。如果家庭至上的价值观占据的份额变大了，我就会回家和孩子们一起玩。这并不是说崇尚物质主义的人不在乎自己的孩子，而是当物质主义价值观膨胀时，其他的价值观就会缩小，尽管你对自己说不会发生这种事。"

在当今社会，压力正在以压倒之势向我们冲过来，这让我们开始信奉"多花多干"的文化。提姆说，在现行社会体制的影响下，我们时常会将注意力从对生命本质的思考中移开。在不良社会文化的影响下，我们的生活方式根本不能满足我们最基本的心理需求，因此我们总会沉浸在一种既困惑又不满足的不良情绪中。

❧

千禧年时，人们一直在说一个叫作"黄金法则"的事。这是一种观念，说的是你应该帮助别人做些事情，也希望别人能为你做些事情。我觉得提姆发现了我们可以把它称为"我想要金黄色的东西的法则"。你越觉得生活是物欲的满足、高人一等和炫耀，你就越不快乐、越抑郁、越焦虑。

❧

可人们为何还要如此明目张胆地追求让他们不快乐、变抑郁的东西呢？我们失去了理智，去追求这些东西，这难道不是一种令人难以置信的做法吗？提姆在研究的最后阶段开始深入思考这个问题。

没有谁的价值观是一成不变的。提姆通过研究发现，一个人的垃圾价值观的恶劣程度会随着时间的推移发生改变。有的人会变得更加物质、更加不快乐；有的人则会变得不再那么物质，不再那么不快乐。因此，提姆认为，我们不应这么问："谁是物质的？"而应该这样问："一个人是什么时候变物质的？"提姆想知道造成这种不同变化的是什么。

在此以前，有一群社会科学家搞了一个实验，或许能够为我们提供一些线索。1978年，两位加拿大的社会科学家找到一群4~5岁的孩子，把他们分成两个组。他们不给第一组的孩子播广告，却给第二组的孩子播放了两个玩具广告。然后，他们让这群4~5岁的孩子做选择。他们这样说，你必须从这两组孩子中挑选一个出来和你一起玩。你可以和拥有电视广告中的玩具的孩子玩，不过我们要事先警告你，他不是个好孩子。你也可以和没有电视广告中的玩具的孩子玩，但他是个好孩子。

换句话说，这两个广告让他们选择了低级的人类联系，抛弃了高级的人类联系，因为他们认为那堆塑料才是真正重要的。

两个广告——仅仅两个——就有这么大的影响力。现如今，广告信息铺天盖地，一个人一早上看的广告就不止这个数字。有越来越多的年仅18个月的孩子，可能不知道自己姓什么，却能辨认出麦当劳的那个标志性的大M。[17] 一个孩子，到了36个月大的时候，就能辨别出100多个品牌商标了。[18]

提姆认为，广告在我们为何会选择一种让我们感觉很糟糕的价值体系这件事上扮演着重要的角色。因此，他和另一位名叫琼·特温格的社会科学家追查了全美国从 1976 年到 2003 年在广告上的投入占整个国民收入的百分比，结果发现：在广告上投的钱越多，青少年就变得越物质。[19]

几年前，一个名叫南希·谢拉克的广告公司的主管这样感叹："广告充其量只是让人们觉得，如果不用他们的产品，他们就是失败者。孩子们对这一点尤为敏感……你展开心理攻势，孩子们很容易受到攻击，因为他们在心理上最容易受到影响。"[20]

这话好像很不中听，好好想想也能理解。想想看，如果我正在看一个广告，那广告告诉我——约翰，你的气色真好；你看上真棒；你身体上的气味真好闻；你真讨人喜欢；人们都想和你交往；你拥有的够多了；不需要别的了；好好享受生活吧。

如果这个广告真这么播，从广告学的角度来说这简直是人类历史上最烂的广告 ①，因为我不用再出去购物了，用不着突然扑向手提电脑在网上浪费时间了，用不着做那些与我的垃圾价值观相符合的蠢事了。它会让我想去追求真正有价值的东西，不再浪费生命，过一种更加快乐的生活。[21]

广告从业者私下里交谈时承认，从 20 世纪 20 年代起，他们的工作就是让人们觉得不够好，然后推出他们的产品，作为他们制造出的那种不够好的感觉的解决方案。广告就是彻头彻尾的骗子，总在说：哦，宝贝，我想让你看上去、闻起来、感觉起来很棒，然而这一刻，你又丑、又臭、又凄惨，看到你这样我很难过，你要的东西来了，用上它，你就能变成我和你都想让你变成的那个样子。哦，我提了吗，你得为此付几个钱。我只想让你变成你应该变成的样子。花几个钱不值吗？很值。

这种逻辑反映在我们的文化中，就算是没有广告的时候，我们也开始在彼此身上强加这种东西。我小时候虽然没有任何打篮球的天赋，可为什么还是那么喜欢耐克气垫鞋？在某种程度上说，就是因为广告，就是因为它在我认识的每一个人当中制造出了一种叫作群体动力的东西。穿上它就是身份的象征，然后我们会维护这种身份。作为成年人，我们也这么干，只是方式稍稍微妙一些。

提姆说，这种价值观让我们有一种永不满足的感觉。当你把精力都放在金钱、地位和物质上，这个消费型的社会就会一直引诱你得到更多的东西。资本主义总让

---

① 加里·格林堡：《制造抑郁：现代疾病秘史》，布鲁姆斯伯里出版社 2010 年版，第 283 页。

你买啊，买啊，买啊。老板总让你干啊，干啊，干啊。你让这种东西内在化了，你在想：哦，我得卖力干，因为我的个人价值依仗的是我的地位和我取得的成就。你把这种东西内在化了。这是一种内在化了的抑郁的表现形式。

他觉得这一点也能解释垃圾价值观为何会让这么多的人变得焦虑。你总在想，他们会奖励我们吗？她爱我，是爱我这个人，还是爱我的钱袋？我能登上成功的阶梯吗？你空虚，只为别人活着。长此以往，你就会变焦虑。

提姆认为我们都会受到这种垃圾价值观的影响。提姆对我说："我是这么看有意义的价值观的，我觉得它是我们作为人的一个最基本的组成部分，但它很脆弱。我们很容易分心……我们身在一个崇尚消费主义的社会中……我们做的很多事情都是由于外在动力的驱使。寻找有意义的价值观的渴望始终都在，因为它是自我的一个很有力的组成部分，然而它脆弱无力，总抓不住我们，这让我们总将精力转移到别的东西上去。我们的整个经济体系就是建立在这一点上的。"[22]

〜

我和提姆坐着聊这些事，聊了数个小时，其间我一直在想一对中产已婚夫妇，他们住在埃奇韦尔郊区一栋漂亮的半独立的房子里，对我不错，我们一直有来往，我爱他们。

如果你隔着他们家的窗户窥视屋内，会觉得他们拥有你想要的一切东西——两个孩子、一个温馨的家和大量的广告消费品。他们努力工作，做的却是自己不喜欢做的事，用挣来的钱买那些我们在电视上看到的能够"让我们快乐起来"的东西——衣服、汽车、小玩意儿和象征社会地位的商品。他们在社交媒体上向每一个认识的人展示这些东西，收获了很多好评和诸如这样的评论："哦，我的天哪，好羡慕！"展示物品带给他们的短暂欢愉过后，他们常常会发现自己再次陷入焦虑、不悦的状态。他们为此困惑不已，认为这是因为没有买到合适的东西。因此，他们更加卖力工作，买更多的东西，通过社交媒体展示给认识的人，感受那种短暂的欢愉，然后再次回到最初的焦虑、不悦的状态中去。

我觉得他俩都有抑郁症。他们的情绪总在波动，时而空虚，时而愤怒，时而强迫自己做一些事情。她以前总吃药，只是近来才不吃了；他总在网上赌博，每天都要玩上两个小时。他们总是一副怒气冲冲的样子，彼此间大动肝火，对孩子们大吼大叫，对同事也是如此，看谁都不顺眼，对这个世界充满怒气，比方说开车时，动不动就对路上的行人破口大骂。他们有一种无法摆脱的焦虑感，常常表露在外，比如说，她会时刻病态般地监督她那10多岁的儿子在什么地方，总担心他会被犯罪分子或者恐怖分子干掉。

这对夫妇不知道他们为何感觉如此糟糕。他们从小时候起就一直在做社会文化诱导他们做的事情，他们努力工作，买贵的东西。他们一辈子都受着广告的影响，简直是行尸走肉。

他们就像在沙地上玩耍的孩子，在无处不在的广告的引诱下，对身外之物充满着强烈的渴望，却忽视了与周围的人的联系。

我现在算是看明白了，他们之所以痛苦、焦虑，不只是因为某些东西的缺失，比如有意义的工作或者良好的人际关系，更因为某种事物的"存在"——让他们去所有错误的地方寻找幸福的一系列不正确的价值观，却忽略了摆在他们正前方的潜在的人际关系。

～

提姆发现的这些事实不但指导了他的科学研究，更让他开始过一种与他的发现相契合的生活——从某种意义上讲，这其实是对他小时候在佛罗里达发现海滩时所感受到的那种快乐的一种回归。"你得把你自己从物质的环境——那种把物质主义的价值观强加给你的环境中揪出来，"他对我这样说，"因为这种东西会损坏你内心的满足感，要想保持内心的满足，你得用能够提供内心的满足感和激发内心目标的行动取代它。"

因此，他和妻子以及两个儿子搬到了伊利诺伊州一座10英亩的农场里居住，与他们做伴的还有一头驴子和一群山羊。他们的地下室里有一台小电视机，没有天线，只是有时候看看老电影。他们最近才装了宽带，（在他的反对下）也不经常用。他做兼职，他妻子也这样。他说："这样我们就能更多地和孩子们待在一起了，我们在农场里干活儿，做义工，参加社会活动，我也有更多的时间写作了，这些东西让我们内心中有了一种满足感。我们玩很多的游戏，演奏很多的音乐。我们一家人常常倾心交谈，我们一同歌唱。"

提姆说，他们在伊利诺伊州西部的那座农场不算是最棒的地方，但他拥有一块

10 英亩的土地，每天天不亮就起床，拿着一支手电筒照亮，坐 12 分钟的公交车，坐 3 站地到公司，拿一半的薪水（夫妻两个拿的薪水加到一起相当于全薪），一家人就这样安静地生活着。

我俩在物质世界中待了那么久，我问他是否沾染上了一些毛病。"绝对没有，"他马上说，"人们经常问我：'你就不想要这个东西吗？你就不想拥有那个东西吗？'不，我不想。我从来不看广告……我不让自己受到这些东西的污染，因此，我没有那些毛病。"

他最引以为傲的一刻是他的一个儿子一天放学回家对他这样说："爸爸，学校里有几个孩子嘲笑我穿的运动鞋。"他的运动鞋不是名牌，也不新。"那你是怎么对他们说的？"提姆问。他儿子解释，他当时看了看他们，说了一句："你们为什么要在乎这个呢？"他表现得很镇定，因为他知道他们的价值观是空虚的、可笑的。

提姆说，他的生活没有受到这些垃圾价值观的污染，这让他发现了一个秘密。这种生活方式相比物质主义更让他快乐。他对我说："和孩子们在一起玩更有意思。受内心的驱使，去做一些事，比强迫自己做不喜欢做的事更有意思。别人喜欢你只是因为你这个人，而不是因为你给了对方一枚大钻戒，这种感觉更有意思。"

提姆觉得多数人都能认识到这一点。"在某种程度上说，我真的认为大多数人都知道内在的价值观能让他们过上一种美好的生活。"他对我这样说，"我做调查时问别人生活中什么才是最重要的，他们总会说个人成长和人际关系是最重要的两件事。但我觉得人们之所以还抑郁，从某种程度上说是社会的问题，我们的社会体制的建立不是为了让人们过理想的生活、获得理想的工作、和邻居们建立一种亲密的关系。"提姆小时候在佛罗里达看到的那些变化——海滩变成购物中心，人们的注意力也跟着转移到了疯狂购物上——其实是我们整个社会文化的一个缩影。

提姆对我说："人们可以在一定程度上自觉地将这些深刻的见解运用到他们的生活中去。人们首先要做的就是问自己：'我所安排的这种生活是否让我有机会实现我的内在价值？和我相处的那些人是真的喜欢我，还是不情愿地喜欢我？'……有时候，这些事情选择起来真的很难。但一个人在我们的社会文化中总该有所突破、有所创造。你可以提升自己的生活，但要解决那些真正让我感兴趣的问题单凭个人力量很难做到，靠心理咨询不行，吃药也不行。"要解决这些问题还需要别的东西——我会在以后的章节中详述这一点。

～

　　我采访提姆时觉得他为我解开了一个谜团。我当初在费城时总是不明白乔为什么不辞掉他不喜欢的那份涂料店的工作，去佛罗里达做一个渔夫，因为他知道自己到了"阳光之州"会变得很快乐。这好像是一个典型的例子，很能说明问题，毕竟我们当中有很多的人都在做着不情愿做的事。

　　我觉得我现在懂了。好像有个声音一直在对乔说，你不应该做那些你觉得会让你感到平静和满足的事。我们的整个社会文化一直在怂恿他做一个疲于奔命的消费者，让他觉得不爽的时候就去购物，去追求那些垃圾价值观。他从出生那天起就一直受到这种文化的影响。这种文化让他不再相信他那最智慧的本能。

　　当初我对着他大喊："去佛罗里达吧！"其实，我是在传递一种如暴风雨般猛烈的信息，传递一种全新的价值体系，我说的和时下正在流行的价值观念刚好相反。

9. 原因 4：与童年创伤失联

那些女人第一次来到文森特·费利蒂医生的办公室时，有些实在是太胖了，连门都进不去。这些病人不止是胖那么一点点，而是严重超重，她们吃得太多，搞得自己都得了糖尿病，搞坏了内脏。她们好像不停地在吃，怎么都止不住。没办法了，只好来这里，看看能不能治好，这是她们最后的机会。

那是在 20 世纪 80 年代的中期，地点是加州的圣地亚哥，文森特接到一项任务，非营利性医疗组织恺撒医疗集团让他去查查医院在治疗肥胖病人上怎么花了那么多钱。他们尝试了很多办法，都不管用，这才把他请来。他们说要从头开始研究，先研究理论，看看能否想出什么办法应付这种棘手的情况。但他从病人们身上获知的信息让他在一个很不同的领域取得了一项重大突破：我们如何看待抑郁和焦虑。

别的医生给文森特提了很多关于治疗肥胖的建议，都被他否决了，他知道了一个听上去十分疯狂的新的饮食方案。方案是这样的：如果这些严重超重的病人不吃东西了，只靠体内囤积的脂肪活着，直到体重恢复正常会怎样？这么做会有什么样的后果？

奇怪的是，新闻上说，最近在 8000 英里之外的某个地方基于某种奇怪的理由还真的搞了一项这样的实验。在北爱尔兰，多年来一直存在这样一种情况：如果你是爱尔兰共和军的一分子，试图通过暴力手段把英国政府赶出北爱尔兰，就会被归为政治犯。也就是说，监狱对你和对那些比如说犯了抢劫罪的犯人是不一样的。你可以穿自己的衣服，也不用像别的犯人那样做苦工。[1]

英国政府决定把这种区别取消，他们说政治犯和别的犯人一样，都是普通犯人，不应搞特殊化，不应享受这种区别对待。因此，那些政治犯就用绝食的方式表示抗议。他们慢慢地瘦下去了，有些还死掉了。

因此，这个新的饮食方案的设计者们在医学中寻找证据，想弄清楚杀死这些绝食犯人的是什么。结果发现，这些犯人首先要面对的问题是钾和镁的缺失。这两样东西没有了，心脏就不能正常跳动。那好，这些极端的饮食方案的设计者想，如果只供给肥胖病人足够量的镁和钾，不给他们吃别的东西会怎样？他们死是死不掉的。如果你有足够多的脂肪，活几个月不成问题——直到最后会因营养不良死掉。

那好——如果给人们适时补充这两种化学元素会怎样？结果就是，他们能有一年的活头儿——当然了，前提是他们有足够多的脂肪。然后，他们就会因缺少维生素 C 或者其他营养元素死掉。

那好——如果给人们适时补充这些元素会怎样？文森特查阅医学资料得知，在这种情况下，人们好像还能活着且能保持健康状态，只是一年会丢掉 300 多磅的肉 [2]。然后，你就又可以健健康康地吃东西了。

这一切都停留在理论的层面，就算是最胖的人，在一段可控的时间内也能将体重降至正常状态。向文森特来求助的这些病人什么样的办法都试过了，什么样古怪的东西都吃过了，什么样的让人不忍启齿的办法都试过了，又是砸啊，搜啊，拉啊，扯啊，反正都不起作用。这些人绝望了，什么都愿意尝试。因此，文森特在他们严格的监管下开始了这项实验。几个月的时间过去了，文森特发现，咦，效果还不错。这个办法还挺有效。病人们的体重开始减轻了。她们没有出现任何的不适症状，只是体重减轻了，并且整个人也恢复了健康。有些病人以前吃得太多，搞得自己成了个废人，现在却看着镜子里的自己一天天在变样。

她们的朋友和亲戚们忍不住大声叫好。认识她们的那些人，看到这天翻地覆的变化，个个吃惊不已。文森特觉得他可能发现了治疗极度肥胖的神奇疗法。"我就想啊——哦，我的老天哪，我们终于把这个棘手的问题解决掉了。"他对我这样说。

可是接下来发生的事情是文森特绝对没有想到的。

在这个实验中，有些病人的体重减得很多，又减得很快，自然成了减肥明星。医疗组和病人的亲戚本想着这些恢复了健康的人看到这个结果会很高兴。可她们并不高兴。

那些表现最优、体重减得最多的病人常常会突然变得抑郁或者狂躁 [3]，有些还想自杀。身上的负担没有了，她们好像不知道怎么做才好了，还变得异常脆弱。[4] 她们总是趁人不备溜出医院，大口吞咽买到的食物，好让体重赶快涨上去。

文森特很困惑。她们把健康的身体扔到一旁，反而去拥抱以前那个会要她们命的不健康的身体。为什么会这样？他不想当道德家，摆出一副自高自大的模样，站在她们面前，盛气凌人地冲着她们摆摆手指，说她们在毁掉自己——他不是这种人。他真的想帮助她们。因此，他感到了绝望。在他以前，没有人用肥胖病人做过这样的实验。他不再告诉她们应该怎么做了，而是静下心来倾听她们的故事。他把那些体重下降之后变得狂暴的病人叫进自己的办公室，问她们："你体重下降的时候遇到什么事了吗？你有什么样的感觉？"

有一个 28 岁的女士，我想保护她的隐私，就叫她苏珊吧。文森特用 51 周的时间让苏珊的体重从最初的 408 磅一下子减到了 132 磅。看上去他好像救了她的命。然后——非常突然地，没人知道具体原因——她在短短 3 周内又让自己的体重增加了 37 磅。没过多久，她的体重就又恢复到了治疗前的 400 多磅。因此，文森特用轻柔的语调问她开始减重时生活中有什么变化。他俩都觉得这种事最好不要对第三个人说。他们聊了好久。她最后说的确有一个变化。她很胖的时候，男人们从来不勾引她，可是当她的体重减至健康标准以后，有一天，一个男人竟然对她提出了猥琐的要求，而且这人她还认识，是她的一位同事，早就结婚了。她慌忙逃走，马上开始贪婪地吃东西，停都停不了。

也就是在这个时候文森特想到问他的病人一个问题，而这个问题是他以前从来没问过的。他想问的是："你是从什么时候开始增重的？比如说从 13 岁那年或者上大学那年开始增重，那么为什么不早不晚偏偏在这一年开始增重呢？"

苏珊考虑了一下这个问题，她说从 11 岁那年她开始增重。因此，他问："你 11 岁那年生活中还发生过别的什么事吗？"苏珊这样回答："11 岁那年，我的爷爷开始强奸我。"

文森特开始问他的病人这 3 个简单的问题。减肥后，你的感觉如何？你从什么时候感觉到自己增重的？那段时间你的生活中还发生过别的事吗？他这样问那 183 个参加实验的病人时开始察觉到了某种东西。一位女士说她 23 岁那年体重开始猛增。然后发生了什么事？她被强奸了。她向他承认这件事时目光一直盯着地面，用轻柔的语气说着："我胖了，男人就不看我了，我需要这么做。"[5]

"简直令人难以置信。"我和文森特在圣地亚哥坐着聊天时他对我这样说，"好像我问每一个病人时，她们都有类似的经历。我一直在想这根本不可能嘛。人们会知道这到底是不是真的。"当他的 5 位同事对这些病人进行深度采访时得知，55%的女病人都有被性侵的经历，并且多数男病人小时候都遭受过心灵上的创伤。

多数女病人增重、变肥胖的原因就一个：保护自己，不让男人关注到自己，因为她们觉得这些男人会伤害到她们。变胖了，没有魅力了，男人就不会用色眯眯的眼神看她们了。这办法倒是很有效。当文森特听另外一位女病人讲述自己被性侵的经历时，他才猛然间意识到下面对我说的这一点："有些问题——我说的主要是肥胖，我们总觉得是问题，其实往往是解决那些我们根本不了解的问题的办法。"

文森特开始想，那些治疗肥胖的办法——包括他这个——给病人提些饮食上的建议，是否从一开始就是错误的。[6]肥胖病人用不着他告诉他们应该吃什么，他们知道的比他都多。他们需要有人去理解他们为什么会暴饮暴食。他在和一个遭受强暴的女性长谈以后对我说："我很清楚，让这位女性去一位营养学家那里咨询饮食方面的建议是一种十分荒唐的做法。"

文森特没有给这些肥胖病人提任何的意见，他知道这些人会告诉他事情的真相。因此，他把这些病人分成几组，每组 15 个人左右，这样问他们："你凭什么认为人们会发胖？不是怎么发胖。这一点很明显，不说也知道。我问的是为什么……这么做有什么好处？"他们受到了鼓励，第一次开始认真思考这个问题，并把他们的答案告诉他。答案分三类：第一类是保护自己免受男人性侵，人胖了，男人对你的兴趣就减少了。第二类是免受身体上的伤害，比如说，在这个实验中有两个狱警，一个减少了 100 磅，一个减少了 150 磅。身体上那么一大块肉没了，他们和犯人们在一起时突然觉得变虚弱了很多——他们更容易受到犯人们的攻击。他们说，要想在那些号子里信心满满地走来走去得有一副电冰箱那般粗壮的体格。

第三类答案是这会减低人们对你的期许。文森特说："体重 400 磅的你去应聘一份工作，人们会觉得你又蠢又懒。如果你被这个世界深深地伤害过——我说的不只是被性侵——就会常常想到退却。大幅度增重这种看似很矛盾的做法就成了一种让人们看不到你的方式。"

"一栋房子快被烧塌了，最明显的表现就是一股股的浓烟不断从里面冒出来，"文森特继续对我说，"看到这种情况，一个没有经验的人会很容易想到问题出在烟上，如果你去灭烟，烟一时间倒是被灭掉了，但上帝啊，消防员可明白得很，问题并不在烟上，是房子里面的火正在朝外冒，只是你没看到而已。如果事实真的如你想的那样，用几个大扇子把烟扇跑就得了，但这么干只会加速房子的倒塌。"

文森特知道过度肥胖不是烟，是火。

～

一天，文森特去参加一个肥胖症医学研讨会，在会上把他的发现说了。他刚说完，一个医生就从观众席中站出来对他这样说："这方面的专家得知，那些声称受过性侵害的病人在说谎，那只是给他们失败的人生找借口。"有些肥胖症专家以前注意到，有不成比例的病人描述过被性侵的经历。他们认为这些病人只是在找借口。

文森特吓坏了。他其实求证过他的那些病人说的话——和他们的亲戚或者当年办案的警察交谈。然而，他知道过硬的证据证明他们说的是真的。他一对一地和那些病人谈过，他们留给他的印象和他得到的那些数据说明不了太多问题。他想收集更加准确的科学证据。因此，他和一位名叫罗伯特·安达的科学家联手共同研究这个问题，多年来，安达一直在研究人们为什么会做一些自毁的事，在这方面人类堪称专家，比如说吸烟。他们在美国疾控中心（一个专门资助科学研究的机构）的资助下开始了工作，他们想要查明的是：文森特诊治过的那些自称受过伤害的病人是个案还是一种普遍现象。

他们把计划称为"童年伤害研究"——他们的办法也很简单，就是搞了一个问卷调查。他们会问每一位受访者 10 个问题，这些问题都和童年时不好的经历有关——从被性侵，到心理上受伤害，再到被忽视，不一而同。然后，他们对这些答案进行分析，看看受访者是否存在什么问题，比如说肥胖、毒瘾等等。他们经过一番深思又加上了一个问题：你是否抑郁？

这项问卷调查面对的是 1.7 万名曾向圣地亚哥恺撒医疗集团寻求医疗救助的病人 [7]。填问卷的这些人年龄稍大一些，也更富有，却能够代表本市的人口情况。

结果出来以后，他们把数据加到一起，想看看抑郁和童年时的遭遇是否有关系。

结果发现，一个人小时候所经历过的每一种创伤都能让其成年后更容易变抑郁。如果这 10 个伤痛事件中你经历过 6 个，那么和没有经历这些的人相比，你成年后变抑郁的概率就会增加 5 倍。[8] 如果这 10 个伤痛事件中你经历过 7 个，那么成年后你自杀的概率就会增加31倍。[9]

"结果出来以后，我根本不信。"安达医生对我说，"我看着那份结果对自己说，真的是这样吗？不可能的。"这些数据很珍贵，在医学研究中不能够常得到。[10] 最重要的是，能够证明一个人童年时的创伤与其成年后变抑郁的概率大幅度增加的证据不是他们偶然碰到的。他们好像发现了这些创伤会导致这些问题的证据。我们怎么知道童年时的创伤越深重，抑郁、焦虑或者自杀的概率就会越大。有一个术语能够描述这种情况，叫作"量效关系"。你抽烟抽得越凶，患肺癌的概率就越大——这是我们所知道的吸烟会导致肺癌。同样的道理，童年时受到的创伤越深重，变抑郁的概率就越大。

奇怪的是，心灵创伤相较其他创伤——甚至比性骚扰——更容易让一个人变抑郁。[11] 在 10 个伤痛事件中，童年时遭受父母粗暴对待是抑郁的最大动因。

当他们把结果给其他的科学家，包括资助此项研究的疾控中心的专家们看时，他们同样不相信。"这个结果简直令人震惊。"安达医生对我说，"人们不愿相信。疾控中心的专家们也不愿相信。当我把结果给疾控中心的专家们看时，有些人显露出了十分强烈的抵触情绪，很多医学刊物最初也不愿相信，因为这个结果太惊人，让他们不得不抱有怀疑态度，还因为这个结果对他们的某些观念造成了挑战……它一下子改变了很多的事情。"在此后的数年中，这项研究一再被复制——结果都是一样的。[12] 但文森特对我说，我们几乎尚未开始思考它的深层含义。

～

文森特深思这一切时慢慢认识到，我们在看待抑郁这个问题上犯的错和他以前看待肥胖时犯的错一样。我们只看到了表面，没有发现它其实是某种隐藏得更深的事物的一种表征。文森特认为，很多人的看法就像有一所房子着了火，光注意烟了，没有看到里面的火。[13]

很多科学家和心理学家一直以来都认为，一个人之所以抑郁，是因为大脑或者基因中出了某些问题，但文森特获悉，斯坦福大学有一位叫艾伦·巴勃尔的内科医师说过，抑郁不是病，而是对不正常的生活经历的一种正常反应[14]。"我觉得这个看法很重要，"文森特对我说，"以前人们觉得，我抑郁是因为体内血清素或者多巴胺水平失衡，这种旧的看法能给人一种安慰，却有局限性。"一个人变抑郁时，大脑中的确会发生某些变化，但这并不是一种随随便便的现象，而是一种必不可少的、起调节作用的生理过程。

文森特表示，有些人不愿意相信这个，因为把抑郁归结为大脑中出了问题是一种简单的看法，能让人感到些许安慰。这种看法没有考虑到大脑的体验过程，只把它看成了一种机械过程。它会让你产生一种假象，吃点药就能把痛苦赶跑。但文森特说，这就像让肥胖症病人不要再吃东西一样，根本解决不了问题。吃药的确有用，但吃药能祛除病根吗？不能。药有时候会骗人吗？绝对会。

文森特说，他们都意识到了，要为肥胖病人解决这个问题，首先要弄清楚他们为什么总在埋头吃东西。因此，他成立了一个小组，专门研究他们为什么暴饮暴食，以及生活中都经历过什么事情。解决了这些疑问，更多的病人就能够施行他们的绝食计划，从而让体重保持健康状态。[15] 他开始想办法解决抑郁的问题，取得的成果是惊人的——我在以后会说到这个。

我和那么多的专家聊过抑郁的潜在根源，但文森特的解释让我怒气大发。我和他聊过以后，去了圣地亚哥海滩，他说的那些话让我暴怒。我想方设法找证据驳斥他的看法。然后，我静下心来想，你为什么生气？这种看法是不寻常，你只是不理解罢了。后来，我又和几个信得过的人说了这件事，慢慢地懂了。

如果你认为抑郁是由大脑功能障碍所致，就不必考虑你的经历或者别人曾经怎么对待你了。你觉得抑郁是一种生物现象，这种想法的确能让人感到一些安慰，不过，如果你理解了这种完全不同的看法，就要考虑更多的事情，虽然这会让你痛苦。

我问文森特，为什么童年时的创伤会让一个人成年后有可能变得抑郁或者焦虑，他老老实实地说不知道。他是个很好的科学家，他不想做猜测。但我觉得我知道，虽然我没有科学证据证明这一点。

小时候经历过创伤，你会觉得这是你的错。我的这种看法是有理由的，不是在胡说，就像肥胖，其实是一种解决我们看不到的问题的办法。我小时候，母亲多病，父亲常常不在家，经常出国，没人保护我。有一次，一个成年人用一根电线把我的脖子勒住，极其粗暴地对待我。那年我才16岁，我没有办法，逃离到另外一座城市居住，避免和任何成年人接触。没想到的是，到那儿以后，我发现自己就像很多在成长过程中遭受虐待的孩子一样又陷入了危险的境地，那些成年人本不该那么对我的。

就算到了现在——我今年已是 37 岁——我写这些东西，和你说这些话，感觉就是在揭发那些恶棍的暴行，他们真的无须那么粗暴地对待我。

我知道，如果我看到一个成年人正在用一根电线勒一个孩子的脖子，或者听到别人说这种事，我绝不会去责备那个孩子，只会觉得这是一种疯狂的暴行。我知道那种被虐待的滋味有多难受。就算是现在，已经过去了那么多年，我还能感觉到那种伤痛，它差点让我无法下笔描述这一切。

那些小时候受过虐待的人为何会有我这样的感受？为什么会有很多人实施某些自毁的行为，比如暴饮暴食、吸毒或者自杀？这个问题我想了很久。一个人小时候无力改变周围的环境，无法逃脱，无法阻止别人伤害你。因此，你只有两个选择。第一个：承认自己无能为力，任何时候都要做好被虐待的准备，因为你根本无力改变这一点。第二个：承认这是自己的错。你一旦这么做了，就会得到一种力量——至少心中会萌发出一种力量。如果这是你的错，你就能找到某种办法改变这一切。你不是弹球游戏机里的小玻璃球，可以被别人随意整治，你是人，是能够掌控这台机器的人。这样你就会在一种危险的境地中生活，但这种危险有时反而能够保护你免受伤害。就像那些女性病人，为了免受男人性侵，故意让自己增加体重，你把童年时遭受的伤害归结为你的错，也能让你不再那么脆弱。如果你承认这是你的错，你就掌控了局面。

但这种做法是有代价的。如果你童年时受过伤害，反倒觉得这是你的错，那么在某种程度上讲，你就会想"我活该被虐待"。一个人小时候受过伤害，如果认为这不是自己的错，长大成人后，他便不会再这样想。

千万不要这样生活。然而，如果你的童年像我一样不幸，用这种办法就有可能让你生存下来。

❧

你可能已经注意到了，我说的这个抑郁和焦虑的原因和我迄今为止谈的那些有点不同，其实也和我接下来要说的这些有点不同。

我此前已经提过，在那些研究抑郁和焦虑的科学证据的人当中，绝大多数都认同抑郁和焦虑的 3 个不同因素：生理的、心理的和社会的。我迄今为止讨论的那些——和我稍后要讨论的那些——都是环境因素。我很快就要说到生理因素了。

但童年时的创伤和这些都不一样，它属于心理因素。我在这里谈童年时的创伤这个因素，希望能让你联想到导致抑郁和焦虑的很多其他的心理因素，那些因素太琐碎，敞开来说很难说清楚。心理上受伤的方式多得数都数不清。我认识这样一个人，他的妻子背着他和他最好的朋友偷情多年，他知道了这件事以后变得极度抑郁。我还认识一个人，他在一次恐怖袭击中幸运地活了过来，10 年后仍对当时的情景心有余悸。我还认识一个姑娘，她母亲能力非凡，对她从不发火，却对人性充满了深深的怀疑，总是把人性最黑暗、最卑劣的一面展示给她看，让她远离所有的人。这些人的经历没办法归类——你不能把"通奸"、"恐怖袭击"或者"冷酷的父母"作为抑郁和焦虑的原因。

但我们知道，心理上的创伤不像童年时遭受的虐待会对一个人产生深深的影响。你的妻子背着你和你最好的朋友瞎搞不会让你的大脑出现什么问题，却会让你变得极度沮丧，也能让你变得抑郁和焦虑。如果有人和你说起这些问题，没有谈及一个人的痛苦经历，那就不要当回事。

～

安达医生——这项研究的发起人之一——告诉我，这件事迫使他扭转了对抑郁和其他问题的看法。

"人们出现这些问题时不要再问他们怎么了，"他说，"要问他们有过什么样的遭遇。"

10. 原因5：和地位、尊重失联

很难描述抑郁和重度焦虑是什么感觉。它们看不到，摸不着，叫人困惑，又说不出，我们只能依仗几个用滥了的词描述。比如说，我们常说觉得很"低落"。听起来像个比喻，但我觉得根本不是这么回事。我抑郁时就感觉被人推了一跤，只想把头低着，把身体弯着。抑郁过的人也说过同样的话。

~

20世纪60年代末的一个下午，在纽约自然历史博物馆，有一个11岁的犹太男孩，罗伯特·萨波斯基，正注视着玻璃笼子里的一只体型巨大、吃得饱饱的银背大猩猩。他总缠着母亲，让他回来再看看那只大猩猩。它让他着迷，让他狂喜，尽管他不太明白这是为什么。再早的时候，他总幻想着成为一匹斑马，在非洲草原上一路狂奔；后来他又想变成一只昆虫；但现在他渴望的是拥有一群属于自己的灵长目动物。他注视着那些笼子，觉得就像庇护所——他应该属于这些地方。[1]

又过了10多年，罗伯特的梦想变成了现实。[2]他一个人站在草原上，想着该怎么做才能像个狒狒。那些狒狒一群一群的，每群50只到150只不等，在肯尼亚开阔的草原上活跃着。他听着它们彼此间的呼叫声，模仿着它们的声音。

他观察它们，总也忘不掉从进化的角度讲它们其实是我们的表亲。"一天，一只母狒狒带着一只小狒狒爬到一棵树上，那是它的第一个孩子，它还没有太多的经验，不慎把那孩子掉了下去。"罗伯特对我说。另外的5只狒狒目睹了这一切，不禁屏住呼吸，他也一样。他们目不转睛地看着，不知道小狒狒还能不能活。它从地上跳起来，跑到了母亲怀里。5只狒狒松了口气，他也一样。[3]

他不是到这里来度假的，而是为了揭开一个谜团。当初在纽约时，罗伯特第一次见到了人类的表亲，他觉得在这里，在狒狒们身上，或许能够找到那把打开抑郁之门的钥匙。[4]

⌒

罗伯特到那里没多久就第一次看到了狒狒头领。在他接下来的 20 年要跟踪的那群狒狒中的最高处有一个头子，是个丛林狒狒王[5]，他很快便用《旧约》中那个最有智慧的所罗门的名字命名它[6]。狒狒群中有严格的等级制度，从上到下，每只狒狒都知道各自的级别。他发现，处在最高处的所罗门想干什么就干什么。它看到有狒狒在嚼什么东西，不管是谁，一把就夺过来，塞到嘴里。它想和哪只母狒狒交配就和哪只母狒狒交配，半数的性交都是在别的公狒狒享受好事的时候被它一把拽下来，它自己霸王硬上弓，夺人所爱。天热的时候，看到有别的狒狒蹲在树荫下，挡着它的路了，它就把人家一把推开，自己凉快去了。它吓唬老的狒狒首领，把对方搞得战战兢兢，才爬到现在这个位置上。

所罗门没过多久就开始对付罗伯特，也想把他制服。一天，他正在一块大石头上坐着，那个恶棍就大摇大摆地走到这个年轻的灵长目动物学家身旁，突然出手，把他推到石头底下，还把他的望远镜摔坏了。

在这群等级森严的狒狒中，每只母狒狒的地位都从母亲那里继承而来，就好像中世纪的英国贵妇；公狒狒的地位是打来的，看谁能爬到最高处。

每只狒狒都不想垫底。罗伯特在这群狒狒中看到了一只骨瘦如柴、瘦弱不堪的狒狒，他叫它约伯，用《古兰经》和《圣经》中那个最倒霉的人的名字命名的。约伯的身体总在打战，就好像随时都要得重病一样。有时候，这个可怜虫的毛发还会掉下一大块。赶上哪只狒狒哪天过得不爽，就拿它来出气。它的东西常常被别的狒狒抢走，它被逼迫到太阳底下晒着，还常常挨打。它就像每只地位低下的狒狒，身上总带着伤。

在所罗门和约伯中间是一条权力的链条。第 4 级的狒狒比第 5 级的狒狒高一级，可以对它发号施令。第 5 级的狒狒又比第 6 级的狒狒高一级，也能对它发号施令。以此类推。每只狒狒在群体中的位置，决定了它会吃到什么样的食物，是否会有交配的权利，可以说是决定了它生活中的每一刻。

～

每天早晨五点半，罗伯特都会听着草原上的各种声响在帐篷里起来，拿好医疗设备和一杆发射镇静剂用的枪。他要做的是出去找到那群狒狒，用枪射中其中的某一只，采集血样。那些家伙长时间和他打交道，都学到了一身躲避的本领，他得趁它们不备的时候突然下手——往往从它们身后射击。检查血样有几个目的 [7]，一个是看看狒狒体内的压力激素考的索含量水平有多高。他想知道哪只狒狒压力最大，他觉得能够从中发现某种重要的东西。

血样检测结果显示，争取首领权时，地位最高的那只狒狒的压力最大，但多数时候，狒狒的地位越低，压力越大，处于最底层的狒狒，比如约伯，常常会感到压力和焦虑。[8]

地位最低的狒狒不想被强者粗暴对待，只好表现出一副落寞、被斗败的模样。[9]它们常常会表现出一副恭恭敬敬、唯唯诺诺的姿态，低着头，趴在地下。它们这是在传递一种信号：别打我。我不行。我对你不构成威胁。我服气。

有一件事吸引了罗伯特的注意。他发现，地位低下的狒狒这么做的时候，其他的狒狒一点也不尊重它，把它推搡到最下面，而它表现出的那副可怜巴巴的样子就和一个抑郁的人一样。它的头低着，腰弯着，动都不想动，胃口没了，精力也都散尽了，看到别的狒狒朝它走过来，它就老老实实地挪到一边。

～

所罗门当大哥当了一年，一天，一只叫乌利亚的年轻狒狒做了一件骇人的事。[10]那天，所罗门正和狒狒群中一只最热辣的母狒狒躺在一块大石头上睡大觉，乌利亚走了过去，硬插到它俩中间，当着大哥的面，想和大哥的美妾交配。所罗门见此情景暴怒起来，狠狠撕扯乌利亚的肋骨，揍了它一顿。乌利亚走开了。

但第二天，乌利亚又回来了。第三天，它来了。第四天，它又来了。反反复复，一直如此。它接连挨揍，但所罗门每次应战都表现出了越来越多的疲态和谨慎。

然后，有一天，当乌利亚出击时，所罗门朝后退了一点，表现出了一丁点的怯懦。还不到一年，乌利亚就做了新的大哥，所罗门在狒狒群中的地位骤然降至第9级，以前被它欺负过的狒狒都在寻找机会报仇。整个狒狒群开始虐待它，搞得它沮丧不已，压力极大。

一天，绝望至极的所罗门落寞地离开狒狒群，走入草原，再也没有回来[11]。

～

罗伯特发现，我们的表亲在两种情况下表现得最为抑郁——地位受到威胁时（比如所罗门被乌利亚攻击时）和地位降低时（比如那个可怜的约伯）。

罗伯特最初发表他的研究结果时，在科学界掀起了轩然大波，促使更多的科学家开始更深入地研究这些问题，也让他一举成为斯坦福大学生物学和神经病学领域的权威教授。

罗伯特突破性的研究结果发表之后，又过了短短几年，科学家发现，抑郁症患者体内所含有的大量压力激素和地位较低的雄性狒狒体内的一模一样。罗伯特进一步研究发现，抑郁症患者脑垂体及肾上腺素等的变化也和雄性狒狒一样。

其他科学家由此怀疑，从某种程度上说，抑郁可能与人类动物属性内的某种更深的东西有关。[12]

心理学家保罗·吉尔伯特用事实证明，对人类来说，抑郁在某种程度上其实是一种臣服的反应，正如狒狒群中那个地位最低下的叫约伯的狒狒，好像总在对别的狒狒说："求你了，快走吧，让我自己待着。你用不着打我，我对你构不成威胁。"

我知道了这一点，开始感到疑惑，我采访了那么多的抑郁症患者，其间我一直在想，从某种程度上说，抑郁是不是我们对现代社会强加给我们的那种羞辱感的一种反应？看电视时，人家告诉你，在这个世界上，能称得上人的只有那些名人和富人，而你早已知道，你成为名人或者富人的机会微乎其微。在 Instagram 上逛一圈或者翻开一本用光亮的纸张印刷的时尚杂志，再看看你那平庸的身材，你会有一种讨厌自己的感觉。去上班吧，永远看不到老板的身影，却时刻受着人家的指挥，遵从着人家的命令，而人家的收入比你高几百倍。

就算是在不承受着羞辱的时候，有很多的人也在担心自己现在的位置会被别人夺走。就算是中产阶级，就算是富人，也普遍有一种不安全感。罗伯特发现，不稳固的社会地位相比低下的社会地位，更有可能让我们抑郁。

这样看来，"抑郁和焦虑是很多人对不稳定的社会地位的一种反应"这个理论中就蕴含着几分意义。但这个理论如何验证呢？

～

　　我去拜访一对夫妇，他们曾教给我这门学科（社会科学）的知识，我又找到了一个研究这门学科的有趣的小办法。他们就是凯特·皮克特和理查德·威尔金森，他们研究这些问题，研究的精髓都写入了他们的著作《精神水平》，也正是因为这本书，他们才跻身于世界上最有影响力的社会科学家之列。

　　他们看了罗伯特的研究结果，知道狒狒群内的等级制度是早就固化了的，它们会这样一直生活下去，只做出一些微小的调整。[13] 但凯特和理查德也知道，人类社会的等级制度和这个不太一样。作为人，我们已经找到了数种共同生活的方式。有些人类文化，比如说美国，富人和穷人之间，贵人和凡人之间就存在着巨大的差别。在美国，像所罗门那样的居于整个群体之上的人物是少数，多数人都和那个叫约伯的狒狒一样处于社会底层。但还有一些人类文化大为不同，比如说挪威，人与人之间高度平等，上等人和下等人几乎没有分别。在这些国家中，几乎没有所罗门那样的高人几等的人物，也几乎没有约伯那样的可怜巴巴的底层人物，大多数人都生活在中层，就像居于第 10 级的狒狒和居于第 13 级的狒狒，彼此间的区别并不大。

　　如果罗伯特的深刻见解同样适用于人类，那么理查德和凯特就会知道，在诸如美国这样的极不平等的国家中，就会有很多的精神病患者，而在诸如挪威这样的高度平等的国家中，精神病患者的人数就会很少。因此，他们开始了一项大规模的研究，并对大量的研究数据进行详查。

　　他们把数据写在一张图表上进行分析，最后得出的结果让他们吃惊不已。他们发现，社会越不平等，各类精神疾病就越常见。另有一些社会科学家从他们的研究中得到启示，开始研究抑郁和不平等的社会之间的关系，结果发现，社会越不平等，得抑郁症的人数就越多。[14] 比对不同国家的情况，比对美国各个州的情况，你就会发现这一点是对的。[15] 这表明，不平等好像会导致抑郁症和焦虑症的高发。

　　理查德告诉我，如果你处在一个人和人之间的收入和地位极不平等的国家，就会萌生出这样的一种感受：有些人好像无比尊贵，有些人好像一无是处。这种感觉不仅仅能影响到社会底层的人们。在一个极不平等的社会中，每个人都会时常想到自己所处的社会地位。我的地位能保住吗？谁在威胁我的地位？我能落魄到什么地步？那种不平等的感觉越发强烈时，一个人不得不思考这些问题，这样就将越来越多的抑郁和焦虑注入了我们的生活。

这就意味着，人们面对这种压力时会不自觉地产生一种反应（这种反应源自人类的进化），让我们会自动地把头低下。我们会有一种被斗败的感觉。

"我们对这些东西极为敏感，"[16]理查德说，"当地位、阶级的差距拉得过大时，就会让一个人产生一种无法摆脱的失败感。"

～

当今社会，地位的差距比以往任何时候都要明显。在公司上班，你清楚地记得，过去，老板挣的钱可能比员工多20倍[17]，现在这个数字是300多。沃尔玛集团的6位继承人的财富比1亿底层美国人的财富都要多。[18]8位亿万富翁的财富比全世界一半的贫困人口的财富总和都要多。[19]

理查德对我说，你一旦了解了这一点就能明白，那么多的人抑郁，并不是因为大脑内的某种化学物质缺失。"不是，"他告诉我，"而是你和那么多的人都有的某种东西。这就是对我们所处的社会环境的一种共同反应。这种东西无法让你和这个世界分离。其实，它是你和无数的人共有的某种东西。我们需要认识到，这并不是某一个人的问题，而是共同的问题，问题的根源是我们所处的这个社会。"

～

罗伯特·萨博斯基和他那群野生狒狒在肯尼亚的大草原上共同生活多年，终于回家了。[20]回家以后，他总是做梦。他梦到自己正搭乘纽约地铁，就在这时，一伙流氓朝他走过来，想揍他一顿。罗伯特看着那伙人，害怕极了。这个梦中是有阶级存在的，他就处在底层。那只叫约伯的狒狒生性软弱，满身都是伤痕，谁打它也不还手，罗伯特梦到自己就要变成这样的人。[21]

但在这个梦中，罗伯特做了某些出乎他的意料的事。他和那伙流氓聊了起来。他对那伙想揍他的人说，这种事太疯狂、太荒唐，他们没必要这么干。有的时候，晚上睡觉时，他又会梦到自己和那伙流氓谈论起他们的痛苦的根源来了——他们为什么想打人——他让他们注意这个问题，了解他们的痛苦的根源，还为他们临时诊治了一番。他又梦到和他们开玩笑，和他们一起笑嘻嘻地说话。每次，他们都决定不再伤害他。

　　我想这个梦预示了我们可以怎么做。每只狒狒的地位都是固化的，它们需要有别的狒狒垫底，这样它们就能揍它、羞辱它、玩弄它。约伯想给所罗门讲个笑话，想给它看看病，以博取它的同情，让它不再粗暴地对待自己，这么干绝对行不通，它也不能说服别的狒狒选择一种更加平等的方式来生活。

　　但人类是可以选择的。我后来才知道，我们能够找到切实可行的办法废除统治阶级，创造一个更加公平、合理的社会，在这样的一个社会中，每个人都有尊严，地位也都差不多。要么我们就继续堕落下去，让社会阶级固化得更加厉害，让其变成一只铁桶，打都打不破，大多数人都在屈辱中生活，就像当今社会。

　　如果我们这么干的话，很多人就会有一种被击败的感觉，就会表现出一种臣服的姿态。我们会低着头，弯着腰，默默地说："求你了，走吧，让我自己待一会儿。你总打我，我就要活不下去了。"

11. 原因6：和自然界失联

　　伊莎贝尔·贝恩克站在一座山的影子里看着我。她说："如果你愿意和我一起爬这座山，我就告诉你一个人和自然界分开为什么会变抑郁。"她抬起胳膊，朝着加拿大班夫小镇之上的隧道山挥手。我很小心地看着她挥手。我看不到山顶，但我见过明信片上的隧道山，知道它就在我头顶上极高的地方，浑身被冰雪覆盖，它的后面，很远的地方，有数条小河在流淌。

　　我不停地咳嗽，尽量有礼貌地向伊莎贝尔解释，我不喜欢大自然。我喜欢的是排列着书架的漂亮的水泥墙。我喜欢的是摩天大楼。我喜欢的是地铁站口停着的卖墨西哥煎玉米卷的餐车。我觉得中央公园乡土气息太重了，不想看到它，所以我故意绕道第10街。我只有在万不得已的情况下才会走入自然，因为我在追踪、报道一个故事。

　　伊莎贝尔对我说，如果你不陪我爬山，我就不让你采访我。"来吧，"她说，"我们到山上找个危险的地方来几张自拍照！"我不愿爬山，只是出于采访的需要才迈开了疲惫的双腿。我们开始朝上爬时，我突然意识到，在我认识的所有人当中，只有伊莎贝尔能在一场大灾难中存活下来。她在智利乡下的一座农场里长大。"我和大自然在一起时总觉得很舒服。我10岁的时候就能一个人骑马了，经常摔下来。我父亲养着几只鹰。我们屋里有3只鹰，都是散养的，不用关在笼子里。""鹰？在屋里养？"我问她，"它们不咬你们吗？""我的成长环境很不一样。"我们继续朝前走的时候，她这样说。她们一家就像一群流浪者，在大自然中四处游荡。他们会划船数天进入海洋，伊莎贝尔8岁那年就已经能够画出杀人鲸的模样了，她可是亲眼见过这种动物的。在这以后不久，她就第一次深入雨林去探险了。

　　她20岁刚出头的时候开始学习知识，想成为一位进化生物学家，用她的话说，就是要研究"人的自然本性"。她的研究项目在牛津大学展开，她想通过研究我们的祖先和近亲，弄明白我们人类为何变成了现在这个样子。她的第一个主要研究项目在英国南部的特怀克罗斯动物园进行，她要研究的是笼子里的黑猩猩和倭黑猩猩的区别。倭黑猩猩看上去像是身材稍苗条的黑猩猩，长着有趣的毛发——中间分开，竖起来，就像一架就要起飞的飞机。它们能长得很大，一只成年倭黑猩猩的体型就和一个12岁的少年差不多大。伊萨贝尔观察它们的时候很快就发现了一个最有趣的现象：它们经常挤在一起群交，而且大都是同性交配。

那些英国母亲很不明智地把孩子带来看这一幕幕纵欲的场景，伊萨贝尔很喜欢看她们那尴尬的模样。"妈妈！妈妈！它们在干什么呢？"孩子们会这样问。做母亲的不说话，赶紧拉着孩子走到对面的场地，里面有加拉帕戈斯海龟。但那个时候正值海龟交配期。"你根本想象不到那些海龟有多淫荡。"她对我这样说，"雄性海龟爬到雌性海龟身上，不停发出那种声音。"

伊萨贝尔站在动物园里的某个地点，看着面色苍白的母亲们拽着自己的孩子，从大肆交配的倭黑猩猩那头跑到淫乱的海龟那头，嘴里不停嘟囔着："哦，天哪，哦，天哪。"总是忍不住咯咯笑起来。

在那里，她爱上了那些倭黑猩猩，爱上了它们看待这个世界的方式。有一幕给她留下的印象尤为深刻：她看到一只雌性倭黑猩猩竟然给自己找了一根假阴茎。"一天，饲养员给它喂食，饲料桶是中间切为两半的那种，是蓝色的。"她对我说，"它滚着那个桶，去哪里都要带着，用它来自慰。真是太不可思议啦！然后，我弄懂了，因为，当然了，塑料是很光滑的。你会用树干自慰吗？树干太粗糙了。这简直是一个天才发明。"

然而，直到后来她才弄明白，其实这些倭黑猩猩身上有某些不对劲的地方。

她意识到，如果真的想要了解这个物种，就得到它们生活的自然环境中去，去非洲中部，但最近这些年没有人这么干过。一场残酷的战争差点把刚果共和国毁灭，虽然这场战争现在看来好像正在接近尾声，但局势依旧紧张、危险。她把自己的想法对别人说了，人家都吃惊地盯着她，以为她疯了。但伊萨贝尔生性倔强，认准的事没人能拦得住。她和家人、朋友数次沟通，费尽口舌，终于深入刚果热带雨林待了3年，住的是一座泥屋，整天悄悄地跟踪一群倭黑猩猩。她每天平均跋涉17公里，还曾遭到一只野猪的攻击。通过这种方式，她对倭黑猩猩的了解几乎比任何一个在世的人都要全面、深刻。在那里，她为我们人类揭示出了某种深刻的、不同寻常的东西。

~

在刚果，伊莎贝尔注意到，她见过的那些离开了原来的自然环境、被关进动物园里的倭黑猩猩做的很多事，那些她当初以为是正常的事，其实是极其不正常的。

在热带雨林——倭黑猩猩原本生活、繁衍的地方——它们有时候会受到同类的欺辱，每逢这种事情发生时，它们就表现得有些奇怪。它们会像患了强迫症那样不停地抓自己。它们会蹲在所属群体的边上，失神地望着远方。它们打扮自己的次数变少了，也不允许别的倭黑猩猩打扮它们。当伊莎贝尔发现这种反常行为时，马上就知道了是怎么回事。她认为，倭黑猩猩显然抑郁了——原因就是我在上一章中说的那些。它们受到了粗暴的对待，用悲伤和失望做出了回应。

但奇怪的是，在野外，倭黑猩猩的抑郁是有限度的。倭黑猩猩受了虐待，自然不高兴，那些地位较低的尤其如此，但有一个界限，它们绝不会越过。然而，动物园里的那些倭黑猩猩好像会一直抑郁下去，这一点和野生的不太一样。它们会用力抓挠自己，一直挠到流血方才罢休。它们会嚎叫，它们会抽搐，不停地摇摆身体。伊莎贝尔说，她在野外从未见过倭黑猩猩患上这种"完全的、慢性的抑郁"，但在动物园里，这种情况很常见。

研究结果显示，这种现象不只限于倭黑猩猩。一个多世纪以来，人类一直在观察那些离开了原来的生存环境、被圈养起来的动物。他们发现，这些"离家"的动物会表现出像是"极度绝望"的症状。鹦鹉会扯掉自己身上的羽毛；马会不停地摇摆身体；大象会把它们那象征力量、引以为豪的象牙粗暴地在墙壁上摩擦，直到上面都磨出了节瘤状的东西。有些被圈养的大象遭受的心理创伤太重，以至于长年累月站着睡觉，神经性地不停地走来走去。[1] 在野外，这些物种从来不这样。很多被圈养的动物失去了性欲，这就是很难让它们交配的原因。[2]

因此，伊莎贝尔开始自问：动物们离开了原来的生存环境为何会变得如此抑郁？

~

伊莎贝尔在剑桥一所大学写研究报告时，这种情况却发生在了她自己身上。她整天不出门，努力工作，却发现自己有生以来第一次变抑郁了。她睡不着，无法集中精力，不知道如何才能忘掉那种"疼痛感"。她服用抗抑郁药物，然而，就像大多数的服药患者，她依然抑郁。她开始自问：她的抑郁和那些被关在笼子里的倭黑猩猩的抑郁是否有关？她想，如果人类离开了原来的生存环境同样变得抑郁会怎样？[3] 她这么难过，是不是因为这一点？

人们早已知道，各类精神疾病，包括精神失常和精神分裂症这类重度精神类疾病，在城市中的发生率要远远大于乡下[4]，但一个人离开了生存、繁衍的自然界对其心理上产生的影响，对抑郁的发生所起的作用是最近15年才开始被研究。

几位来自英国埃塞克斯大学的科学家对这个问题进行过一次最细致的研究。他们用3年时间对5000个家庭的精神健康问题进行追踪、采访。他们研究的主要是两类家庭，一类是从绿树成荫的乡下搬到城里居住的家庭，另一类是从城里搬到绿树成荫的乡下的家庭。他们想知道，环境的改变是否对他们的抑郁状况有影响。

结果一看便知：从城里搬到乡下的那些人的抑郁程度明显减轻，而从乡下搬到城里的那些人的抑郁程度明显加重。[5] 此后，有更多的科学家进行过此类研究，结果都差不多。[6] 当然了，推进此项研究的科学家知道，这种情况的发生可能由多种因素所致，比如，在乡下，人与人之间的联系更加紧密，各类犯罪活动相比城里要少得多，污染更少，或许是这些因素，而不是自然环境，让这些人快乐了起来。为了彻底搞清这一点，几位英国科学家又搞了一次研究。他们把市中心绿化程度较高的贫困社区与没有任何绿化的贫困社区做对比，其他的因素，比如人与人之间的联系的紧密程度等，都是一样的。结果发现，在绿化程度较高的社区，人们的压力和绝望的程度要小得多。[7]

我在读这些研究报告时，让我印象最深的或许就是下面这个最简单的。科学家让居住在城市里的人去自然界漫步，然后测试他们的心情和注意力。不出所料，每个人的心情都变好了，注意力也集中了，但这些效果在那些抑郁的人身上表现得最明显。他们的情况，相比其他的人，好转了5倍。[8]

怎么会有这样的一个结果？这到底是怎么回事？

～

我和伊莎贝尔爬山爬到一半，她望着远处的那些湖泊，我把自己的真实感受告诉了她。我说，从某种抽象的意义上说，这里的风景是很美。但我很不喜欢爬山，很讨厌户外活动，在我看来，这风景就像屏保程序。一个很漂亮的屏保程序。我看着那风景，心中有一种无意识的渴望，就好像等了好久才按动了我手提电脑上的一个键。

伊莎贝尔笑了，却笑得有些伤心。"都怪我，让你觉得这里的风景像个屏保程序。我觉得这是我的任务。我们都爬了一半了，如果这时候回去，又坐在电脑屏幕前，我觉得对不起自己。"她让我答应她，陪她一起登上山顶。因此，我们继续慢慢朝上爬，我们越聊越多，我慢慢发现，伊莎贝尔对于这个涉及很多（科学）学科的问题的思考，可以归纳为 3 个理论。她直言不讳地说，我们需要对这 3 个理论进行更多的研究，因为它们在某些部分上是重叠的。

"要想弄清楚我们为何会在这样的自然环境中变得快乐起来，首先需要思考某些最基本的问题。我们是动物，但我们却总忘记这一点。作为动物，"她用手指指自己的身体说，"就得活动。我们觉得不快乐时，往往在语言中或者人的属性中寻找原因。但这些属性，经过漫长岁月的冲刷，都是近来的。我们作为无脊椎动物已经存在了将近 5 亿年。我们作为哺乳动物存在了 2.5 亿至 3 亿年。我们作为灵长目动物也已经存在了 6500 万年。"她在刚果的热带雨林中待了那么多年，和倭黑猩猩同住、同吃、同睡，得知我们人类和它们十分亲近。"我们作为动物，活动的时间比说话的时间和表达概念的时间要久得多，"她对我这样说，"但我们仍然认为，单靠那些概念性的词汇就能治好抑郁症。我觉得第一个答案要简单得多。让我们先把生理上的问题解决掉。出门。活动。"

她说，一只动物，饥肠辘辘，地位又高，在自然界中四处活动，很难想象它会抑郁，其实，根本就不可能发生这样的事。[9] 科学证据已经清晰地证明，大量的运动能够降低抑郁和焦虑的程度。[10] 她觉得这一点可以在我们更加自然的状态中得到解释：我们是动物，我们要活动，我们的内啡肽要大量分泌。"我觉得，不管是孩子还是成年人，整天待在室内不出去活动，很难被认为是健康的。"她说。

但伊莎贝尔同时表示，有某种更深的东西需要我们去揭示。科学家通过比较健身房内跑步机上的跑步者和户外跑步者发现，他们的抑郁程度都有不同程度的减轻，但户外跑步者显然更快乐一些。[11] 那么，其他的因素又是什么？

话谈到这里，我才发现我们已登上山顶。山的两侧都是美景。"现在，"伊莎贝尔说，"你的两侧都有屏保程序了。我们被包围了。"

〜

一只花鼠犹豫不决地朝我们走过来，在离我的双脚只有几英寸的地方停了下来。我把那天早些时候在城里买的一块牛肉干扔到了地上。

伊莎贝尔对我说，很多人在自然界中会感觉轻松许多，关于这个问题科学家又提出了一个理论。20世纪最有影响力的生物学家威尔逊认为，人生来就有一种热爱生命的自然的感觉。[12]这是对人类生存了那么多年的自然环境的一种天生的热爱，也是对包围着我们、让我们的存在成为可能的自然之网的一种天生的热爱。几乎所有的动物在离开了原有的繁衍生息的自然环境之后都会变得抑郁。青蛙也能在陆地上生存，但这种环境让它感到凄惨无比，索性放弃了生命。伊莎贝尔想知道，是不是只有人类才能够独立于这个法则而存在？她环顾四周，说："他妈的——这里才算是我们的生存环境。"

用科学的方法验证这个理论绝非易事，但还是有人进行过一次尝试。社会科学家戈登·奥利安和朱迪斯·希尔维根，与来自世界各地不同社会文化的研究人员合作，让他们看一组不同景色的照片，有的照片上是沙漠，有的是城市，还有的是热带雨林，结果发现：无论哪个地方的人，无论其文化背景有多大的差异，都对那些看上去像是非洲草原的风景存在一种偏爱。他们就此认为，这种偏爱好像是人类天生就有的。[13]

〜

这就引出了伊莎贝尔所认为的抑郁或者焦虑的人走入自然会变轻松的又一个原因。伊莎贝尔亲身感受到，一个人抑郁时，会觉得"周围的一切都和你有关"。你被牢牢地困在了你的故事和你的思想中，它们在你的脑袋里不停地嗡嗡响，让你痛苦不堪。变得抑郁或者变得焦虑是一个成为"自我的囚犯"的过程，在这座自设的心理监狱中，外面的空气绝不会进来。但很多科学家都曾表示，一个人走入自然所获得的那种普通的反应，刚好和这种被囚禁的感觉相反，那是一种对自然界的畏惧感。[14]

面对辽阔的自然，你会觉得你自己和你的那点破事简直微不足道，这个世界大得没有边际，那种被"自我的监狱"囚禁的感觉瞬间缩减至可控状态。"那是一种畅快的感觉，"伊莎贝尔说，"那种感觉很健康，人们喜欢那种转瞬即逝的感觉。"这会让你用一种更加深刻、更加宽广的心态看待你的那些事情。借用一个比喻来描述，你就像一个庞大系统中的一分子，虽然你没有意识到，但你的确只是其中的一个点。

伊莎贝尔发现，当她身处剑桥大学，脱离了自然界，常常会变抑郁。在刚果，和倭黑猩猩们住在一起，她发现自己并不会抑郁。她有时会生出一个可怕的念头。"自然会消失……不，我觉得不会……你现在就在草原上搭帐篷住呢，你能听到狮子的吼叫声，你想——哦，他妈的，我不就是一堆蛋白质嘛。"她说，那种自我的释放让她摆脱了绝望。

那只花鼠闻了闻我丢在地上的那块牛肉干，好像觉得很恶心，急匆匆跑开了。也就是在那个时候，我看了一眼包装，这才知道我丢给它的是某种叫作"鲑鱼干"的东西——加拿大人很喜欢吃这种东西。"花鼠的味觉很敏感的。"伊莎贝尔用恐惧的目光看了一下那个包装这样说道，然后便开始领着我下山。

❧

19 世纪 70 年代，一个非常偶然的机会，在南密歇根州立监狱，有人搞了一次研究这些看法的实验。[15] 在这座监狱中，一半的牢房朝向农田和树林，另外的一半朝向光秃秃的砖墙。一个名叫欧内斯特·莫尔的建筑师研究不同犯人的病历时发现，那些能够看到"风景"的犯人相比那些只能看到光秃秃的四壁的犯人，身体上或者心理上得病的概率要低 24%。

这个领域的世界级的专家霍华德·弗朗金后来告诉我："我得说，如果存在一种疗效这么好的药，我们都会倾力研究它……这种疗法几乎没有副作用，价钱也不贵，也不需要经验丰富的专家或者有行医资质的医师为我们开药方，到目前为止，有充足的证据证明它的非凡疗效。由于现代生物医学研究早已沦为医药行业的傀儡，所以这项研究很难找到资金上的支持。他们对这个疗法不感兴趣，因为很难将人与自然的联系这种东西商业化。搞这项研究赚不来钱，他们也不想知道其中的奥秘。"

我思考这一切时一直在想，我为什么对大自然这么抵触？我想了好几个月，反复听我和伊莎贝尔登山时的录音，这才弄明白是怎么回事。在自然环境中，正如她预料的那样，我的确感到我的"自我"缩小了，我的确感到自己变得渺小，这个世界变得那么大。然而，在我的整个生命中，身处自然非但没能让我觉得放松，反倒让我有了一种焦虑感。

我想要我的"自我"。我想和它紧紧连在一起。

直到后来我才对这个问题有了一个正确的认识——这一点你在下面就会看到。

伊莎贝尔发现，被圈养的倭黑猩猩会变抑郁，但野生的不会。"我认为，现代社会对于人类有多种囚禁方式。"她告诉我。她从那些抑郁的倭黑猩猩身上学到的就是："永远不要被囚禁。去他的囚禁。"

在班夫镇那座山的正顶端有一个岩架，顺着岩架走，朝四面八方望去，加拿大的风景在你的面前朝远处延伸。我恐惧地看着那个岩架。伊莎贝尔非要拽着我的手，把我拉上去。她说，关于抑郁，最残酷的就是，它会慢慢消耗掉你对生活的激情，就像现在这样，吞噬掉你对生命的真实体验。"我们要活得有激情，我们需要这个，我们想要这个，我们渴望这么做。很显然，我们都要面对死亡，但你曾经热烈地活过，这就够了，对不对？你可能会恐惧，但你不会抑郁。"

是的，我不会抑郁。

12. 原因 7：和有希望或者有保障的未来失联

这些年，我又从我的抑郁和焦虑中发现了某种别的东西。这种东西，以某种特殊的手段，让我变得非常短视。这种东西到来时，我只能想接下来几个小时的事：这段时间好漫长，我好痛苦，就好像未来消失了一样。

我和很多抑郁症患者或者极度焦虑的人聊天时发现，他们常常会描述类似的感受。我的一位朋友告诉我，当她再次感觉到她的时间感扩大时，她就知道她的抑郁程度减轻了——她发现自己能想一个月或者一年后她会在什么地方了。

我想知道这种奇怪的东西到底是什么，便搞了一次引人注目的科学研究。在我所知道的抑郁和焦虑的所有原因中，我对这一个的理解耗时最长，不过，一旦理解了，它就帮助我揭开了我的几个谜团。

～

一个绰号为"多棒击"的印第安人首领，去世前不久，曾坐在他在蒙大拿平原上的家中，看着眼前的风景沉思，曾几何时，他和他的族人在那里与大群的北美野牛一同漫游，然而现在，那里一无所有。他出生的时候，他那以捕猎为生的族人（绰号"乌鸦"）即将消亡。[1]

一天，来了一个白人牛仔，说要如实记录首领的话，为后代讲述他的故事。很多白人都偷盗过印第安人的故事，然后为它们添枝加叶，曲解它们的本意，因此，这两个男人用了很长时间才建立起彼此间的信任。然而，信任一旦建立，首领马上把他的故事告诉了这个男人。那个故事是关于世界末日的。

他说，他小时候，他的族人常常骑着马游荡在大草原上，他们的生活主要由两件事组成。一件是打猎，另一件是和异族打仗。他们所做的一切都是为了这两件事。煮饭，要么为了打猎，要么为了打仗。跳太阳舞，要么是为了打猎向上天祈求力量，要么是为了打仗向上天祈求力量。甚至连你的名字——你认识的每一个人的名字——都和你在打猎或者打仗中扮演的角色有关。[2]

他们的世界就是这个样子。

他又描述了很多规则。比如说"乌鸦"族群的世界观就是，在地上插一根棍子（棍子上有雕刻出的穗状花纹），这块地方就是我的。你的族群在平原上游荡，你在地上插一根这样的棍子，就表明这是你们的领地。棍子的意思是，不管是谁，只要越过这个点，就是我们的敌人，就会受到攻击。在"乌鸦"族群的文化中，最让人称赞的事情就是放置与保护这些棍子。这便是他们道德观的核心。[3]

首领继续详细地描述他早已失去的那个世界的规则。他想到了他的生活、他的族人的价值观以及他们和北美野牛、异族的关系。那个世界的复杂程度完全可以与欧洲文明、中国文明或者印度文明相比，同样包含很多的规则、意义和隐喻。

但牛仔注意到，这个故事中有着某种奇怪的东西。欧洲白人到来时，他才十几岁，殖民者把北美野牛统统杀光，多数的"乌鸦"族人也死在枪炮之下，剩下的那些被赶入居留地。但首领的故事到这里就结束了。以后的事他就不说了。

他说到他的族人被赶入居留地，又说了下面这句，就结束了他的故事。他说："此后，什么事也没有发生。"[4]

当然了，这个牛仔知道——每个人都知道——这位首领此后又做过很多的事。他的生活中又发生过很多的事。但在某种非常真实的意义上讲，对他和他的族人来说，那个世界已经结束了。

当然了，他们在居留地里还可以像以前那样在地上插棍子，却已经没有了任何意义。谁会越过他们的边界呢？他们怎么保护边界呢？当然了，他们还可以谈到勇气，谈到他们最珍视的那些价值观，但现在不打猎了，也不打仗了，谈论勇气又有什么用？当然了，他们还可以跳太阳舞，可现在既不打仗，又不打猎，费这么大力气跳这种舞又有什么意义？你的热情、精神或者勇气又能表现在什么地方？

甚至连日常活动都失去了意义。以前，吃饭是为了打猎或者打仗。"显而易见，'乌鸦'族人还在做饭，"哲学家乔纳森·李尔这样说[5]，"如果你问他们在干什么，他们会说在做饭。如果你再问他们，他们会说为了生存，让每个成员感受到家庭聚餐的温馨。但这件事本身其实已经没有多大的意义了。"

～

一个世纪过去了，一位名叫迈克尔·钱德勒的心理学教授有了一个重大发现。[6]
他像大多数的加拿大人那样一直在看新闻，有记者报道了一个恐怖故事，但诡异的
是，这样的故事每年都会上演。

在加拿大，散居着 196 个印第安部落，他们在欧洲殖民者的侵略中活了过来，
如今就像那个绰号为"多棒击"的首领和他的"乌鸦"族人，住在各个居留地。历
届加拿大政府的做派和美国政府的做派一样，多年来一直想毁掉他们的文化，把他
们的孩子夺走，寄养在孤儿院，不准他们说本族语，不准他们拥有选择生活方式的
权利。这种恶劣的状况一直持续到数十年前才算结束。结果显示，经受过这种虐待
的印第安人——连同他们的孩子——在加拿大有着最高的自杀率。2016 年，此类事
件登上报纸头版，那是在一个印第安人居留地，一天晚上，有 11 个人自杀。

迈克尔想弄明白这是怎么回事。因此，在 20 世纪 90 年代，他开始查阅印第安
各部落的自杀数据，想看看这种事都发生在什么地方。他注意到了一件很有意思的
事。在数个部落中，连一个自杀的人也没有，而其余部落的自杀率则居高不下。这
是怎么回事？怎么会有这种区别？那些自杀率为零的部落和那些自杀率居高不下的
部落有什么不一样的地方吗？

他有一种预感。"多年来，加拿大政府一直像对待孩子那样对待印第安人，控
制他们的生活。"迈克尔对我这样解释，"然而，在最近的几十年，几个印第安部落
开始英勇反抗政府的这种粗暴做法，想再次成为自我生命的主宰。有些部落重新开
垦从前的领地，重新使用本族语，控制了他们自己的学校、公共医疗卫生服务系统和
警察系统，这样他们就能从本族群中选出合适的人管理自己。在某些地方，当权者不
得不做出一定程度上的让步，给了印第安人一些自由，但在别的部落，他们没给。"

这就意味着，那些完全没有自主权、只靠加拿大政府施舍过日子的部落，和那
些拥有一定自由、得以重建本族文化（用他们的话说，就是重建世界）的部落之间
存在着巨大的差别。

～

因此，迈克尔和他的同事耗费数年时间仔细收集、研究这些数据。他们用 9 种

方式计量一个部落所拥有的控制力，然后把这个（控制力）和自杀数据同时反映在坐标中。他们想知道两者之间是否有关联。

结果显示：控制力最强的部落的自杀率最低，控制力最弱的部落的自杀率最高。画一个曲线图，把这两个因素和196个部落的自杀数据都放上去，你会得到一条直线——只需看一眼部落控制力的强弱，就能准确预测出自杀率是多少。当然了，印第安人痛苦的原因不止这一个。在这里随便举一个例子：加拿大政府蓄意破坏、拆散他们的家庭，把他们送到虐待他们的"寄宿学校"，让他们的心理和肉体上承受了很深的伤害。但迈克尔证实，缺乏控制力才是自杀率居高不下的主要原因。

这个结果本身存在很大争议，却让迈克尔进行了更加深入的思考。

～

迈克尔看着印第安人的研究报告，回想起了几年前他搞过的一次研究。那个研究比我迄今为止谈过的那些要复杂一点，给我留下的印象却最深刻。

1966年，迈克尔从加州大学毕业，成为一名年轻的心理学家，但他此后一直在想一个最古老，也是最基本的问题：你如何培养你的身份感？你怎么知道你是谁？这些问题看似无比深奥，无法回答。但请你首先自问：你从一个呕吐出磨牙饼干的婴儿变成一个正在读这本书的成年人，那条贯穿这两种身份的连接线是什么？从现在算起，再过20年，你还是不是现在的你？如果你遇到他（她），是否还能认得出来？过去的你和现在的你，这两者之间的关联是什么？你一直都是以前那个你吗？

几乎每一个人都会发现这些问题很难回答。我们觉得自己一直都没有变，却发现很难解释这一点。然而，有这样一群人，好像觉得这些问题根本无法回答。

迈克尔去温哥华的一家医院为一些少年治病，为了采访那些少年，他在那里待了好几个月。他们躺在双层床上，接受治疗，常常不好意思地掩盖胳膊上的伤疤。他问了他们很多生活上的问题。有些直指这次讨论的核心——你如何形成你的身份感？他用不同的方式和他们共同讨论这个话题，其中有一种很简单。在加拿大，有一系列由经典小说改编成漫画的书籍。其中一本改编自查尔斯·狄更斯的《圣诞颂歌》。你很可能知道这本书的情节：一个叫斯克鲁奇的老吝啬鬼和三个鬼长谈一番之后突然变得极为慷慨大方了。还有一本漫画书改编自维克多·雨果的《悲惨世界》，情节你很可能也知道：一个叫冉·阿让的穷人犯了罪，逃跑了，从此改名换姓、身份，成为市长，后来被巡官沙威抓住了。

迈克尔让这两组不同的少年读这两本漫画书。一组的少年得的是厌食症，虽说医院把他们收了，却不容易治好他们的病。另一组的少年得的是抑郁症，并且都有自杀倾向。他让这两组少年思考书中的人物。斯克鲁奇和那三个鬼见了面，聊了天，想法变了，他还是以前的那个人吗？如果是，为什么？冉·阿让逃跑了，改换了姓名，他还是以前的他吗？告诉他原因。

这两组少年病得都很重，抑郁的程度也差不多。但患有厌食症的那些少年能够很正常地说出答案，那些患有抑郁症的少年却不能。"只有那些有自杀倾向的人才一点都不明白一个人为什么会发生改变。"迈克尔对我这样说。换作别的问题，这些患有重度抑郁症的少年都能说出来，可一旦问到这种问题，他们就显出一副茫然的表情。他们知道他们会给出一个答案，可还是会伤心地说："我一点也不知道。"

有趣就有趣在这里。正如他们不知道冉·阿让以后会变成什么样子，对于以后他们自己会变成什么样子，他们同样不知道。对他们来说，未来早已消失。让他们说说 5 年或者 10 年后他们的样子，他们马上就不知所措了。[7] 这就像他们身上的某块肌肉，完全不受他们的控制了。[8]

迈克尔发现，从某种更深层次的意义上讲，极度抑郁的人对未来是没有感觉的，而那些非常沮丧的人则不会这样。从这个早期的调查研究看，很难说这些少年的症状是原因还是结果。两者都有可能。对未来没有感觉，可能会让你想到自杀；极度抑郁的人很难想到以后的事，这种可能性同样存在。他在想怎样才能弄清这一点呢？

迈克尔认为，对加拿大印第安人的研究有了答案。如果你住在一个对自己的命运没有任何掌控力的部落，就很难想到一个有希望的、稳定的未来。你这是在以前屡次蹂躏你的族人的外族势力的可怜下过日子。然而，如果你生活在一个能够掌控自己命运的印第安部落中，就能很轻易地想到一个有希望的未来，因为那个未来的决定权就在你的手中。

迈克尔认定，对未来失去希望是自杀率居高不下的根源。一个有希望的未来会为你提供一种保护。如果你今天过得不顺，你会这样想：今天是很痛苦，但这种痛苦不会永远持续下去。不过，倘若对于未来的希望被夺走，那么痛苦就会永远伴着你。

❦

这次研究过后，迈克尔告诉我，人们谈论抑郁和焦虑时，动不动就说是因为大脑或者基因出了问题，他对这种看法持高度怀疑态度。"对于健康的这种看法是高度西方化的、医学化的，并不全面，缺乏对上述疾病滋生环境的严肃考量。如果你执意这么想，就忽略了很多抑郁症患者患病的合理性，因为这些人是由于对未来失去了希望才变抑郁的。我们不去思考抑郁背后的这些原因，只是给病人开一些药，这已成了一个产业。"

我回伦敦待了一阵子，安排好和一位老友见面，这位老友是我12年前上大学时认识的，不知怎的最近这些年就断了联系。我就叫她安吉拉吧。我们一同读书那时候，她好像什么都会——会玩，会读托尔斯泰，又能和大伙儿打成一片，还常和最帅气的男生出去约会。她就像是一团烟火，里头有大量的肾上腺素、鸡尾酒和古老的书籍。但我从我们共同的朋友那里得知，毕业后，她得了重病，患上了抑郁症和焦虑症。我想，她以前那么棒，现在却这么差劲，这到底是怎么回事？我想和她谈谈。

我请她吃午餐，我们慢慢地吃，她开始和我讲我们毕业之后她的事，她说得很快，又说得含混不清，还总是向我说"对不起"，我真不知道她为什么总说"对不起"，完全没这个必要嘛。

安吉拉说，我们毕业后，她拿到了硕士学位。她开始找工作时，人家的回复都是一样的：他们说你能力太强，如果聘用你的话，用不了多久你就会跳槽。这种情况持续了好几个月。然后，一年过去了，她听到的仍是这样的回复。安吉拉工作起来很卖力的，总找不到工作让她感觉很奇怪。后来，她连账单也付不起了，便在一个话务中心做了一名轮班话务员，时薪8英镑，比当时英国的最低工资水平只高那么一点。

上班第一天，她去了东伦敦一家老旧的涂料搅拌厂。那里有一排塑料面的桌子，腿细细的——你在英国的小学里常常会看到这种桌子——上面摆着好多电脑。办公室中央，有一张稍大的桌子，那是总监的位置。他告诉她，他随时都有可能监听她的服务水平，还会给她提出反馈意见。话务中心专门为英国的3个主要慈善机构筹款，安吉拉的工作就是冷不丁地给别人打电话，完成所谓的"3个任务"。首先，你向人家狮子大开口：你一个月能给50英镑吗？如果对方说不能，你就说：20英镑怎么样？如果对方还说不行，你再问：2镑总可以了吧？把这"3个任务"都完成才算有业绩。

按照安吉拉的祖母的看法，这个所谓的话务中心是没有什么工作的，她的祖母过去做过保姆，也当过工人。总监解释：如果我们决定留下你，你每周就会收到一封电子邮件，上面有接下来的那一周的上班时间表。你可能会四班倒，也可能上全天。这件事我说了算，要看你每天干得怎么样。

第一天下班后，总监说她把电话都打错了，如果她再没长进就把她辞掉。她必须更有自信。你得让人家把你那3个任务听完，还要让人家答应捐款。在接下来的几个星期她才知道，如果你今天的业绩与昨天相比下降了2%，总监就会对着你一通狂吼，你可能就要走人了。

有时候，安吉拉给人家打电话时，对方会哭泣着对她说，他们再也无力捐钱了。"我知道那个盲孩子需要我的帮助，"一位老妇人这样说，"可我还想买一袋不同品牌的狗粮。"她说可以把剩下的零花钱捐给那个盲孩子。安吉拉觉得自己简直就是在谋财害命。

上班第一个月，安吉拉觉得自己能干好这份工作，在找到合适的工作之前还能忍受。"我会喜欢——其实我不喜欢这份工作，不过还行。还行。"她对我这样说。在四班倒的那几个星期，她终于可以坐公交车上下班了，还能买一整只鸡，做几顿好饭，维持一个星期的生活。在两班倒甚至不倒班的那几个星期，她就只能吃煮豆子，走路上下班。她的男友被迫也做着同样的没有保障的工作，一天，他病了。就因为他没有强忍着去上班，她就对他大动肝火：你难道不知道我们需要那60英镑吗？

第二个月刚开始，安吉拉就意识到她乘公交车上班时身体总在不自觉地左右摇晃。她不知道这是怎么回事。下班后，她会去街对面的小酒吧为自己买上半品脱的健力士黑啤酒，而且生平第一次，她发现自己竟然在大庭广众之下哭了。也是在那个时候，她还发现自己动不动就生气，这在以前是从来没有过的。有时候，有一大帮新人来应聘，这样她的休息时间就被挤掉了。"你开始恨这些新来的人。"她说。她和她的男友开始在一些琐事上冲对方大吵大闹。

我问她做这份工作时有何感受，她沉默了。"我就有一种被挤压的感觉，就像被生生地挤进一根非常紧的管子，知道吧，就像滑下一条滑道，意识到周围的一切都不对劲，无法呼吸，觉得很不好受，就好像永远不会出来一样。我还觉得自己很蠢——无法胜任这份工作，就像一个孩子，一个无法料理好自己的生活的孩子，你慢慢堕落，被扔进一个沾满了屎的世界里，人们都说你不行，随随便便就会把你解雇。"说完，她打了一个响指。

安吉拉的祖母当初是做保姆的，合同每年都会续签，而且每次续签合同都会选在妇女节那天。她的母亲属于中产，有一份长久的工作。安吉拉觉得她的工作还比不上她祖母在20世纪30年代做的那一份。她说，她每个小时，每分钟都在和别人打电话，这让她对上班这件事充满了恐惧，因为上班的那些日子实在恐怖，搞不好就会把饭碗丢了，这样她和她男友可就惨了。

一天，她终于明白，她永远也不会摆脱"那种没有未来的感觉"。她连提前几天制订计划这种事都做不到。她听朋友们谈论按揭、养老金，在她看来，这种事好不切实际，她就像在听国外新闻。"它把你可能会拥有的每一点身份感都彻底剥夺，取而代之的是耻辱、忧虑和恐惧……你是什么东西？我什么都不是。你是什么东西？"她想象不到自己的未来会和现在有什么不同。"我们20多岁时穷，60岁、70岁时还穷，我不敢想这种事。"她说。那种感觉就像永远在堵车，连一寸的地方都挪动不了。她开始在晚上喝廉价的烈酒，因为焦虑让她无法入睡。

过去的30年，在几乎所有的西方国家中，越来越多的人在做着这种没有保障的工作。在美国和德国，约有20%的人没有合同，而是做倒班的工作。意大利哲学家保罗·维尔诺说过，我们已经从"工人阶级"——一大群拥有稳定工作的工人——沦为了"无产阶级"——一大群没有固定工作的人，不知道下周是否还有工作，也许永远不会有稳定的工作。[9]

我们读书时，安吉拉对未来充满希望，就好像一阵旋风，有着乐观的态度和无限的精力。如今，她坐在我的对面，谈论的却是让她喘不过气来的绝望的生活，她的精力被抽干了，当年的热情几乎没有了踪影。

曾有一扇窗，拿固定工资的中产阶级和工人阶级透过它能够感觉到一种稳定，能够为未来制订计划。如今，这扇窗正在关闭，最直接的原因就是政府决定让经济不受任何约束地自由发展，这样一来，工人想团结起来保护他们的权利就变得很难实现，而从我们所失去的东西中就能预测出我们对未来的感觉。安吉拉不知道等待着她的是什么。做这样的工作意味着她无法想象几个月以后的事，更别说几年、几十年以后的事。

起初，这种不稳定感源于那些领取最低薪水的人。但从那时起，它就一直在这条链条上攀升。现在，很多的中产阶级也在不停换工作，没有任何的合同和保障。我们给了这种状况一个漂亮的名字：我们把它称为"给自己打工"或者"自由职业"——就好像我们都是在麦迪逊广场花园开说唱乐演唱会的肯伊·威斯特。对大多数人来说，那种稳定的未来感正在消失，而我们还在被告知应将其视为一种自由的形式。

～

拿西方国家工作者的遭遇和遭受过屠杀、遭受过一个多世纪的迫害的美洲印第安人的遭遇做对比是一种很奇怪的做法。但我为写这本书做调研时，去美国的"锈带"待了一段时间。2016 年美国总统大选前的几周，我去了克利夫兰，试图说服选民不要把票投给唐纳德·特朗普，以阻止其当选。一天下午，我在城市西南角的一条街上走着，在那里，1/3 的房子已被政府拆掉，另有 1/3 的房子无人居住，剩下的那 1/3 倒是还有人住，却被面色铁青的守卫看得死死的，不能随便活动，这些人蜷缩着身体不死不活地在屋里待着。我敲一户人家的门，一个女人应声开门，我看了她一眼，看样子 55 岁左右。她开始暴怒起来，说她很害怕她的邻居，还说这一片的孩子们"必须搬走"，她很想选一个人出来改变他们的窘迫状况，附近根本没有食品杂货店，她得倒三班公交车才能买到食物。我们聊天时她无意中提起她今年 37 岁，当时我大吃一惊。

后来，她说的某些事直到大选过后很长时间我都没有忘记。她描述了她祖父生活的那个年代这个地方是什么模样，你去工厂上班，过的是中产阶级的生活——谈话中，她说错了一个词，她本想说"我年轻时"，说的却是"我活着时"。

听她说完这番话，我不由得想起了"乌鸦"族人曾提起过的 19 世纪 90 年代一位人类学家说过的话："我正在试图过一种我所不理解的生活。"

安吉拉和我其他的被不稳定的生活吞噬的朋友，也觉得他们活得没意思，对他们来说，未来正在被撕成一片一片。他们所有美好的期许好像都已消逝。

我把迈克尔·钱德勒的研究对安吉拉说了，她悲伤地笑了笑。她说她能感受到那种绝望。她这样解释："当你对未来充满希望时，你就会这样想：'好吧，我今天过得是很差劲，但我这辈子不可能总这么差劲。'"她说，她从未想过要和说唱巨星 Jay-Z 一同演出，也从未想过要拥有一艘游艇。但她的确希望能够制订一个年度度假计划。她的确希望——到她快 40 岁时——能够知道下周、下下周她的老板是谁。然而，她被死死地困在了这种不稳定的生活中。

此后，什么也没有发生。

13. 原因 8 和 9：基因和脑变化的真正作用

据我所知，抑郁或者焦虑是大脑内部血清素含量水平过低所致这种说法并不正确。然而，我发现，有些人竟然就此认为生理因素在上述疾病的发生中完全不起作用，完全是由社会、心理因素所致。但在我采访的过程中，就连那些极力鼓吹环境和社会因素在抑郁的发生中起关键作用的人也认为，生理因素的确存在，并且非常真实。

因此，我想研究的是，生理因素发挥着怎样的作用？它们是如何发挥作用的？它们和我所获知的那些因素之间又存在什么关联？

马克·刘易斯的朋友们都以为他死了 [1]。

那是在 1969 年的夏天，这个来自加州的青年学生极力想把心中的绝望驱赶出去。都一周了，他吞服兴奋剂、吸食大麻、注射毒品，把能够想到的办法都用上了。他足足 36 个小时没有合一下眼，只好让他的朋友给他注射一剂海洛因，这样他就能彻底崩溃了。马克重新恢复意识之后，才意识到他的朋友们正在盘算该去哪里找一个足够大的尸袋把他塞进去。

当马克突然开始说话时，他们都被吓得魂飞魄散。他们对他说，他的心脏停跳了好几分钟。

后来，距那一夜过去了差不多 10 年，马克成功戒掉毒瘾，开始研究神经系统学。我在澳大利亚的悉尼市初次见他时，他已是这个领域的权威专家，并在荷兰一所大学担任教授。他想知道一个人陷入深度抑郁时其大脑会如何变化。[2] 这些变化是不是让康复变得更加困难了？

马克和我解释，如果你看一个抑郁的人或者极度焦虑的人的脑扫描 X 光片，你会发现，它看上去和那些没有这些问题的人的脑扫描 X 光片不一样。和感觉悲伤或者感知危险相关联的那部分大脑会像圣诞树上的小灯那样被点亮。它们会变大、变活跃。他找来一个大脑图，把那些部分指给我看。

我告诉他，这和我 10 多岁的时候医生和我说的相吻合，当时那个医生对我说，我抑郁，是因为我的脑子坏了，得用药物修复。他说的是不是一直都是对的？

我说完这话，他显出忧伤的神情，说那个医生说的不对。根本不是这么回事。

他说，要想弄明白这是怎么回事，先要搞清楚一个叫作"神经可塑性"的重要概念。[3]15 年前，如果你让我看我的大脑图，让我说说它长什么样，我想大多数的人可能都会和我一样觉得那不过是我的大脑罢了。如果大脑中和感知悲伤或者恐惧相关联的那部分变得更加活跃，我就会一直是一个不快乐、每时每刻生活在恐惧中的人。你可能长着一双小短腿或者长胳膊，你的大脑当中与恐惧和焦虑相关联的那部分占的比例要大一些，仅此而已。

但我们现在知道根本不是这么回事。他解释，换一种不同的方式想这个问题。如果我让你看一个人的胳膊的 X 光片，它们可能又细又弱。现在想象他上了 6 个月的重量训练课，然后回来再做 X 光检查。他的胳膊看上去会不一样。它们不是固定不变的。它们会变，他怎么使用它们，它们就怎么变。马克说，你的大脑也一样：你怎么使用它，它就怎么变。"神经可塑性说的就是大脑基于个人经验不断进行自我重塑的过程。"他说。举个例子，伦敦的出租车司机要想拿到营运执照必须把整个伦敦地图记熟，为的是参加一项叫作"认知"的难度极大的考试。如果你给伦敦的一位出租车司机进行大脑 X 光扫描 [4]，会发现他的大脑当中，与空间意识相关联的那部分比你和我的要大得多。这就意味着，他用脑的情况和别人不一样。

大脑为了满足你的需求在不停变化。它主要通过两种方式这么做：消减你不用的突触，增加你使用的突触。比如说，你在完全的黑暗环境中养育一个孩子 [5]，这个孩子会除掉与视觉相关联的突触，因为他的大脑早已意识到，他不需要它们，最好把那部分脑力用在别的地方。

马克对我解释，只要你活着，"神经可塑性"的过程就永远不会停止，大脑永远在变化。他说，我小时候那个医生之所以对我说我的大脑很不正常，就是因为这一点。他又表示，一位医生对病人说："你的大脑完蛋了，和正常人的不一样。"这纯粹是在瞎扯，因为我们知道，大脑始终在改变它的神经网络。就是这样。脑扫描

X光片就像一部电影中的某个快照，你看球赛时，不管什么时候，拿起相机随便拍一张，这张快照无法告诉你接下来会发生什么，或者大脑会做出怎样的改变。你抑郁或者焦虑的时候，大脑会变，你不再抑郁或者不再焦虑的时候，大脑同样会变。大脑永远在变是对来自外界信号的一种反应。

马克吸毒时，他的大脑肯定和现在有很大的不同。这是因为他的用脑方式发生了改变。

我告诉马克，我服用抗抑郁药物13年，医生一直在对我说，我之所以抑郁，完全是因为我的大脑出现了问题，他听完我的话说："这种说法简直太荒唐了，这总和你的生活、你的个人环境有关。"马克认为，我研究的那7个心理和社会因素能够改变几百万人的大脑。如果记住伦敦地图能改变你的大脑，那么孤独、寂寞、极度物质主义这些东西同样能改变你的大脑。他说："我们一直都想得太过简单。把电视机拆了，不能弄清楚《绝命毒师》的情节。同样的道理，把大脑切开，也不能搞清楚痛苦的根源。你得看你的电视机或者大脑的接收信号如何。"

"抑郁和焦虑不像肿瘤，大脑组织真的出了问题，长了东西，然后心理上才有了问题，"马克说，"根本不是这么回事。外界因素所导致的抑郁和大脑中的变化是同时发生的。"

但马克同时表示，有一点需要引起特别注意，那就是大脑中的变化的确能对抑郁或者焦虑的人产生重要影响。

想象你正在承受我迄今为止所谈论的那7个抑郁或者焦虑的因素中的某些因素的折磨，这个过程一旦开始，就会让你的大脑中发生一定变化，然后，这些变化会获得一定的动力，从而加深外界对你的影响。

马克对我说："想象你的婚姻刚刚破裂，你丢了工作，你的母亲又得了中风，这些事情简直让你无法承受。很长一段时间，你都会感到那种剧烈的痛苦，然后，你的大脑会做出决定：从现在开始，你要在这种绝望的状态中苦苦挣扎——因此，它就可能删减那些与快乐和欢愉相关联的突触，增加那些与恐惧和绝望相关联的突触。你开始觉得你被紧紧地困在了这种绝望或者焦虑的状态中，哪怕是在痛苦的根源慢慢消失之后，这种感觉仍然不会消散，其中的一个原因就是这个。约翰·卡乔波——那个和我交谈过的、研究孤独和大脑变化之间的关系的科学家——如果我没记错的话，他把这个称为'雪球'效应。"

因此，马克说，尽管"这些问题都出自大脑内部"这种说法是错误的，但"来自大脑内部的反应不能让这些问题变得更加严重"这种看法同样不正确。大脑内部的反应能够让这些问题变得更加严重。生活中出了问题，让你变得痛苦不堪，这种状况能够激发大脑内部反应，而且这种反应非常强烈，以至于大脑总是愿意在那里（痛苦的反应）多待一会儿，直到某种东西把它驱赶出那个角落，进入一个更加灵活的空间。如果这个世界始终让你感到极度痛苦，由于"雪球"效应，你当然就会长久地被困在那种状态中。

马克认为，如果你对抑郁症患者说，他们的问题完全出在大脑上，这就好比给了他们一张错误的地图，对弄清他们的病源、让他们恢复健康没有任何帮助。实际上，你这么做还有可能会让他们陷入永久的抑郁状态，永远无法逃脱出来。[6]

～

约翰·肯尼迪在其第一次，也是唯一一次总统就职典礼上说过一句很有名的话："不要问你的国家能为你做什么，要问你能为你的国家做什么。"马克告诉我，要想用一种比我们最近这几十年学到的更真实的方式理解抑郁的根源以及它和大脑之间的关系，就要好好听听心理学家威廉·梅斯数年前根据约翰·肯尼迪总统的名言改编的这句话："不要问你的大脑里有什么，要问你的大脑是由什么构成的。"[7]

～

还有一个很多人听过的抑郁和焦虑的生理因素。

我出生前后，我母亲有很长一段时间处于极度抑郁状态。我的祖母和外祖母都得过抑郁症，虽然在那个时候还没有人用过这个词。因此，这些年我一直在服用抗抑郁的药物，也在思考抑郁和除脑部功能障碍之外的其他因素之间的关系，我最后断定，我的抑郁是遗传的。我有时会把抑郁看作我失散多年的一个同胞兄弟。随着时间的流逝，我也经常听到别人说这种话。我的一位朋友有很长一段时间总想到自杀，我曾与他彻夜长谈，试图把生命的意义和活着的理由告诉他，我记得他说过这样一句话："我生来就是抑郁的。"

因此，我想弄明白的是抑郁和遗传（基因）有多大关系。我在做此项调查研究时得知，科学家尚未明确辨识出与抑郁或者焦虑有关联的一类基因或者一系列的基因。但我们知道，基因的影响力不容小觑，并且有一个很简单的办法可以测试这一点。

找几对长得很像的双胞胎，再找几对长得不像的双胞胎，把他们进行对比。[8]这些双胞胎在基因上都是相似的，但长得很像的双胞胎在基因上要相似得多，他们源自同一个分成两半的受精卵。因此，与长得不像的双胞胎对比，如果你发现长得很像的双胞胎，比如说红发、肥胖或者干什么事情容易上瘾的概率要大，你就会知道基因在这里面起着更大的作用。科学家认为，通过观察这种差异的程度，就能大体弄清楚上述疾病与基因之间存在多大的关系。

这个办法同样适用于对抑郁和焦虑的判断。[9]根据美国全国卫生研究所搞的一项针对双胞胎的调查研究，科学家发现，就抑郁来说，37%的因素源于遗传，就极度焦虑来说，30%~40%的因素源自遗传。对比一下，你能长多高，90%的因素源自遗传[10]，你是否会说英语，遗传因素则为0。因此，研究基因与抑郁和焦虑之间的关系的科学家们认为，基因有一定作用，但对很多情况来说，它的作用并不大。

一个名叫阿夫沙洛姆·卡斯比的遗传学家针对抑郁的遗传性曾带领一组科学家搞过一次最细致的研究。他的团队耗时25年对新西兰的1000多个孩子进行追踪、研究，从刚出生一直研究到成年。他们想弄清楚是哪种基因让你更容易受到抑郁的侵害。

经过数年研究，他们发现了一件让他们感到无比激动的事。他们发现，一种名为"5-HTT"的基因的确与抑郁有关联。

然而这里需要提及一个重要事实。我们生来就有基因遗传的特征，但基因要想活跃起来，得受到外部环境的刺激。基因关闭还是打开取决于你的个人经历。罗伯特·萨博斯基在阐述阿夫沙洛姆的发现时这样说："如果你具有5-HTT基因的显著特征，变抑郁的风险就会大幅度增加，但只有在特定的环境中这种情况才会发生。"研究结果显示，如果你携带这种基因，就更有可能会抑郁，但只有在你经历了某件特别伤心的事或者童年时遭受过特别深重的创伤的情况下才会抑郁。（他们并没有测试我在这里说的抑郁的其他大部分因素，比如孤独，因此我们不知道它们是否也和这种基因有关联）

如果你没有经历过那些惨痛的事情，即便有这种与抑郁相关联的基因，也不会比其他人更容易抑郁。[11]因此，基因会增加你的敏感性，有时增加的幅度还很大，却不是抑郁的根源。

这就是说，如果其他类型的基因也能像 5-HTT 那样活动（它们好像能这么干），就不能将一个人抑郁或者焦虑的根源归咎于他的基因。基因当然会让你变得更容易受到抑郁或者焦虑的侵扰，却不是你的命运的决定因素。一说体重我们就都知道这是怎么回事了。有些人想胖却很难胖起来，大口吃着"巨无霸"却仍然瘦得皮包骨头，但有些人只吃一小盒"士力架"就胖得像节礼日的鲸鱼气球。我们不喜欢那些大口吃着"巨无霸"却仍像猴子一样瘦的家伙，但我们也知道，就算你的基因决定了你比别人更容易发胖，但你还是忍不住吞下很多的食物让自己痛痛快快地胖起来。被困在热带雨林或者沙漠中，一口吃的也没有，这时候不管你的遗传基因是什么样的，你都会瘦下来。

现有证据显示，抑郁与焦虑和这个有点像。基因因素在抑郁和焦虑的发生中的确发挥着一定的作用，但要让其发生还需要来自你的生活环境或者心理状态中的某种刺激。你的基因对抑郁或者焦虑发生有一定的促进作用，却无法独自完成这个任务。

❧

随着我研究得越来越深入，我意识到不能把"大脑和基因在抑郁或者焦虑的发生中所起的作用"这些问题就这么扔在那里。

过去，人们总认为——正如我此前解释的那样——有些抑郁是个人遭遇导致的，还有一种，纯粹由大脑功能障碍所致。前一种叫"反应性抑郁症"，后一种叫"内源性抑郁症"。

因此，我想知道的是，有没有这样的抑郁症患者，其病症正如我的医生对我解释的那样，完全是由大脑神经网络出了问题或者某些其他的天生缺陷所导致的？如果有，这种情况普遍不普遍？

我能找到的唯一正确的这类科学研究——正如我此前提到的——就是乔治·布朗和蒂丽尔·哈里斯这两位科学家深入南伦敦探访诸多女性，首次研究抑郁的社会根源。他们探访因身患反应性抑郁症住院治疗的病人，并把她们与那些被诊断为身患内源性抑郁症的患者做对比。结果显示，她们的生活环境都是一样的，她们都经历过很多不顺心的事，这才导致了抑郁。基于所掌握的证据，他们当时认为这种区分没有任何意义。

但这并不是说内源性抑郁症就不存在，只是说那个年代的医生水平不够高，看不出其中的分别。据我所知，目前还没有人研究这个问题。因此，我询问很多治疗抑郁症患者的医生是否相信内源性抑郁症这种由大脑功能障碍所导致的抑郁症的存在。每个人的说法都不一样。乔安娜·蒙克利夫教授告诉我，她觉得根本就没有这么回事。戴维·黑利医生对我说："这类抑郁症患者人数不多，在100个抑郁症患者当中，只有1个内源性抑郁症患者，甚至更少。"扫罗·马蒙特医生对我说，在找他来看病的抑郁症患者中，每20人当中就有1人属于此类患者。

但每个人都认为，这类抑郁症患者人数不多。这就是说，把所有的抑郁症患者统统诊断为生理上出了问题不是一个明智的做法，其中的原因我稍后会提到。

我又要问了，那些躁狂与抑郁交替出现的抑郁症患者该怎么说？好像这类患者更多的是生理上出了问题。乔安娜·蒙克利夫教授表示，这种解释好像是正确的，但也不可说得太过。这类抑郁症患者人数同样不多，对于这类患者，她说："我认为他们在生理上的确存在一些问题。躁狂状态出现之前的抑郁状态有点像吞服了太多的安非他命，兴奋感暂时消失，整个人暂时安定下来。但是，我们不应该让这个误导我们。就算这类患者生理上的确存在问题，也不能说明其抑郁就是这个造成的，因为数项研究发现，抑郁和焦虑的社会因素仍会影响他们的抑郁程度和发病频率[12]。"

我们还知道一些其他的情况，生理上的变化会让一个人更容易受到抑郁的侵扰。比如说，传染性单核细胞增多症、甲状腺功能低下症这类疾病的确会让一个人更容易变抑郁。

否定抑郁和焦虑的生理因素是愚蠢的（或许还有我们尚未发现的其他生理因素），但认为它们是唯一的致病源同样愚蠢。

～

但我们为什么非要认为一个人抑郁或者焦虑是因为大脑或者基因出了问题呢？针对这种情况，我采访了很多人，发现了4个主要原因，其中两个是可以理解的，两个是不可原谅的。

读这本书的人都认识这样的一类人：什么都不缺，没有任何不快乐的理由，然而，有一天他（她）突然变抑郁或者焦虑了。这种事让人百思不得其解，某个在你看来拥有一切快乐起来的理由的人却突然陷入了绝望状态。我认识很多这样的人。在这里举个例子：我有一位朋友，比我大不少，有一位美貌的妻子，一栋漂亮的公寓，钱很多，还有一辆闪亮的红色跑车。一天，他开始变得极度沮丧，短短几个月后，就恳求他的妻子杀死他。像他这种情况好像是生理上出了一些问题。除此之外，还有别的解释吗？

我开始用不同的方式思索他以及很多像他一样的人的情况，但我的思考方式的改变源于我偶然读到的 20 世纪 60 年代的一些著名女权主义者的作品 [13]，我好像从中领悟到了什么。

想象现代女权主义到来之前一位 20 世纪 50 年代的家庭主妇的生活情景。她到医生那里说自己出了严重问题。她说："我拥有每个女人想要的一切。我有一个养我的好丈夫。我有一栋带有尖桩篱栅的漂亮的房子。我有两个健健康康的孩子。我还有一辆汽车。我没有理由不高兴啊。可是看看我——我感觉糟透了。我的心肯定崩溃了。求你了，能给我开一点安定吗？"

女权主义经典小说大多就是这样描写女性的。有数百万女性说过类似的话。这些女性说的可都是真心话，她们是真诚的。然而，如果我们能坐着时间机器回到过去和这些女性交谈，我们可能会说：按照当代文化的标准你是什么都不缺，按照当代文化的标准你确实没有任何不快乐的理由。但我们现在知道，这些文化的标准是错误的。女人需要的不只是房子、汽车、丈夫和孩子。她们需要有品质的生活、有意义的工作和个人自由。

你没有崩溃。文化崩溃了。

我想，如果那个年代的文化标准是错误的，当代社会的文化标准同样有问题。按照当代社会的文化标准，你可以拥有一个人所需要的一切，但这些标准会误导一个人想要过一种美好的，甚至是可以忍受的生活真正需要的东西。当代文化能够通过我们所获知的那些垃圾价值观，描绘出一个人想要获得快乐所"需要"的东西，但这些东西并不是你真正想要的 [14]。

我又想起了我那个突然陷入绝望状态的老朋友。他说，他觉得没人需要他，或者没有人会对一个像他这样的老头子感兴趣。他说，从现在起，他就要过一种没人理睬的生活，这种生活让他丢脸，让他无法忍受。我本以为是他的脑子出了毛病，但我现在意识到，其实我是不想看到我们的当代文化是怎么对待他的。我就像一位

20 世纪 50 年代的医生，告诉一位女性她不快乐的唯一理由——没有工作、没有创造性、无法掌控自己的生活——就是她的大脑或者神经出了问题。

～

我们总认为这些问题是由大脑功能障碍所致的第二个原因说起来要复杂、深奥一些。长久以来，总有人认为，抑郁或者焦虑的人的痛苦不是真实的，只是因为懒惰、虚弱或者自我放纵才让他们变成这个样子。这样的话我听过很多次。英国右翼学者凯蒂·霍普金斯曾表示[15]："抑郁是自恋的最终通行证。人们应该冷静地看待这个问题。这些人出去跑一圈就没事了，痛苦也会随之消失。"

这纯粹是在胡说八道，我们抵制此种歪理邪说的办法就是承认抑郁是一种病。你威胁一个癌症患者，说你要是不振作起来就怎样怎样，你这么做简直没人性，同样的道理，你让一个抑郁症或者极度焦虑患者打起精神来，也是一种残忍的做法。摆脱羞辱的办法就是耐心地和对方解释，抑郁就像糖尿病和癌症，也是一种身体上的疾病。

因此，我就有些担心，如果我向人们出示抑郁并不是由大脑或者身体上的问题所导致的证据，就会重新打开遭受他人嘲讽的这道大门。嘻嘻！瞧见了吧！连你也承认抑郁不是癌症那样的病，那你就打起精神来吧。

我们一直认为，让人们摆脱对抑郁症患者的偏见的唯一办法就是耐心地和他们解释，这种病是生理上的病，完全是生理因素造成。因此，基于这个动机，我们就很笨拙地找到了一些生理上的证据，拿给那些嘲笑者看，借此反驳他们。

这个问题让我困惑了好几个月。一天，我和神经系统科学家马克·刘易斯聊天时，他问我为什么觉得告诉人们某个事物是一种疾病就能减少人们对它的嘲讽与偏见。每个人从一开始就知道，艾滋病是一种病，可艾滋病患者还是承受着和以前一样多的侮辱。"艾滋病患者仍在承受着不公平的对待，很不公平的对待。"他说，"麻风是一种病，没人怀疑这一点，麻风患者数千年来一直在受迫害。"

我以前从来没想过这件事，这件事让我困惑。说某个事物是一种病真的能洗刷它所承受的侮辱吗？然后，我发现，在 1997 年，阿拉巴马州奥本大学的一个研究组还真的研究过这个问题。组长是一位教授，叫希拉·梅塔（我后来采访过她）。他们做了一个实验，想弄清楚说某个事物是一种病能让人们对患病者友好一些还是残酷一些。

如果你参与这个实验，就会被带到一间屋子里，他们会向你解释，这是一个小实验，目的是看看人们是如何接受新信息的，还会让你稍等片刻，他们去做准备。你正在等的时候，旁边会有一个人和你聊天。

你并不知道旁边这个和你聊天的人其实是个演员。他会提到他有精神病，还会说两件事，他要么说他的病是因为生理上出了某些问题，要么说他的病是因为他的某个经历，比如说童年遭受过虐待。

然后，你被带进另外一间屋子，他们会告诉你实验开始了。

他们教给你如何用一种复杂的办法按动按钮，你要做的就是把这个办法教给这个实验中的另外一个人——那个和你聊天的演员。工作人员告诉你，他们想弄清楚的就是看看人们学这些东西的速度有多快。在此着重指出一点：其他人按错按钮时，你就要按一下这个红色的大按钮——电击他一下。电击不会致残、致死，却会让他感到疼痛。

那个演员按错按钮，你就要对他施与一连串的强度不大的电击。其实，他只是假装受了电击——但你并不知道这一点。你只知道对他造成了伤害。

希拉和其他的工作人员想知道的是：根据那个演员所描述的他患病的两个不同原因，他所受到的电击的次数和强度是否有区别？[16]

结果显示，如果你认为他们患病的原因是生理上出了问题而不是个人的某种遭遇，你就会更多地伤害他们。认为抑郁是一种病，没有减少而是增加了人们对患病者的恶意。

这个实验，正如我所获知的很多其他的实验，也暗示出了某种东西。长期以来，我们对抑郁的看法只有两种。要么是道德败坏——软弱的象征——要么是大脑出了毛病。但这两种看法对根除抑郁或者消除人们对它的偏见均未发挥一丁点的作用。但据我所知，还存在第三种看法——认为抑郁是对生活方式的一种反应。

马克说，这种看法要好得多，因为，如果抑郁是一种生理疾病，你想从别人那里得到的最多就是同情——对他们宽厚、友善待你的一种渴望，因为你和别人不同嘛。但是，如果你认为抑郁是对生活方式的一种反应，你就会得到某种更加充盈的东西：共鸣，因为这种事每个人都会遇到。这不是什么怪事，这是一种很常见的人类脆弱的根源。

事实证明马克说的是对的——用这种方式看待抑郁会让人们不再那么残酷地对待他们自己，也会让他们不再那么残酷地对待别人。

〰

奇怪的是，在某种意义上说，我知道的这些都不是什么新知识，不该引起争议。我前面说过，精神病学家行医时都懂得某种叫作"生理 - 心理 - 社会模式"的东西。[17] 他们都知道抑郁或者焦虑的发生有三种原因：生理的、心理的和社会的[18]。然而，在我认识的每一位抑郁症或者极度焦虑症患者当中，他们的医生从来没有跟他们说过这种事，只给他们开过一些治疗大脑疾病的药物。

我想弄明白这是怎么回事，便去蒙特利尔拜访莫吉尔大学社会精神病系主任劳伦斯·基尔迈尔，他对我的这些问题进行过最为细致的思考与研究。

"精神病的治疗方式变了[19]，"他说，然后向我解释了医生认为抑郁是由大脑疾病和基因造成的两个主要原因。"精神病的治疗经历了一次简化的过程。医生们总说治疗抑郁要遵循这个所谓的'生理 - 心理 - 社会'方法，但只是说说而已，并不真的这么做，主流的治疗方法早已变得非常生物化了。"他皱皱眉头继续说，"这很成问题。结果就是，我们对抑郁的看法过于简单化，不再关注社会因素……但在某种更深的意义上说，我认为（这种做法）根本没有考虑基本的人类进程。"

造成这种状况的一个原因是：把那么多的人身患抑郁症这个事实归结为社会体制问题会在政治上遭遇极大的挑战。[20]"这和我们的新自由资本主义的理念相契合，"劳伦斯对我这样说，"好的，我们会更高效地为你治病，但你不要问任何问题……因为这会让一切变得不再稳定。"

他认为他的这种想法能够很好地解释另外一个主要原因。"精神病怎么治疗，主要是医药公司说了算，因为这是一单很大的生意，数额高达数百亿美元。他们想赚钱，就把抑郁归为化学问题，对患者们说，服用我们公司生产的化学药品就能治好你的病。结果就是，我们对抑郁有了一种扭曲的看法，相关文化也成了一种畸形的文化，对于精神病的各类研究也让人看不懂了。"

〰

几个月后，一位名叫鲁弗斯·梅的英国心理学家告诉我，对人们说他们的病几乎或者完全由生理问题所致会对他们造成几个不安全的影响。

第一个就是你这么说会让对方有一种无力感，觉得自己脑子坏了，人不够优秀。第二个就是会让我们变得很矛盾、很纠结。我们的脑子里始终在进行一场激烈的战争。一方面，我们觉得自己的脑子或者基因出了问题，整个人变得很抑郁；另一方面，我们的脑子还有几分清醒。这样抑郁和清醒就会争斗起来，我们只希望将对方（抑郁）打倒在地，让它永远服气。

但最坏的影响还不是这个。鲁弗斯说："这种说法会让你觉得你的抑郁没有意义，只是你的生理组织出了问题。但我认为，我们抑郁各有各的原因。"

我意识到，他说的这一点是旧说法和新说法之间的一个最大区别。旧说法告诉我们，我们的抑郁都是不合理的、荒唐的，都是因为脑子里出了毛病。新说法告诉我们，我们的抑郁，不论程度多深，都是合情合理的。

鲁弗斯会对那些向他求助的重度抑郁症患者这样说："你感到抑郁并不是因为你疯了。你没有崩溃。你也没有毛病。"他劝导他的病人时有时会引用东方圣哲吉杜·克里希那穆提的一句名言："衡量一个人是否健康不应以其是否能够很好地适应这个病态的社会为标准。"

我曾耗费一年时间对这件事进行深思，但想弄懂绝非易事。我从不同的视角去研究它，也走过很多的地方，拜访过很多的高人，最后终于悟透。我现在要做的就是赋予我的痛苦以意义。如果有可能，我还可以赋予我们的痛苦以意义。

第三部分

重联，一种不同的抗抑郁药物

14. 奶牛

20 世纪初，南非有个精神病专家，叫德里克·萨默菲尔德，乘船到了柬埔寨的一处乡下地带，那地方的模样就像你读过的那些对于南亚风光的陈腐描述——安静的稻田泛着涟漪沿着远处的地平线蔓延。多数人都是种稻子的，收入勉强够维持生活，数个世纪以来生活方式都是老样子，一点都没有变，然而，那里的人遇到了一个问题。不时有人站在一个土包上，就听一声爆炸的巨响回荡在整片的稻田中。美国人 20 世纪 60 年代、70 年代曾在那里打仗，留下了不少地雷[1]，这么多年过去了，那些未爆的地雷依然埋在那里，到处都是。

德里克去那里是为了研究这种危险对柬埔寨当地居民的精神健康有何影响。（我为写这本书搞调研时也去了那里）凑巧的是，他到那里不久前，抗抑郁药第一次开始在柬埔寨市场上出现，但医药公司卖这种药时碰到了一个问题。英语中的"抗抑郁药"这个词不知道怎么翻译成高棉语。这个问题可难倒了医药公司的人。

德里克耐心地和他们解释。他说抑郁是一种无法摆脱的很悲伤的感觉。柬埔寨人好好想了想说："嗯，没错，我们这里是有这种人。"他们随后举了个例子：有一个农夫，左腿不小心被地雷炸掉了，去医生那里寻求帮助，医生给他换上了一条假肢，他却总感觉不舒服。他对未来充满迷茫和担忧，不时心生绝望。

然后，他们对德里克解释，他们并不需要这种新奇的药物，因为柬埔寨早就有了医治这类人的抗抑郁药。德里克一听就迷惑了，赶紧问他们这是怎么回事。

他们知道了这个农夫对生活失去了希望，便同医生一起开导他，聊他的生活，聊他的烦心事。他们知道，就算有了这条假腿，他以前的工作——在稻田里干活——对他来说也难以应付，他总感到绝望，身体上也承受着巨大的疼痛，他不想活了，想就此了断一生。

因此，他们想出了一个主意。他们觉得他养奶牛肯定行，养牛奶不用走太多的路，也能让他分分心，不再想过去的伤心事。他们就给他买了一头奶牛。

日子一天天过去了，他的生活发生了改变。他的抑郁，原本很严重，这时也完全消失了。"明白了吧，医生，奶牛就是止痛药，就是抗抑郁药。"他们对德里克这么说。对他们来说，抗抑郁药不是要改变大脑中的某种化学物质，你如果对他们说，吃药和治疗脑子里的病有关，他们会觉得好奇怪。正是邻里之间的关怀改变了这个抑郁的农夫的生活。

他想了想这件事，觉得有道理，他当初在伦敦的一家著名医院行医时就遇到了这样的事。他想起了诊治过的病人 [2]，在喝啤酒时对我这样说："我区别对待他们，是因为我和他们谈到了他们的个人经历以及社会环境，而不是他们的大脑出了什么问题。"

在化学抗抑郁药物随处可见的西方国家，人们会觉得这种看法好奇怪。医生和专家早就跟我们说过，抑郁是因为大脑中的某种化学物质含量不足所致，你用一头奶牛来治病岂不是天大的笑话！但真的有这样的事。那个柬埔寨农民不就是用奶牛治好的病吗？他的社会环境变了，整个人的心情也变好了，最后成功摆脱了抑郁的困扰。这个办法不单单对他一个人有效——他们没对他说他的病出在脑子里，没和他说赶紧振作精神加油干，也没对他说赶紧吃药吧。这个办法对很多人都有效。他单凭个人的力量永远也买不起那样的一头奶牛，这个办法不是他想出来的，因为他当时心灰意冷，连死的心都有了，况且他根本没有钱买奶牛。然而，这个办法解决了他的问题，把他的绝望驱赶得不见了踪影。

我去东南亚和类似的人碰面攀谈时，以及在我和德里克那番长谈之后，我开始第一次问自己这样一个问题：如果我们对抗抑郁药物的理解一直都是错误的会怎样？我们总把抗抑郁药物看作每天服用一次（甚至多次）的小药片。但是，如果我们开始把抗抑郁药物看作某种很不同的东西会怎样？如果我们改变现有的生活方式（明确的、有目的性的、以证据为基础的生活方式），把新的生活方式也视为一种抗抑郁药物会怎样？

如果我们现在需要做的拓宽了我们对抗抑郁药物的认识会怎样？

此后不久，我便和心理学家露西·约翰斯通医生讨论了我所获知的一切，她说我讲的很有道理。她又对我说："然而，现在我必须回答一个不同的问题：如果你去看你的医生，他却用'失联的'方式为你进行诊治，结果会有怎样的不同？在此之后又会发生什么样的事？"

❦

我们对这个问题的看法是错的，解决的办法自然就不对了。如果是脑子里的问题，我们就该在脑子里面寻找答案。如果是生活中的问题，我们就该去生活中找答案。我想知道的是我该从何处着手解决这个问题？

我很清楚，如果说失联是抑郁和焦虑的主要驱动因素，我们就该找到重新连接的方式。因此，我跋涉数千英里，采访了每一个可能理解这一点的人。

我很快发现，对这个问题的研究甚至少于对抑郁和焦虑的原因的研究。你能够把对抑郁症患者脑部变化的众多研究项目塞满飞机修理厂。你也能够把对抑郁症和焦虑症的社会因素的研究项目塞满一架飞机。但你只能把对重联的研究项目塞满一架玩具飞机。

然而，我及时发现了重联的 7 种方法，并且事实证明，它们能够治疗抑郁和焦虑。我开始将它们视为与迄今为止我们服用的化学抗抑郁药物刚好相对的社会的或者说是心理上的抗抑郁药物。如今，回头看我发现的这 7 种办法，我意识到了两件事：一件是它们看似微不足道，另一件是它们却有着不可限量的重大意义。

从某种意义上说，这 7 种重联的方法只是试验性的第一步，因为它们是建立在我早期的、临时性的研究之上的。在此，我想强调一点，我们对它们的研究还处于初级阶段，尽管事实证明它们能够治疗抑郁和焦虑，却仍是一个初步的结果，就算我们把它们都应用于实践，我们要做的还有很多。但我认为，如果我们能够认真细致地看待它们、研究它们，说不定在我们的探索旅程中就能看到另外一条光明的路。它们代表的不是哪个计划。它们代表的是罗盘上的指针。

然而，从另外一种意义上讲，它们又代表了勇敢与无畏，因为在我们丧失了改变全人类的信心的这个年代，它们需要的是重大的变革——在我们每个人的生活中以及在更广阔的社会中的重大变革。我有时会想，我的胃口是不是太大了？但我深思时意识到，我们现在所需要的这种改变的勇气其实和我没有太大的关系。它揭示的只是这个问题是如此地深重。如果这些改变是重大的，说明这个问题也是重大的。

但问题重大不能就说没有解决的办法。

～

　　我想非常坦诚地对你说我在调查这一切时的真实感受。我戴上记者帽采访别人的时候，总觉得这一切很吸引我，可当我回到旅馆房间，总会有一段困惑的时间在等着我，我在想这一切究竟和我的生活有什么样的关系。我采访过的那些科学家用各自不同的方式告诉我，自从我长大成人后，我对抑郁和焦虑的根源的追寻一直都是错误的。他们说的话刺痛了我的心。于是，我调整心态，想找到我的痛苦的根源，他们说过，这不好找。

　　正是在这种心态中，冬天到来时，我发现自己已在柏林。我不太清楚我为什么会去那里。我有时会想，我们是不是都被某种不可言说的东西吸引到了我们的父母快乐生活过的某个地方。我的父母以前住在西柏林，就住在那堵将整个柏林分成两半的又长又厚的墙的暗影下，我哥哥出生在那里。要么就是因为我的几个朋友几年前出逃纽约和伦敦，移居德国首都，想在那里过一种更加理智的生活。我的一位朋友，叫凯特·麦卡诺顿，总在电话里对我说，柏林这个地方很适合我们这些三十五六岁的人，那里工作不多，生活倒很充实。在她认识的人当中，没有哪个过着朝九晚五的日子。那地方可以让人自由顺畅地呼吸，不像压力锅那样的城市，待在里头压得人喘不过气来。她觉得柏林就像一个永远也不会散的派对，没有驱赶捣乱者的强壮而粗鲁的保安，也不要进场门票。"来吧，待上一阵子。"她说。

　　就这样，我每天早晨都会在柏林米特区一个不知名地方的一栋不知名的公寓，她的女室友养的那只猫的身旁醒过来。我一连数周在城里游荡，漫无目的地和人们聊天。我和那些在这座城市里生活了将近一个世纪的老柏林人聊天，一聊就是几个小时。对一个老柏林人来说，这座城市的重建、毁灭、再次重建都是他亲见过的。一位名叫雷吉娜·许温克的老妇人将我带到她小时候和家人藏身过的地堡，她说她们曾在里面向上帝祈祷希望她们能活下来。[3] 还有一位老妇人曾陪我走过柏林墙下的小路。

　　然后，有一天，有个人和我讲了一个故事，他说柏林有个地方曾改变了他的生活。第二天，我就去了那里。我在那里住了很久，采访了几十个人，在此后的 3 年中，我不时回来看看。

　　我想，正是那个地方教给了我如何开始重联。

15. 这座城市是我们建造的

2011 年夏，在柏林的一个水泥住宅区，有个 63 岁的老妇人，头上裹着头巾，强迫自己从轮椅上站起来，在窗户上贴了一则布告。布告上说，她拖欠了房租，要被赶走，再过一个星期警察就要来了，在警察来之前她要自杀。她没有向别人请求帮助，因为她知道没人会帮她。她只是不想就这么悄无声息地死掉，想让人知道她为什么死。她后来对我说："我感觉自己完了，我感觉死亡正在向我逼近。"

老妇人叫奴日耶·坚吉兹。她几乎不认识她的邻居，她的邻居也几乎不认识她。她住的那个地方叫科蒂社区，就像纽约的布鲁克斯区——中产阶级的父母绝不会让他们的孩子晚上出来闲逛的那种地方。那个社区和我见过的东伦敦，乃至西巴尔的摩的社区很像，很大，又没有什么名气，人们匆匆回到各自的家门口，进屋，用三道锁把门锁得死死的。奴日耶的绝望只是一个信号，只是很多信号中的一个，暗示了这种地方不适合居住。这个社区弥漫着浓重的绝望气氛，人们整日与抗抑郁药物为伴。

没过多久，就有别的住户开始敲奴日耶的房门。他们犹豫不决地靠近她的房门。她还好吗？她需要帮助？她很警惕。"我觉得他们对我的兴趣只会保持那么一小会儿。我觉得他们把我当傻女人看，因为我每天都裹着头巾。"她说。

在奴日耶租住的那栋公寓的过道里以及外面的街上，数年来从各自的身旁匆匆走过的人们开始停住脚步，打量着彼此的脸庞。他们很想知道奴日耶是从什么地方来的。整个柏林的房租都在涨，但出于历史原因，这个社区的房租涨得尤其快。1961 年，柏林墙在一片混乱中造起来了，把整个城市分为两半，墙下面的路都是人们随便走出来的，呈 Z 字形向前延伸，看上去好奇怪，科蒂社区在西柏林，却像一颗牙齿深深地插到了东柏林那边，这就意味着，苏联人一旦发动进攻，充当前线的科蒂社区就会首先遭殃。因此，这个社区的一半楼房都被扒掉了，想在这种破烂的地方住的只有那些受其他的柏林人不待见的穷人：奴日耶这样的土耳其移民工人、住公屋的左翼人士和同性恋者。

当初他们搬进这个半废弃的社区时，土耳其移民工人凭借双手重新建造了科蒂社区，那些住公屋的左翼人士和大量的同性恋者则成功阻止了柏林当地政府把所有的房屋拆掉、修建一条高速公路的企图。他们把这个社区保了下来。

这些人数年来一直用怀疑的眼神打量着对方。他们或许会因贫穷团结在一起，但任务一旦完成就各过各的日子了，从任何一种意义上讲，他们都是一群孤立的点。然后，柏林墙被拆掉了，科蒂社区突然之间变得不再是危险的区域。这里成了政府开发的首选地，就像一天早晨，纽约人醒过来突然发现南布鲁克斯区到了曼哈顿的繁华中心一样。短短两年时间，房租就从最初的 600 欧元涨到了 800 欧元。在这个社区，大多数的住户每月拿出一半多的收入交房租。还有些家庭，每月仅靠 200 欧元的收入勉强活着。很多人被迫搬了出去，离开了这个他们唯一熟知的社区。

因此，奴日耶的布告让人们停住了匆忙的脚步，不是因为他们感兴趣，而是他们和她有着同样的感受。

在让她最终决定把那则布告贴在窗户上的那几个月，社区里形形色色的人们一直在寻求某种办法表达他们的愤怒。那是埃及人民聚集在开罗解放广场闹革命的那一年，随后便在美国爆发了占领华尔街的运动，有个邻居在电视上看到了此起彼伏的人民运动就想到了一个主意。社区旁边有条主路通向市中心，有些邻居便时不时地聚在那里以抗议不断上涨的租金。

他们想，如果我们用椅子和木头把路堵上，把人们从房子里叫出来，包括奴日耶这样的人，统统从各自的公寓里出来，都聚在路上会怎样？让奴日耶坐着她那个轮椅，来到队伍最中间，向政府喊话，如果不让她继续住下去我们就不走，这么做会怎样？

我们会引起公众关注，说不定媒体还能来，说不定奴日耶就不会自杀。

多数人不看好这件事，但为数不多的几个邻居还是找到奴日耶，试图说服她跟他们一起去他们在路上搭建的那个临时帐篷那里。她觉得他们有点疯狂。然而，一天早晨，人们看到她从公寓里出来了，坐着轮椅，到了主干道那里。一位头裹头巾的老妇人，坐着轮椅，堵在大路中间，旁边就是用破东西胡乱搭建的路障，人们看到这一幕会觉得很奇怪。几家当地媒体及时出现，想弄清楚发生了什么事。几个邻居站在摄像机前开始讲述各自的遭遇。他们说生存都快成了问题，害怕被强行安置到郊区，因为那里的人对土耳其移民、左翼人士和同性恋者怀有很大的歧视。有一位土耳其妇女，30 年前被迫离开祖国来到这里，对我这样解释："我们曾失去过一次家园，再不能失去第二次。"

有句土耳其谚语说得好：哭闹的孩子有糖吃。他们说不得已才采用堵路这种抗议的方式，因为他们觉得这是唯一能让人们听到他们心音的方式。

不久以后，警察到了，对他们说：好啦，你们也闹够了，快把这些东西拆掉，回家吧。邻居们说，他们还没有得到政府的保证，可以让奴日耶继续住下去，并且更重要的是，他们想让政府保证租金不再上涨。桑迪·卡尔顿伯恩是阿富汗人，父母都是建筑工人，他这样解释："这座城市是我们建造的。[1] 我们不是社会的垃圾，不是渣滓。我们有权留在这里，因为是我们建造的这个社区。让这座城市变得适于居住的不是那些投资者，而是我们当中的每一个人。"

邻居们怀疑警方晚上就会偷偷过来拆掉他们用来作为路障的椅子和木头，因此他们便想到了一个主意。科蒂社区有一个妇女，叫泰娜·嘉德纳，家里刚好有个扩音器。她便回家把那东西拿来了。她说他们应该制定一个时间表，派专人保护这个抗议地点，警察一来就用这个扩音器喊大家。这样大家就能及时从家里出来和警方对峙。

人们在一张时间表上匆忙写下各自的名字，安排好白天以及晚上换班的时间以保护这个设在路上的抗议地点。你不知道和你搭伴的是谁，都是随便配的，或许和你搭伴的那个人你从未见过。

"我当时觉得我们坚持不到三天。"那天晚上当班的尤莉·哈曼忆起这一切时这样说道。

几乎每个人都是这样想的。

半夜，天气冰冷，奴日耶坐着轮椅守在街上。天这么黑，科蒂社区的人不敢出来。但她说："我当时想我什么也没有，也没有钱，如果有谁想弄死我，就让我死好了，因此没有什么可担心的。"

搭建的那个抗议帐篷好像要散架，人们结伴守夜，搭伴的人都是根据时间表上的名字决定的，很多以前不认识，彼此间也曾怀疑过好长时间，但现在走到了一起。和奴日耶最初搭伴的是个 46 岁的单身母亲，叫泰娜，染着发，胸脯和胳膊上都有文身，德国的冬天这么冷，可她身上还穿着一条超短裙。她俩站在一起可笑得不行，就像一个喜剧二人组，完全是截然相反的两个人，一个是虔诚的土耳其移民，一个是德国女嬉皮士。

她俩待在一起守着那个路障。泰娜本以为对这个社区了解得透透的，如今身在暗处，才看出有很多的不同，周围是那么安静，街灯发出的光又是那么昏暗。

起初，泰娜尴尬地玩手提电脑，但随着夜色变得越来越浓，她们开始结结巴巴地聊起了各自的生活。她们在彼此身上发现了某种相同的东西。她们来科蒂社区时都很年轻，都是跑出来的。

奴日耶在农村长大，做饭要在室外，用的是柴火，因为她的老家很穷，没有电，也没有自来水。她17岁那年结婚，有了孩子。她想让自己的孩子过得好些，便来到科蒂社区，瞒着岁数（多说了几岁）到一家工厂做组装工人。她在工厂做工，挣的钱都存了起来，因为她想把丈夫也接过来。可是，就在她让人去接他的时候，有消息传来说他突然死掉了。奴日耶意识到自己在德国已是孤身一人，年纪还不到20岁，就远离祖国来到德国打工，还要独自养活两个孩子。

她只好卖命工作。她在工厂是倒班，下班后去做保洁，回家睡上几个小时，天不亮就又起来去送报纸。

泰娜说，她第一次来科蒂社区时才14岁，被她妈妈赶出了家门。她说不想在儿童福利院过一辈子，总想去科蒂社区看看，因为她妈妈曾对她说，如果你去科蒂社区就会被人家在背上砍一刀。她觉得这很刺激。她到那里一看，发现那些房子都和二战后的差不多，都是空的，都被毁掉了。因此，她就在柏林墙暗影下的那些破房子里住下了。在那些破房子里住的只有一些像她那样的叛逆女孩和以前就住在那里的土耳其人。

她住在那些破房子里，有时会觉得很恐怖，因为到处都是家具，满满当当的，原来住的人却不知去了哪里。她就想，这里发生过什么事？泰娜和几个朋友就这样在那些废弃的房子里住了下来。"那时候，我们是朋克一族，玩的东西都和政治有关。我们有自己的俱乐部，有自己的乐队。那时候花不了什么钱，我们的乐队又有些名气，能挣一点，至于啤酒和别的饮料，价格也很便宜。"

几年后，她意识到自己怀孕了，住的却是没人要的公屋。"对我来说，这种状况糟糕透了。突然间，只剩下了我和儿子相依为命。周围没有人能帮助我。那是一种很奇怪的状态。"

在这个陌生的地方，泰娜和奴日耶都没有依靠，都是单身母亲。

柏林墙倒塌的那天，泰娜用一辆婴儿车推着自己的儿子在路上走，看到几个东德的朋克乐手从墙上的一个洞里爬了过来。"最近的唱片店在哪里？"他们问她，"我们想买些唱片。"她说："附近就有一个，可我觉得你们的钱不够。"他们问她唱片的价格，她对他们说了，他们马上显露出失落的神情。泰娜那个时候也没什么钱，可还是掏出钱包，把所有的钱都给了他们。"喂，伙计们，"她说，"去吧，去买唱片吧。"

奴日耶听完泰娜的叙述，心中不由得想："这姑娘真疯狂，就像我一样！"她悄悄地对泰娜说，这事她以前从未和别人提过，她那在土耳其的丈夫不是因为心脏病死掉的，他根本就没得什么心脏病，他其实死于肺结核。她不敢对人家明说他的真正死因，觉得这么说很丢人，因为肺结核是一种穷病，没钱的人才会得。她的丈夫常年食不果腹，又没有钱治病，就这样硬撑着，撑了一段日子就死掉了。她穷怕了，这便是她来德国的一个原因，她想这里的医疗条件好得多，等她稳定下来就把他接过来治病，没想到希望落空了，现在说这些都已太迟。

奴日耶和泰娜值前半夜的班，后半夜值班的是一个叫作梅梅特·卡夫拉克的17岁的土耳其裔德国小伙子，身上穿着一条宽松肥大的牛仔裤。他听过很多的嘻哈音乐，学校就要把他开除了。和他搭伴的是一个白人老汉，叫德特勒夫，早就退休了，以前是老师，是个老派的共产党员，他曾怒气冲冲地对梅梅特说："这和我的信念完全相悖。"他指的是这种"改革式的""渐变式的"政治斗争方式，认为这是在瞎扯，他只相信暴力革命，却还是来了。数个夜晚过去了，梅梅特开始聊他上学的问题。没过多久德特勒夫便提议，梅梅特应该把作业带过来，俩人共同探讨。几周过去了，几个月过去了，俩人的友谊发生了很大的改变。"我觉得他就像我的爷爷。"梅梅特后来对我这样说。他的成绩开始提高，学校也不再威胁要开除他了。

～

罩着他们那个小小的值班帐篷的遮阳伞是萨德布洛克赞助的，这是一家同性恋咖啡馆，也是俱乐部，几年前才开的，就在社区正对面。刚开的时候，有些土耳其人怒火中烧，在晚上把店里的玻璃都给打碎了。"我认为那帮该死的不该在我的社区里开什么同性恋咖啡馆。"梅梅特对我这样说。

理查德·斯泰因，就是这家咖啡馆的老板，以前是做护士的，他留着一缕尖尖的小胡子。他对我说，他来科蒂社区那年才20岁出头，老家是农村的，那村子不大，就在科隆附近。他和奴日耶、泰娜一样，也是跑出来的。"你在西德的一个小村子里长大，又是同性恋，不跑不行。没有别的选择。"他当初来西柏林时要走过一条被荷枪实弹的警察包围着的小小的高速公路，因为"西柏林就像共产主义这片广阔海洋中的一座小孤岛。科蒂社区周围都是高墙"。所以他把它视为一座破败群岛中的一座破败的小岛。他对我说，真正的柏林人都是外来的，这才是他眼中真正的柏林。

20世纪90年代初，理查德开了第一家咖啡馆，名字很色情，叫"肛交咖啡馆"。当时他还有一个备选的名字，叫"同性恋猪猡"。他们办过很多的易装性爱派对，柏林墙倒塌以后的那几年，世界上的风流人物齐聚狂野的西柏林，他们的派对一度被认为是世界上最淫荡的、最露骨的。理查德当初开萨德布洛克时，邀请了一些邻居来他的店里喝咖啡、吃小蛋糕，但那些人对这种事保持了警惕，有的还对他怒目而视。

奴日耶他们的抗议刚开始时，理查德和咖啡馆里的一些常客为他们拿来了椅子和遮阳伞，饮料还有食物——一切都是免费的。理查德提议，如果他们愿意，可以随时去他的咖啡馆议事。"有些人对这件事持怀疑态度，"租户马蒂亚斯·克劳森对我说，"因为这里住着很多保守派人士，对同性恋者充满了憎恶。"因此，他们担心人们不会来。

尽管有些犹豫，但第一次聚会时，他们还是来了——头上裹着头巾的老妇人、虔诚的男人和身穿超短裙的白人女郎齐聚在一家同性恋咖啡馆里。每一方的人都在担心，有些同性恋者害怕把这些土耳其抗议者"朝火坑里推"会破坏社区团结，但对于高涨不下的房租的抗议需要好像战胜了这种担忧。"好像每个人都很有勇气。"乌莉·卡尔特伯恩回忆当时的情景时这样说道。

有些左翼人士以前参加过此类抗议活动，头脑更加清醒，马上就发现这些早期的聚会活动中有问题。"我们的语言各不相同。"马蒂亚斯·克劳森告诉我。如果他们说左翼激进主义的那些话，一般人会听不懂，会被搞得一头雾水，茫然不知所措。因此，马蒂亚斯说："我们得找到某种共同的语言……让每个人都能听懂。这迫使我们——迫使我——思考我要说的话，不能说套话，隐晦的话也不能说，否则到头来话是说了，但谁也没听懂，那就麻烦了。"这让他开始倾听他以前从未听过的那些人说的话。

他们在下面这一点上达成共识：房租太高，得降下来。"那一刻，人们就像——我们再也无法忍受现在这种生活了。"一位邻居对我这样说，"我们身在这里。这个社区是我们建造的。我们哪里也不去。"

有些在科蒂社区居住的建筑工人认为，这是一场持久战，得把那个用破椅子和雨伞搭建的抗议帐篷改成一个更坚固的路障。在那里居住的建筑工人给那个帐篷修建了几面墙，又加了个顶。有人从家里拿来一个漂亮的茶炊，烧水、泡茶、给冷饮加热（在土耳其，人们经常这么干），请那些抗议者饮用。他们还给这个帐篷起了个名字，叫"科蒂人民联盟"。以前，曾有几个人找到柏林政府，抱怨房租太高，但那些政客要么对他们爱答不理，要么耸耸肩说没办法。现如今，全市的人都来看这些人的抗议活动，这件事也登上了报纸头版。奴日耶成了一个象征。政客开始现身，承诺调查此事，给人们一个满意的交代。

住在科蒂社区的人们此前一直处于彼此孤立的状态，每个人匆匆地离开家去单位上班，竭力避免与人对视，现在却开始与别人进行目光上的交流。"突然间，你一天天地开始进入一个此前从未进入过的空间，"名叫桑迪的租户对我说，"你必须倾听更多的声音……我们遇到了以前从未遇到过的人。"他发现自己一天晚上正在听两位老人聊天，老人聊到了在土耳其军队中服役时的情景。他以前从未想到他的邻居还有过这样的经历。

奴日耶惊讶于人们对她贴出的那则布告的热烈反应。"不知道为什么，他们好像很喜欢我，"她对我说，"他们总过来和我聊天。"

抗议进行了几个月，他们觉得应该采取进一步的行动，就组织了一场游行示威活动。奴日耶以前从来没干过这种事，想跟在队伍最后面。身着超短裙的泰娜对她说这样绝对不行，她们都要走在前头，带领队伍前行。就这样，游行示威活动开始了。他们走在科蒂社区中，有的敲打坛坛罐罐，有的敲打铁锅，人们对着他们欢呼，给他们鼓劲加油。一户人家在窗户上贴出一则标语，上面写的是：我们会永远留在这里。

众租户开始调查房租上涨的原因。他们发现，数十年前，也就是 20 世纪 70 年代，有一系列奇怪的房产交易达成。那个时候，人们觉得西柏林不适宜居住，纷纷逃离。因此，政府开出诱人的条件，把西德位于前线的这片地以低价卖给开发商，由他们进行开发，居民区建好以后，再由他们收房租。这些年算下来，租户支付的租金总额都是当初开发商盖楼成本的 5 倍多了，但各租户仍在支付越来越高昂的租金。

几个月过去了，他们的抗议活动仍在继续，有时人多些，有时人少些。

一天，在一次聚会时，参与热情最高的乌莉·卡尔特伯恩突然号啕大哭。值了这么长时间的夜班，又参与了那么多的活动，却丝毫改变不了房租上涨的现实。"你看上去疲惫不堪，你看上去是那么沮丧，"另外一位租户说，"我们应该停下来，不该再这样抗议下去了，我们回家吧。你这么憔悴，这么沮丧，再这样干下去不值得。代价这么高，我们必须停下来。"

"我们看着彼此的脸，"乌莉·卡尔特伯恩回忆当时的情景时这样说，"想看看我们还能坚持多久。"

❧

抗议活动持续了 3 个多月，一天，一个 50 岁出头的男子出现在了抗议地点。这人叫滕赛，牙齿快掉光了，只剩下不多的几个，下巴变了形，说话都很困难。他显然流浪一段日子了。他谁都没问就开始清扫那个抗议的地点。扫完了，他又问是否还有别的什么事是他能做的。

滕赛在那里晃荡了几天，修补了一些小东西，从街对面的同性恋咖啡馆打水过来给抗议者喝，后来，那个值夜班的叫梅梅特的喜欢嘻哈乐的小伙子对他说："不行你就留下吧。"在接下来的几周，滕赛和社区里的一些极端保守派人士聊上了，这些人自始至终都离抗议地点远远的。他们给他拿来衣服和吃的，开始在附近出现。

值白班的是土耳其妇女，抗议活动开始前，她们总蜗在家里，孤单单的，连个说话的人都没有，如今滕赛来了，总算有个说话的人了，她们开始喜欢上了他。

"我们永远需要你。"一天，梅梅特对滕赛这样说。随后，他们给他搭了一张床，大家轮流给他送吃的、喝的、用的、穿的，把他照顾得无微不至。不久，街对面那家叫萨德布洛克的同性恋咖啡馆把他叫过去，给了他一份工作。他成了抗议阵营中的重要人物，每当有人士气不振，他就会献上一个热情的拥抱，给对方鼓劲。

游行示威时，他总是打头阵，走在队伍最前头。

后来，有一天，他们正在抗议，警察来了。滕赛向来不喜欢吵架，看到邻居们和警察正吵得不可开交，就走到一个警察跟前，试图给对方一个拥抱，结果被逮捕了。

人们这时候才知道，滕赛好几个月前从一家精神病院逃了出来，他从 20 多岁起就一直被关在里面。警察把他送回了那家精神病院。柏林的精神病患者被关在哪家精神病院是根据姓氏首字母决定的，因此滕赛被送到了城市的另外一头。他被关的那间屋子空荡荡的，连一件家具都没有，有的只是一张床和一扇紧紧闭着的窗户。"窗户总关着，外面就是警卫，总关着。"他对我这样说，"最难受的是孤独，你和一切都隔离开了。"

科蒂社区的人纷纷打听滕赛被关在什么地方。有个上岁数的土耳其妇女走进萨德布洛克，对老板理查德·斯泰因说："他们把滕赛抓走了！我们必须把他救回来。他是我们的人。"

众租户到了警察局，起初警察什么也没对他们说。后来，他们查清了滕赛被关押的地点。30 位租户向警察表示想让滕赛回来，却被告知他必须被关在精神病院。他们说："你们不能把他关着。他不是犯人，不该受到这样的对待。他需要出来和我们在一起。"

游行示威活动转变成了解救滕赛的行动，他们凑成一支请愿队伍，想把他救出来，并不时去精神病院要求和他见面，带他回去。精神病院被铁丝网围着，守备森严，想要进去得接受层层安检，就像登机那样。他们对那些精神病专家说："我们都知道他的为人，我们爱他。"

院长犯难了。"他们以前从来没有遇到过这种事，用抗议的手段要求他们释放某个病人。"桑迪对我说，"我们不屈不挠，我们不相信释放一个病人需要那么多的手续。"乌莉补充道："没有人给过他任何的机会。这是一个典型的例子，很多人这辈子根本得不到任何的机会。"

经过 8 周的抗议，院长同意有条件地释放滕赛。他们必须为他提供一套公寓，还要给他找到一份长久的工作。"每一个认识他的人都知道，他最需要的就是这些东西，"乌莉说，"他需要的是一种归属感，他想融入社区，想证明自己不是个废物，还有用处。那些人却根本看不到这一点。"不过，现在一切都好了。萨德布洛克的老板确定会给他一份长久的工作。还有一位老人在他的电视机烧坏以后决定搬出公寓，滕赛可以在他那里住。然后，整个社区的人都出动了，把房子装修得焕然一新，欢迎他回家。

我和滕赛坐在抗议帐篷中时他对我说："他们给了我那么多，给我衣服和热乎乎的食物，又给了我一个住的地方。当初我在精神病院时，他们请求院长把我放出来，我不知道应该如何回报他们的大恩大德。这一切真是令人难以置信。我很快乐。和乌莉、梅梅特，还有那些站在我身后支持我的人待在一起，我很快乐……在这边住，在街对面的萨德布洛克咖啡馆打工，这就是我现在的生活，我爱这种生活。"

乌莉对我说："他 53 岁了，第一次有了自己的家。"

科蒂社区的很多抗议者也有同样的感受。马蒂亚斯·克劳森还在上学，也住在这个社区，他对我说："我小时候每隔 4 年或者 6 年就要搬一次家，从未感受过家的温馨，但自从我搬到这里，情况就大不一样了，我终于有了家的感觉。我从未想过会认识这么多的邻居，这种感觉很不一样，很棒……我从未和邻居们做过这种事，我想做这种事的人也没几个。"

人们抗议高涨的房租，抗议当局把滕赛关起来，抗议的人群一直在变，今天是你们几个，明天就可能换成他们几个了。同性恋咖啡馆解救滕赛的事给众租户留下了深刻印象。咖啡馆开张那天，梅梅特还感到万分震惊，如今却对我说："我认识了他们以后才知道每个人都可以按照自己的意愿行事。我们从萨德布洛克那里得到了帮助……这件事彻底改变了我。"谈到更大规模的抗议活动时他又说："最让我吃惊的那个人其实是我自己。我知道了自己能做什么，知道了单靠我一个人的力量能做什么。"

有些人会用讥讽的口气说这支抗议队伍不伦不类，里头既有穆斯林，又有同性恋者；既有无所事事、租住公屋的人，又有头上包裹着头巾的妇女。但奴日耶对我说："这不是我的问题！这是那些持有偏见的人的问题！这不是我的问题。我想说的是，如果有人担心裹着头巾的我和穿着超短裙的泰娜站在一起不伦不类，问题并不出在我这边。我倒觉得我们站在一起很般配。如果你觉得这有问题，就去看心理医生吧！我们是朋友。我的家人以及我的经历告诉我，外表并不重要，重要的是内心。"

包容不容易做到，要慢慢来。"每个人都应该按照自己内心的想法行事，只要他们不干涉我、不试着改变我就好。"奴日耶对我说，"如果有一天我的孩子们说他们是同性恋，我不知道会做何反应——我真的不知道。"萨德布洛克决定为土耳其少女足球队提供赞助。她们的父母说把这个同性恋咖啡馆的名字印在女儿们的队服上是迈出了重要的一步。

抗议活动仍在继续，一天，理查德·斯泰因正在咖啡馆里闲坐，一个极其保守的土耳其租户——一个身穿长袍的妇女——为他送来一盒蛋糕。他把盒子打开，在其中的一块蛋糕上看到了她用糖衣为他亲手做的一面小彩虹旗。

虽说人们紧密团结在一起不停抗议，但驱逐租户的行为时有出现。一天，奴日耶遇到了一个和她情况差不多的女人，那女人叫罗兹玛丽，60多岁了，整天和轮椅为伴，因为付不起房租，从柏林的另外一个社区被赶了出来。"她在东德受了不少苦，受尽了当局的折磨，身体也不太好，精神上还有些问题。"奴日耶回忆当时的情景时这样对我说，"她被踢出家门的遭遇深深地触动了我。"因此，奴日耶决定做出更多的行动。她听到哪个地方有驱逐人的事件会第一时间赶到那里——常常和泰娜一起去——用她的大轮椅堵住门口，不让警察进屋。

"我很愤怒，想尽一切办法堵住门。"她说。警察来了，想把她弄走，她就说自己刚刚切除了胆囊（这事是真的）。"这么多人可都看着呢，如果你们碰我一下，发生了什么不测，这对你们可不太好……我不想反抗，也不想骂你们，但你们的做法的确欠妥当。千万不要碰我。"

"你能从他们的脸上看出来，他们万万没有料到我会来这一招，"奴日耶告诉我，"那样的一种抗议行为，一个坐着轮椅的穆斯林妇女一动不动地堵在门口，完全不惧怕他们。他们像傻子一样站在那里，她就那样坐在轮椅上，笑着对他们说：'我就不走。'"

但罗兹玛丽还是被赶出来了。两天后，在一个冰冷的没有人情味的救助站，她因心脏病死掉了。

在这之后没过多久，奴日耶本人也被赶出了公寓。大家疯了似的四处为她找房子，找了好久才在不远处的一个社区找到了一套。

因此，人们加快了行动。他们举行了更多的抗议活动。他们和当局进行更多的争论。他们举行了更多的游行示威活动。他们吸引了更多媒体的注意。他们更深入地调查开发商的财务问题——结果发现，连市政官员都不理解多年前签订的那些荒唐可笑的合同[2]。

他们的抗议行为持续了一年，然后，有一天，消息传开了。鉴于科蒂社区的租户给执政当局造成的压力，政府决定他们的租金不变，又做出保证，以后租金也不会涨。这种事在柏林的其他社区从未发生过，却在这里发生了。这是他们积极行动的直接结果。

每个人都很兴奋，然而，当我和这些人聊天时，他们告诉我，他们已不再将这次的抗议行为单单看作抗议租金的上涨。一位名叫内瑞曼·藤瑟尔的土耳其裔德国妇女对我说，她从这次事件中得到了某种比低廉的租金重要得多的东西——让她意识到她的周围竟住着那么多美丽的人。她们一直住在那里，彼此间却不得见面。现在情况不同了，她们都在这里了。当初，她们在土耳其住的时候，将整个村子看作"家"。来德国后，家的概念变成了由光秃秃的四面墙围着的那个空间，那是一种皱皱巴巴的、被压缩了的家的感觉。然而，当这些抗议行为突然发生时，她们以前的那种家的感觉再次膨胀、扩大了，这种感觉弥漫在整个社区中间，并感染了社区中的每一个人。

正如内瑞曼对我说的，我在想，按照科蒂社区众抗议者的标准，我们当中有多少人处于无家可归的状态。如果我们有一天被赶出家门，或者被强行驱赶到精神病院，会有多少人站在我们身后支持我们、保护我们？"这便是这次抗议行为的主旨，我们互相扶持，互相照顾，抛弃了个人利益。"其中一位抗议者对我这样说，"我们相互照顾，我们的力量变得越来越大。"

我和梅梅特一边喝茶一边聊天，他告诉我，如果没有这次抗议行为，学校早就把他开除了。他说他从中获得了一点感悟，"这里有某种东西是你可以依靠的，我们团结在一起，力量会变得很强大……我很高兴，能够认识这么多美丽的人。"泰娜对我是这样说的："我们从中受益匪浅，我能从另外一个人的眼睛里看到某种东西，那是一种新的意义……我们像一个大家庭。"

另外一位抗议者桑迪告诉我，这次抗议行为表明下面这个看法多么奇怪：我们都应该彼此孤立存在，关注彼此那些不值一提的小事，打开彼此的小电视机看节目，自娱自乐，忽视周围每个人的存在。"这是一种常态，"他说，"我们认为只关注个人的事情是一种非常正常的行为。"

我有时会觉得科蒂社区的那些抗议者会把我看作疯子，因为我总是不时出现在那里，和他们坐在一起，倾听他们的故事，听他们说到动情处，有时还会哭鼻子。

抗议之前，桑迪注意到很多人都很抑郁。"他们没有勇气，总是习惯性地退缩……极度抑郁。以药为食……他们因为这些问题都得了病，身体都不太好。"奴日耶当初抑郁得想自杀。"然而，抗议活动开始后，他们再次对政治产生了极大的兴趣。"桑迪用温和的口气说，"对我们来说这就像一剂良药。"

其中的一位抗议者乌莉告诉我，在科蒂社区，他们总让自己"公开化"。她当初这么说的时候，我还在想，虽说她英语很好，但这个词从她嘴里说出来的确有些不恰当、不准确。让自己"公开化"，这是一种什么样的说法？英语中有这种说法吗？是不是她说错了？但后来，我反复思考她的话，发现她用的这个词的确能够完美地概述他们的行为。他们不再只关心个人琐事，他们不再孤立。他们让自己公开化了。他们通过这种方式，通过投身于某种比他们的私人琐事更宏大的事业，找到了一种释放自身痛苦的办法。

距奴日耶当初在窗户上贴出求救布告已经过去两年了，我再次去那里时，发现科蒂社区的人和柏林的其他激进主义分子已结成联盟，准备发动更大规模的抗争。在德国首都，每一个普通人都有权发起公民复决，但前提是你得在街上收集到足够多的签名，并且签名的这些人是自愿这么做的。因此，我在科蒂社区遇到的那些人纷纷出动，来到柏林的大街小巷，号召人们为一项能够让他们享受低廉房租的公民复决签名。他们的公民复决计划包括很多的改革措施——更多的补贴，选出合适的人组成董事会以控制住房机构，还要确保住房机构用众租户交上去的房租为收入微薄的廉租房住户提供补贴，并且不能再让他们驱赶贫困租户。

他们为这项公民复决收集到了柏林漫长历史上最多的签名。柏林立法机构的工作人员被这场声势浩大的激进主义运动搞得惊慌失措，便主动接近科蒂社区的众租户以及组织这项公民复决的其他激进派领袖，同意坐下来和他们好好谈谈。他们说，如果你们撤销这项公民复决，我们就满足你们的大部分要求。如果你们不这么做，在你们赢了之后，我们会到欧洲法庭上去讨说法，说你们违反竞争法规，这样的话，官司会打很多年。

他们承诺制定一系列的改革措施。比如说，如果你生活贫苦，付不起房租，每月就会得到150欧元的补贴，这样的一笔钱对一个穷困家庭来说算是非常可观了。

另外，不到万不得已，绝不再驱赶租户。还有，从今以后，各房屋租赁公司管理层要选举租户代表进入董事会。"这不是我们想要的，"玛蒂对我说，"但我们得到了很多东西，这一点是毫无疑问的。"

我在科蒂社区驻留的最后一天，坐在萨德布洛克咖啡馆外面和泰娜聊天，我在这个故事中提到的很多人物在我周围晃荡，泰娜在阳光的照耀下一根接一根地快乐地吸着香烟。街心那个抗议的地点永远留在那里了，再也不会被拆掉。有些土耳其妇女在品尝咖啡，有些孩子围着她们踢足球。

泰娜吸着香烟，快活地对我说："在现在历史上，如果你过得很惨，神情落寞，你会觉得这完全是你自己的错，因为你没有成功，你没有找到一份薪水丰厚的工作。这完全是你的错。你是一位不称职的父亲。然后，突然间，当我们来到街上，很多人意识到——喂，我也是这样！我也过得这么惨！我还以为就我一个人把日子过成这样呢……很多人也是这么对我说的——我曾感到那么迷惘、那么失落，但现在一切都好了……我成了一个斗士。我感觉很棒。你从蜷缩的角落里走了出来，你开始战斗。"

她把头歪向一旁，将一股烟雾喷到空气中。"这件事改变了你，"她说，"然后你感觉浑身有了力量。"

16. 重联 1：与他人重联

在大多数的西方国家，像奴日耶这种情况，肯定会被别人认为脑子有毛病。科蒂社区其他的人也会遭受同样的不公平对待。如果他们去看医生，医生会给他们开一点药，回到家，吃完药，在小小的公寓里一待，等着执法部门把他们一脚踢出去，赶到大街上，任凭他们自生自灭。我能深深地感受到科蒂社区的那些人很不一般。他们让我懂得了一件事：如果人们能够理解彼此的难处和感受，先前看似无法解决的事情突然间就有了解决的办法。当初奴日耶可是想要自杀的，滕赛可是被关在一所精神病院的，梅梅特可是要被逐出学校的。是什么解决了他们的问题？在我看来正是那些和他们站到一起、愿意和他们同路而行的人帮助他们找到了解决自身问题的办法。他们用不着吃药，他们只需团结在一起。

但这一切只是一种印象。因此我开始问自己两个问题：除了我上一章中说到的那个故事中的人物，一个人生活中的这种变化（由孤立到团结）是否真的能够降低抑郁或者焦虑的程度？还有，科蒂社区众租户因抗议租金上涨走到一起从而解决了各自的问题这件事是否具有普遍性？这种成功的经验是否能够复制？

关于这个问题，有人专门搞了一项研究，研究报告我看过了，于是我奔赴加州的伯克利，去拜访一位名叫布莱特·福特的女性社会科学家，她正是这次研究的参与者之一，人品出众，且业务能力十分强悍。我们约好在伯克利市中心的一家咖啡馆见面，这家咖啡馆在外人眼中是著名的左翼分子据点，但在赴约途中，我看到路旁蜷缩着很多无家可归的可怜人，个个在乞讨，他们正是所谓的"社会的弃物"。我赶到那里时，发现布莱特正疯狂地敲打着手提电脑的键盘。她对我说正在写简历，准备找工作。几年前，她和同事玛雅·泰米尔、艾丽丝·茅斯（俩人都是教授）开始搞一项研究，追问一个最基本的问题。

她们想知道，有意识地让自己快乐起来是否真的有效？[1] 比如说，如果你今天发誓：从今天开始我要做一个快乐的人，那么从现在开始算，接下来的一周或者一年，你是否真的会快乐些？这个团队深入 4 个地区研究这个问题，分别是美国、俄罗斯、日本以及中国。他们研究了数千人，在这些人当中，有的决定刻意追求快乐，有的则不然。

研究结果出来了，她们一比对，发现了某种意料之外的东西：如果你住在美国，刻意追求快乐并不会真的让你变快乐。她们想弄明白这到底是怎么回事。

社会科学家早就知道下面这个事实，粗略来说，就是西方人的价值观和大多数东方人的价值观不一样。有很多的小实验可以证明这一点。比如说，你找来一帮西方朋友，给他们看一张照片，照片上是一个人正在对着一群人发表演讲。你让他们说说都看到了什么。然后，你找来一群中国游客，也把这张照片给他们看，问他们看到了什么。西方人首先会很详细地描述站在人群跟前的那个演讲者，再描述那群听众。东方人的做法刚好相反：先描述那群听众，再描述那个站在前面的演讲者。[2]

或者拍一张这样的照片：一群面色忧伤的小姑娘丛中站着一个笑容灿烂的小姑娘。把这张照片拿给一群孩子看，问他们那个站在中间的小姑娘看起来是快乐还是悲伤。西方的孩子会说她很快乐，东方的孩子则会说她不快乐。为什么会有这种差异？因为西方的孩子离开群体生活没有任何问题，而东方的孩子则会想当然地认为，如果一个孩子被一群忧伤的孩子包围着，她自然也是忧伤的。

也就是说，西方人是用很个体化的视角看待生活本身的，而东方人大多是用群体性的视角看待生活本身的。

随着布莱特和她的同事研究得越加深入，这一点好像为她们发现的那种差别提供了最好的解释。你决定在美国或者英国追求幸福，你这么做只是为了你自己，你觉得本来就该这样。你做的和我多数时候做的一模一样：只为了满足个人物欲工作，只为个人积累成绩，只为自己活着。如果你在俄罗斯、日本或者中国有意识地追求幸福，你做的事情就很不同了。你正在做的是为了群体、为了你身旁的人谋福利，这就是你对幸福的认知，你觉得这是一种十分正常的事。对于什么是幸福、什么是快乐，东西方人有着完全相异的看法。基于我上面描述的那些理由，西方人在面对抑郁和焦虑时，通常找不到有效的解决办法，但具有群体意识的东方人往往能够找到。

"你越觉得快乐是一件群体性（社会性）的事就会越快乐。"布莱特在总结她的发现以及其他大量社会科学研究成果时对我这样说。

就在布莱特对我详细讲述她的这次科学研究时，我弄明白了自己在科蒂社区看到的那些事。他们的个体化的生活观（关起门来过日子，只为满足自己的物欲而活）变成了群体性的生活观（我们是一个整体，我们彼此相连）。在西方，一说到自我，通常指的是个人或者家庭，这就增加了我们所承受的痛苦，降低了我们的幸福程度。

这件事说明，如果我们把个人的不幸或者快乐视为能够同身旁的人一同分享的某种东西，我们的感觉就会很不一样。

但这一点与我有点羞于承认的一件事有些不一致的地方。我当初开始写这本书时盼着赶快把自己的抑郁和焦虑问题解决，我以为单凭自己的力量就能做到这一点。我想要某种能够让自己感觉好些的东西。我想吃药，如果没用就找到某种与药物具有同等功效的东西。你，作为读者，选择了这本与抑郁和焦虑有关的书，很可能也有同我一样的想法。

当初在谈论此书中的各种观点时，我认识的一个人对我说，我吃的药一直都是错的，他说我应该服用扎普宁。当时我有些动心。但我随后想到，我们怎么能说解决一切有缘由的苦痛的办法就是让数百万的抑郁症或者焦虑症患者服用某种镇静剂呢？

如果我足够诚实的话，这便是我渴望解决的问题。某种私人化的东西，某件仅凭一己之力就能完成的事情，通常来说没有作用。每天早晨用 20 秒吃药，之后就能维持生活原本的状态，这种事想想就不可能。如果药物解决不了我的问题，我就去寻找其他的办法，能够痛痛快快地让我恢复正常状态的办法。

这件事使我明白，想要找到某种能够快速解决抑郁问题的办法根本不可能。其实，这种孤立的寻求本身就是问题的根源所在。我们都被禁锢在了一个个孤立的自我的空间里，切断了和外界、和他人的真正接触。

我开始思考一句俗烂不堪的话：做自己。我们彼此间总在说这句话。我们总在分享这句话的精髓。别人茫然不知所措或者失落时，我们会用这句话让他们鼓起勇气。就连我们的洗发水的塑料外壳上也有着类似的话语：勇敢做自己。

但我悟到的是：要想不再抑郁，就得放弃做自己，不要总关注自己。你之所以感觉如此悲惨，就是因为过于关注自己。不要再做自己，要做我们，成为我们中的一员，成为群体的一分子。[3] 他们告诉我，要想踏上那条通向幸福和快乐的光明大道，就要勇于打破自我禁锢，让自己去倾听、去分享别人的故事，让别人的故事流入你的心中。你要忘记自我，要认识到你已不再是你自己，不再是一个悲壮的孤独客。

不要再做自己，和周围的每一个人建立联系，成为整体的一部分。不要做那个对着众人讲话的人，要努力成为听众中的一分子。

因此，战胜抑郁和焦虑，第一步要做的，也是最重要的一步，就是像科蒂社区的人们那样团结起来，并对自己这样说：我们迄今所获得的一切并不够。我们过的这种生活并非出于自愿，而是在行政当局的鼓吹和强迫的夹攻下做出的无奈选择，远远无法满足我们心理上的需求。我们想要良好的人际关系，想要安全感，想要一种群体感。我们要以"我们"为中心。群体性的抗争才是解决问题的有效办法，或者说是解决问题的基础。在科蒂社区，人们得到了最初想要的一些东西，但并不是全部。然而，团结在一起努力抗争的这个过程让他们懂得，他们并不是一群孤立的点，而是一个群体。

我明白，在某些书店里，这本书会被列入"自救"类图书。但我现在懂得了，我的整个思考方式实际上部分促成了我现在的问题。在此之前，当我感觉失落或者沮丧时，多数情况下，我会想到仅凭一己之力克服自身问题。我向自己求助。我觉得是自身出了某些问题，好好调整自己，说自己了不起，就会解决这些问题，然而，我失败了。我发现，唯一有效的解决办法并不在"自我"之中。

我对仅凭一己之力解决自身问题的渴望，对具有与药物同等功效的个体强大意志的渴望，实际上正是当初导致我抑郁和焦虑的不健康的思想状态的一种症状。

❧

明白了这一点，我决定有意识地做一些不同的事。而在此之前，每当我感觉抑郁和焦虑时，迫切想让自己的脑袋探出水面之上时，总会给自己买些东西或者去看一场电影，要么就是读一本喜欢的书或者同朋友聊聊自己的痛苦。这是一种把自己孤立起来的尝试，通常情况下没有什么作用。实际上，这些行为往往是更深程度的抑郁和焦虑的开始。

　　然而，当我了解了布莱特的研究之后才发现自己一直在犯错误。现在，每当我感觉沮丧时，再也不会出于私心做事了，我想为别人做事。我会去看一位朋友，非常努力地感受他的心绪，想办法让他快乐起来。我试着为我所在的群体，甚至是为看上去神情抑郁失落的陌生人做一些事。我学到了当初以为根本不可能学到的某种东西：就算你此刻正处于痛苦之中，也能让别人的心情变得好一些。这种感悟让我敢于参与一些更加公开的政治活动，让我愿意奉献一份力量，让这个世界变得更加美好。

　　我发现，我在这么做的时候，往往能够抑制住失落的情绪，让它不再向深处发展。这个办法比我当初孤军奋战的鲁莽做法有效多了。

～

　　差不多在这个时候，我又知道了另外一个领域的研究，或许能够为这个问题的解决提供一些线索，因此，我决定亲自去看一下那些研究对象。

　　我驾车以 70 迈的速度嗖嗖地驶过印第安纳州广阔的平原，生平第一次看到了阿米什人驾驶的四轮马车。高速公路的另一边，我看到一个留着长须、身穿黑袍的人正高高地坐在一辆马车上。此人身后坐着一个孩子和两个头戴无边呢帽的女人，在我看来，他们就像 BBC 历史纪录片中那些 17 世纪的人。在广阔的美国中西部的平原上，一眼望过去，除了平原还是平原，他们就像一群正在游荡的鬼魂。

　　和我同车的叫吉姆·盖茨，我们耗费两个小时穿过东北部城市韦恩堡，到了一个叫作埃尔卡特 - 拉格朗日的阿米什村。吉姆是个心理学家，专门为触犯法律的阿米什人提供心理上的咨询。虽然他是"英国人"——阿米什人对外人一贯这样称呼——却在那个村子住了多年。他答应把我介绍给那里的人。

　　我们漫步在村子里，从很多的马身旁走过，又看到了很多身着旧式服装的女人，她们穿的正是她们的祖先在 300 多年前穿的那种衣服。那个时候，阿米什人来到美国，决定遵循基督教传统，过一种原教旨主义的生活，排斥任何现代化的东西。这个传统保留下来了。因此，我即将见到的那些人的家中根本就没有供电系统。他们没有电视机，没有互联网，没有汽车，也几乎不买东西。他们的母语是德语的一个变种。他们很少和阿米什人以外的人来往。他们有独立的学校，价值观也和其他的美国人的不同。

我小时候住的地方离一个极端正统派犹太社区不远，那些人过的差不多就是这样的生活，那时候，每次从他们身旁走过，我都感到十分困惑：这些人为什么非要这样生活？等我年纪大了些，老实说，我开始对那些排斥现代社会的人充满了鄙夷。我觉得他们都是疯子，都是跟不上形势的家伙。但现在，当我细想现代社会的种种缺点时不禁心生一个疑问：他们是否能给我们这些所谓的现代人一些启示？

弗里曼·李·米勒正在一家餐馆外面等我们。他年近30岁，留着不长不短的胡子（阿米什男人结婚后就要开始蓄胡子）。就座之后，我们还没来得及说话，他就指着远处说道："瞧见了没，就在那边，那个红屋顶的房子，那个谷仓，看到了没？那就是我长大的地方。"他小时候就住在那里，几栋小房子围拢着，上下四代人住在一起。他们靠电池或者液化丙烷气发电，步行或者乘坐四轮马车出门。

这就是说，如果大人不在身边，会有别的人好心照顾你，总会有大人和别的孩子在你身旁。"是的，我的确得到过足够多的照顾。"弗里曼说。他们的脑袋里没有和家人共处这个概念，因为他们每时每刻都和家人在一起。他们常常和家人一起外出、去地里干活或者挤牛奶，有时还会一起吃饭、参加社会活动。弗里曼说阿米什人的家庭和英国家庭完全不同。在阿米什人眼中，家人不单单指父亲、母亲和兄弟姐妹。一般来说，一个阿米什大家族会有150个人左右，各家各户住得都不远，彼此间串门的时候，走路或者乘马车就行。阿米什人没有实体教堂，你这周在这家做礼拜，下周就会换一家，也根本没有僧侣集团一说，人们轮流做牧师，这周谁做，下周谁做，都是随意安排的。

"我们每周都会在家里做礼拜，"弗里曼说，"除了家人，还会有别的阿米什人，有些我很熟悉，有些只是点头之交，这就让我又结识了一些新的朋友……在我们这个大家庭中，有的只是彼此的关爱和紧密的联系。谁家碰到了难处，或者出了什么事，总会有很多人及时出现，我想这就是其中的缘由。我们是一个大家庭嘛。"

每个阿米什人长到16岁都要进行一次旅行，通过这次旅行，他们能够对我们的文化有一个很好的认识。他们必须去"英语世界"住上几年，这就是所谓的成年礼。他们到了那里，有两年的时间可以不必依照严格的阿米什规则行事。他们可以喝得酩酊大醉，可以去脱衣舞俱乐部看色情演出（至少弗里曼就去过），可以使用电话和互联网。然后，在青春的冲动结束之后，他们就要做出一个选择：是想把文明世界中的所有欢愉抛在身后回归家庭，还是留在那个世界中？留在那个世界中，你还可以不时回来看看，但你已不再是阿米什人。大约有 80% 的年轻人会选择回归家庭 [4]，对于自由的这种体验就是阿米什人从未被视作异类的原因之一。这是一种发自真心的选择。

弗里曼对于外部世界有着很多的爱恋，他告诉我依然很想在电视上看棒球比赛，听时下最流行的歌曲。但他回来的一个原因是：他觉得在阿米什的大家庭中养育孩子要好得多，童年也会过得更加快乐。他认为在"那个世界"中，人们都太忙了，没时间和家人待在一起，没时间陪伴孩子。他不知道那样的一个环境会对孩子有怎样的影响。孩子们会怎样成长呢？那是一种什么样的生活呢？我问他，如果他有了电视机，他和孩子们的关系会发生怎样的变化。他耸耸肩说："我们会在一起看电视，我们会一起度过看电视的欢乐时光。这跟和孩子们一起去后院玩或者一起打扫马车没有任何分别。"

后来，我又去拜访一个叫劳伦·比切的阿米什男子，他刚 30 岁出头，是个拍卖师，拍卖的都是旧货。我们坐在他家的客厅里，他家里都是书，他对我说最喜欢的作家是威廉·福克纳，还说只有真正懂得了阿米什人故意让生活慢下来的道理才能分辨出阿米什人的世界和外部世界的分别，他觉得过一种慢悠悠的生活并不会失去什么东西。他得知我从几千英里之外的地方赶过来和他见面，便对我这样说："我想坐飞机去瞻仰圣地，但依照阿米什人的规定，我不能这么做。这让我们的速度慢了下来，却让我们的家庭变得更加紧密。我可以坐飞机去加州搞拍卖，事情做完之后再飞回来，然而这么做并不切合实际，所以我有更多的时间陪伴家人。"

但我想知道劳伦为什么要选择一种慢生活？你一旦慢下来肯定就会失去一些东西，但劳伦说完全不是这样，慢下来反倒会让你得到更多的东西。"你会有一种近邻如家人的感觉。如果我们有车，我们的教区就会散落在 20 英里之外的地方，我们就住得分散了，邻居们也不能经常到我家里来吃晚饭……我们住得近，精神上或者心里就会离得近。开汽车、坐飞机的确很方便，人们往往把速度和方便放在一起看待，但阿米什人不这么看，我们是一个群体，我们对这种东西有抵触情绪，不开汽车、不坐飞机，我们的关系反倒变得更为紧密了。"

劳伦认为，如果你什么地方都能去，比如说开车去世界各地或者在网上冲浪，那你就什么地方也去不了。阿米什人刚好相反，他们总有一种"在家里的感觉"。

他用一个生动的比喻为我描述这种感觉。他说，人类生活就像一堆燃烧得很旺的煤火，你从火堆中把一块煤拿出来，那块煤很快就会熄灭。"我们紧紧贴靠在一起取暖。"他说，"我喜欢开着一辆大卡车欣赏沿途风光，有钱花，又不用流汗。我喜欢每天晚上看 NBA 季后赛。我还喜欢看《70 年代秀》——这些事情都很棒，但我愿意舍弃。"

我们越聊越多，他开始把阿米什族群和英语世界中的群体做比较，他说阿米什人就像一群立志减肥的人，大家为了一个共同的目标走在一起，相互监督，相互鼓励。一个人可能无法抗拒美食，但作为一个群体，大家紧紧绑在一起，监督对方，鼓励对方，这种事就可能做成。我看着他，想弄明白他说的话。

"照你说，"我说，"阿米什人差不多就像是一个紧密团结在一起、共同抗拒个人主义价值观的群体了，对吧？"

劳伦想了想，笑着说："没错，就是这样。"

～

学了那么多的知识，阿米什人的想法着实令我困惑。以前，我肯定会觉得这一切是在瞎胡闹，他们是愚昧的、落后的。然而，20 世纪 70 年代的一项科学研究证明，阿米什人患抑郁症的概率远低于其他的美国人。[5] 此后又有人搞过几项规模较小的研究，结果证明也是这样。

正是在埃尔卡特 - 拉格朗日这个阿米什村，我觉得我终于清楚地看到了我们在现代社会中失去和得到的东西。阿米什人有一种很深的归属感和价值感。但我也看到，将他们的生活视作包治百病的灵丹妙药同样是一件很可笑的事情。我和吉姆同一个阿米什女人待了一个下午，这个女人和她的孩子长期遭受丈夫的虐待、毒打，她没办法了，只好向村里人求助。老人对她说，作为阿米什女人，不论你的丈夫怎么对待你，你都应该屈从于他，这是女人的本分。这个女人此后数年屡次遭受虐待，最后迫不得已离家而去——这件事算是这个村子里的一桩大丑闻了。

阿米什族群的生活方式的确能够给人一些激励和启发，但他们的统治方式是极端和野蛮的。女人是下等人，同性恋者会遭受极其粗暴的对待，打骂孩子被视作一件好事。埃尔卡特 - 拉格朗日村让我想起了我父亲小时候在瑞士住过的那个小村子。那个村子也有着很强的群体感和家庭感，但村规严酷、不近人情。在某些人看来，阿米什人的家庭感和团结感好像遮盖了上述问题所导致的真实且深重的痛苦。

我在想这是否就是一种交换？拥有个性和人权是否就会不可避免地损害群体感和价值感？我们是否非要在美丽却残酷的埃尔卡特 - 拉格朗日村和我成长的开放却压抑的埃奇韦尔做出一个选择？我不想舍弃现代社会回到一个在很多方面拥有紧密联系却在更多方面存在残酷规则的神话般的社会中去。我想看看我们是否能够找到一种合成的方式，既能拥有阿米什人彼此间的那种亲密感，又能过得不至于压抑得想要自杀，或者求助于那些往往在我看来是极其令人厌恶的极端想法。要想实现这个目标，我们必须舍弃什么？我们又会得到什么？

～

我和弗里曼坐在这个阿米什人的村子里，他对我说，他知道他的世界在我看来有些奇怪。"我知道你们是怎么想的，"他说，"但我们阿米什人是这么看的：如果你能够和别人建立起一种亲密的联系，就能在这块土地上发现一片小小的天堂。因为我们对人死后的生活就是这么看的，如果你死后能上天堂，那就说明你生前和别人有着良好而亲密的关系，这就是我们对于生命的态度。"他问我，如果你认为完美的来世生活就是永远和你最爱的人们在一起，那你为何不趁着今天生命还在的时候同你喜欢的那些人亲密共处呢？你为何不愿在一团令你感到心烦意乱的迷雾中彻底迷失呢？

17. 重联 2：社交良方

科蒂社区的很多人摆脱了抑郁和焦虑的困扰，其中的原因我明白，但他们的情况好像很特殊。我一直在想，他们从孤立走向团结的经验是否能够复制。这个问题的答案，或者说解决这个问题的一些线索，就在距离我的住所几英里远的一个地方，是一个小诊所，那里是伦敦最贫困的地区之一。开诊所的人自认为找到了一种解决抑郁和焦虑的办法。

莉萨·康宁汉姆坐在东伦敦的一个医务室里，对医生解释自己根本不可能抑郁。然后，她号啕大哭，怎么都停不下来。"哦，我的天，"她的医生说，"你抑郁了，是不是？"痛苦从莉萨的心中慢慢地渗出来，她在想自己根本不可能得这种病。她是精神健康科的一名护士，整天和这类疾病打交道。她为患者解决的正是这类问题，自己怎么会得呢？

莉萨当时大概 35 岁了，她再也无法忍受痛苦的折磨。她发现自己身患抑郁症是在 20 世纪 90 年代中期，而在此之前的那几年，她一直在伦敦一所著名医院的精神健康科做护士。那年夏天热得不行，是伦敦历史上最酷热的一段日子，她所在的那个科室为了省钱没有装空调，她满脸流着汗上班，衣服都湿透了，恶劣的状况真是叫人无法忍受。她那个科室救治的都是各类精神病患者，都需要住院，有的得的是精神分裂症，有的得的是精神躁狂症，还有一些是精神变态患者。她想帮助这些人，就做了护士这行，但不久之后她发现，自己所在的这所医院只是给病人开药，别的一概不管。

有个小伙子，是个精神变态患者，吃药吃得太多，搞得两腿直打战，连路都走不成。莉萨看着这人的哥哥把他从诊室里背出来，让他坐好，一口一口喂他饭吃。

莉萨的一位同事笑话人家，"快瞧啊，那人真可笑，看看他走路的样子，一晃一晃的，像个不倒翁，你们说是不是？还有啊，再看看他那两条腿！"还有一回，有个病人小便失禁，她的另外一位同事看到了，也嘲讽人家："喂，你们快看啊，她把自己给尿湿了。哦，我的天哪，她就不能去厕所解决吗？"

莉萨见此情景对她的同事说，你们不能这样对待病人，但她的同事竟说她"过于敏感"。又过了不长的一段时间，她的几位同事就把矛头对准了她。莉萨小时候的成长环境本来就很压抑，如今遭受人家的冷嘲热讽，这让她着实无法忍受。"一天，我去上班时，心想再也受不了这种环境了。"她对我这样说，"我坐在自己的办公桌前看着电脑屏幕，做什么事都没心思，完全就是那种无法行动的状态。我说，哦，我感觉很不好。我要回家了。"莉萨回到家，把门关上，一头扑倒在床上，忍不住大哭起来。在接下来的7年里，她其实就是在床上度过的，整天以泪洗面。

在她患病的那段漫长的日子里，有一天值得单独拿出来说一说。那是一天中午，焦虑搞得她病快快的，憔悴不堪。"哦，这焦虑是真的，我真的焦虑了。"她对我这样说，"人们会怎么看我？我敢出门吗？知道吗，我就住在伦敦东郊，从前门出去总会遇到人。"此后数天，她每次出门都要乔装改扮一番，给自己不断鼓劲才能出去，但出去片刻，办完事，就要赶紧回来，把伪装的东西扒掉，重新瘫倒在床上。如果不是她的猫需要吃东西，她根本就不会出门，而是任凭自己在屋里闷闷地消耗生命。她常去的地方是一个小卖店，从她家出来，向右走过5户人家就到，那里有卖猫粮，也卖吃的，她会一次性买下很多的食物，比如巧克力和冰激凌，匆匆带回家囤积起来。她患病前的那些天就已经开始服用百忧解了，一吃药体重就疯涨。她就像个气球那样一口气涨到了224磅。她暴饮暴食，白天里把大把大把的巧克力和蛋糕疯了似的朝嘴里塞，除了吃东西，她的确没有别的事情可做。

数年后，我和莉萨坐在一起聊天，她说那段日子简直不堪回首。"我彻底完了。此前认为有意义的那些东西统统消失了。我过去喜欢跳舞。我第一次来伦敦就赢得了一个美名，人家都说我是第一个从床上爬起来跳舞的姑娘。我去舞厅，人家也不收我的钱。'哦，那姑娘就是莉萨吧。快让她进来，别收她的钱。她一会儿就跳起来，又跳得那么好。'但我一得这病，这一切就都烟消云散了。我感觉以前的那个我没有了……我完全不知道自己是谁了。"

后来，有一天，她的医生对她说，有人提供了一个新的治疗办法，问她愿不愿意尝试一下。

～

那是 20 世纪 70 年代的一个下午，在挪威西部灰色的地平线上，有两个 17 岁的小伙子正在一家造船厂里干活。他俩和其他的工人正在建造一艘大船。就在前天夜里，狂风四起，他们生怕风把起重机吹倒了，索性用一根结实的绳子，一头捆住起重机臂，一头拴上一只抓钩，固定在一块大石头上。但到了第二天早晨，有人忘了起重机还捆在石头上，这时，一个工人刚一开动机器，就听一声闷响，起重机臂直直地冲着他们这边倒了下来。其中一个工人，叫萨姆·埃弗顿，赶紧逃窜，他倒是跑开了，但另外一个工人被压倒在了起重机下，不见了踪影，这一幕就发生在他的眼前。

"生命中总会有那样的时刻，你对自己说：'他妈的，我不想活了。'"萨姆对我说。那次亲眼看着自己的朋友被起重机活活砸死的伤痛事件过后，萨姆许下承诺再也不要浑浑噩噩地过日子。他想过一种充实的生活，这就意味着，他再也不愿重复别人的旧路，而是按照自己的意愿过一种有意义的生活。

萨姆此后成了一名医生，他的诊所就开在东伦敦，行医过程中，他总感觉不太舒服，因为总看到不愿看到的情景。很多找他看病的人患的是抑郁症和焦虑症，按照他所学的那些医学知识，针对这种患者，他只需把他们诊断为神经传递素出了问题，也就是通常说的某种化学物质含量不足，解决的办法就是吃药。但据他观察，光吃药的效果好像和他期待看到的并不相符。如果萨姆能够坐下来和他的病人们聊天，耐心地倾听他们的苦衷，就会发现最初的诊断结果（脑子里出了毛病）并不适用于大多数的病人。他们之所以患病，是因为有某种更深的东西存在，如果他问他们，他们就会告诉他。

一天，萨姆接待了一个伦敦东郊的小伙子，小伙子说感觉很不好。萨姆拿出药方纸，给他开了点药，又对他说去做义工吧，这对你有好处。小伙子听完这话看着他说："我不想做什么义工，我想要的是薪水，我想养活自己。"萨姆看着他，心想："他说得对，是我搞错了。"他想起过往的行医经历，意识到自己一直在忽略某些事情。"我所学的那些知识有着严重的缺陷。"他对我这样说。他意识到，他的病人之所以常常陷入抑郁状态，就是因为被剥夺了某种东西，而这种东西正是支撑他们活下去的理由。他想起了年轻时对自己许下的诺言。因此他想，如果我要诚实地面对抑郁这个问题，我现在应该做些什么？

～

莉萨平生第一次走进了萨姆跟人合开的那家小诊所。堡贝门利社区中心嵌在一条窄窄的水泥过道里，两边都是再丑陋不过的建筑物，临近一条巨大的地下交通要道的终点。她这几年很少离开她住的那栋房子。她的头发长疯了，变卷了，乱糟糟的，她觉得自己看上去就像小丑罗纳德·麦克唐纳德。她对这个新疗法的效果持怀疑态度，对于自己是否能够再次与人接触也持同样的态度。

萨姆的办法很简单，就是让她跟几个和她心理状态差不多的人相处一阵子。他认为，他的病人之所以抑郁，最重要的原因并不是脑子里或者身体上出了问题，而是生活中出了问题，要想让病人们的病情好转，就得帮助他们改变现有的生活方式。他们需要的是重联，是重新与人交际。因此，他和一帮人为了给东伦敦的一些患者谋福利，就把这个诊所变成了一个活动中心，以作为一项前所未有的实验的一部分。你去那里看医生，拿到的不只是药片。医生还会从数百种不同的重联方式中帮你选出一种适合你的，让你能够与周围的人、群体或者你认为重要的价值观重新建立起一种亲密的联系。

医生给莉萨开出的"药方"在外人看来真的有些愚蠢可笑。医疗中心拐角处有一小片荒地，到处长满了灌木丛，还有大量的破砖烂瓦，当地人都把那里叫作"狗屎胡同"。那地方除了荒草和一个早就烂掉的舞池、狗屎之外什么都没有。萨姆赞助、发起的一个项目就是把这片荒地变成一个花园，里头种上各类花草。过去只有一个人肯帮他的忙，但现在情况不同了，一下子来了20多个患者，这些患者得的都是抑郁症和其他的与情绪低落有关的病。他对他们说，这块地归你们了，你们帮我把它弄得漂亮些吧。

第一天做工时，莉萨看看那块荒地，又看看那些患者，一想到要为这块荒地负责心中就充满了焦虑。一周做两次，他们这帮人怎么把它整理得像个花园呢？她的心怦怦直跳。

她试着和这群人中的其他的人聊天，她紧张得不行，说话时结结巴巴的。她认识了一个白种男人，这人以前是工人，很早就辍学了。后来，医生告诉她，这人曾有好几年不时到这里来找他们，威胁他们，挑衅他们，他们再三考虑才同意他加入这个项目。她还认识了一个姓邢的老先生，这人是亚洲人，自称环游过世界，便把在路上听到、看到的各种奇闻趣事说给她听。这个群体当中有两个有认知障碍的人，还有一些无法摆脱抑郁状态的中产人士。莉萨看着他们心想，除了这里伦敦再没有别的地方能让他们聚在一起聊天了。他们一致认为，他们拥有一个共同的目标——把这块荒地收拾好，改造成一个花园供人们穿行其中。

项目开始的头几个月，他们开始研究各类种子和植物，还探讨了要把花园搞成一个什么模样。他们都是城里人，完全不懂这里面的门道。他们意识到必须先熟悉、研究各类植物的习性。这是一个缓慢的过程。这周，他们种下一些植物，盼着它们能快快长大，结果却不尽如人意。直到他们把手指插到地下才知道他们是在黏土上栽种植物，这怎么能行，难怪种下的东西不会长。一周周过去了，他们开始明白，要想做成这件事，必须懂得四季的节奏和他们脚下这块地的脾气秉性。

他们决定种黄水仙、翅果灌木和应季类的花。起初，他们做得很慢，做得很难。"他们意识到，每种植物都有不同的习性，"莉萨对我说，"你不能改变它的习性，只有气候能做到这一点，四季能做到这一点。你只需种下一些植物，剩下的就看它们自己了。你必须熟悉各类植物的习性。你还要有耐心，这种事急不得。建造花园需要时间，需要付出精力，需要把整个身心扑在这上面……或许你会觉得干了一季并没有什么成效。请你不要着急，每周忙几次，一段时间过后就会发现还是有很大变化的。种花草这种事需要付出大量的时间，还要有很不一般的耐心才行。"

医生给抑郁症或者焦虑症患者开的不是药，而是让他们去做某些别的事，让他们处于某种必须和他人交流的环境中，一般来说，他们最不愿做的就是这种事。他们的感觉会让他们无法忍受。而在这里，他们有了一个属于自己的地方，做的事既需要耐心又需要有一股韧劲，和别人说话不需要有任何的压力，除了聊种花、种草的事，别的事一概不谈。随着时间慢慢过去，他们开始建立了对彼此的信任，还会用一种感觉很舒服的节奏聊各自的感受。莉萨喜欢上了这些人，把她的故事对他们说了。反过来，他们也会向她倾诉各自的心事。

莉萨得知，这些人的糟糕境遇各不相同，但其中的原因都是可以理解的。其中有个人偷偷地告诉莉萨，他每天都会在 25 路公共汽车上睡觉，司机知道他没有家，索性不去赶他走。莉萨看着他心想，在这样的一种境遇中，一个人怎么做才能摆脱抑郁的困扰呢？正如柬埔寨的那些医生意识到那个农夫需要的是一头奶牛，莉萨同样意识到，在这里建造花园的这些人需要的是一些切实可行的办法。因此，她开始给政府相关部门打电话，没完没了地骚扰他们，搞得他们终于答应给这个男人找一个住的地方。在接下来的那几个月，这个人的确不那么抑郁了。

一天天过去了，他们终于盼来了花开的日子。人们开始在他们建造的这个公园中溜达，又对他们付出的辛劳表示了感谢，要知道，他们以前可是长久封闭在家，觉得自己一无是处呢。有一位白人老妇人，每次购物回家经过这里都要停留片刻，给他们当中的几个孟加拉女人一些钱，让她们买花种，种更多美丽的鲜花。那个姓邢的老先生会用神秘莫测的语言和他们讲述这些花草和宇宙万物的亲密关系，说这是复杂而精细的浩瀚宇宙的一个组成部分。他们开始觉得生活有了目标，觉得自己能做一些事了。

一天，有一个人问莉萨怎么得的抑郁症，听完莉萨的讲述，这人说："上班不顺心，对吗？我上班也不顺心，也让人家笑话。"后来，这人告诉她，这一刻在他的生命中有着非常重要的意义。他说："我知道我和你有着同样的遭遇。"

莉萨后来对我说起这件事时忍不住放声大哭，她说："哦，天哪，我这才知道这个项目的真正意义。"

对这个群体中的很多人来说，两种严重的失联状态都已消失不见。一种是与人的失联。在萨姆开办的那家名叫堡贝门利社区中心里面有一间咖啡馆，花园的事情忙完以后，他们总会坐在那里一边喝咖啡，一边聊天，短短几个月过后，莉萨就发现自己都想大声喊叫了，因为这段日子她过得轻松又愉快，又能和那么多的人聊天了，她觉得十分兴奋。在此之前，她不敢出门，在别人面前敏感得不行，但现在，她勇敢地跨过了心中那个坎。她对我说："我好想和人聊天啊。我了解了他们的悲欢之后，不再那么沉迷于自己的事了，我想为他们分忧。"

菲尔，就是那个医生说有点吓人的白种男人，如今也换了面貌，当初医生们还很犹豫要不要让他参加这个项目，但现在他已经把保护那两个有认知障碍的人的担子挑到了自己肩上。他是第一个明确表示应该让那两个人参加这个项目的，并且以后无论大家做什么事都要把他俩带上。他还说他们应该考取园艺学证书，大家听了他的话还真的拿起书本认真备考了。

莉萨认为，第二种失联的形态涉及人与自然的关系。她说："身处自然会有某种奇特的功效，哪怕是城市中的一小片荒地。我和土地重新建立了联系，察觉到了很多细微的东西。你不再听飞机和车辆发出的噪声，身处自然中，你会发现自己竟是那么渺小，人类的存在竟是那么微不足道。我真的把两只手搞得脏兮兮的，我是故意把它们搞得那么脏的。这让我拥有了一种我是这块地的主人的感觉。我看到的不只是我，还有头顶上的天空，那边还有太阳……我关注的不再是我自己，对不对？这和我曾经遭受的不公平对待没有关系，对不对？这里有一幅更加辽阔的画卷，我想再次成为它里面的一部分。当我用双手在花坛中辛勤劳作时，当我坐在碎石子铺就的小路上时，心中就是这样想的。"

"就是这样的一件小事，就是这样的一个小小的工程，却让我重新和别人、和自然建立了亲密无间的联系。"莉萨又说。

莉萨觉得，花园有了生气，好像他们也有了生气。好多年了，这是他们第一次为他们做的事感到骄傲。他们把花园收拾得漂漂亮亮的。我在这个花园中漫步，觉得心里很踏实，里头竟然还有一个汩汩作响的喷泉，园子虽然不大，却是我住了那么多年的肮脏的东伦敦里面的一片小小绿洲。

莉萨在这个花园中忙活了几年，她不再吃百忧解了。然后，在接下来的几年，她成功减重 62 磅。她认识了一个叫伊安的园艺师，并爱上了对方，又过了几年，她已搬到了威尔士的一座小村庄里居住，在我认识她的那个时候，她就要开一家属于自己的园艺中心了。她至今仍和那些建造小花园的人有联系。她说他们救了彼此的命，是他们和土地救了他们的命。

～

我和莉萨在东伦敦一起吃早饭，我们吃的是薯条和香肠，边吃边聊，一直聊了好几个小时。她说有人可能会误解那群业余园艺师带给我们的一些启发。"不只是建造花园那么简单。一个人抑郁了，出去溜达一圈，找个小花园一坐，在里面待一阵子，就能把病治好，我认为这种事根本不可能，你得需要一个能帮助你的人，能和你聊天、帮你排解烦忧的人。如果人们只是说：'出去吧，找个公园坐一会儿就没事了，要不就去林子里走走。'是的，这些事的确有好处，但你得需要一个能帮助你做这些事的人。"

她一个人做不了这些事，需要一个医生给她开药方，并且用温柔的话语和她聊这个药方的功效，给她鼓劲，让她行动，这样才会有效果。如果没有这些，恐怕她到现在还闷在自己那栋房子里呢，疯狂地吃着本杰瑞牌冰激凌，怕别人看到，整天不出门，慢慢地消耗生命。

我第一次去堡贝门利社区中心，发现如果有人进来，前台会有专人接待，要么把你引领到医生办公室，要么从那数百个福利性的项目中选出一个适合你的让你参与进去，这些项目多种多样，有制作陶器的，有上体育课的，还有深入社区帮助别人的。走进医生办公室，你会发现里面和你去过的那些有点不同。医生不是坐在桌子后面，面前摆着一台电脑，而是你和医生挨坐在一起聊天。萨姆告诉我，这表明他们对怎样为患者看病有着些许不同的看法。

他过去学的那些知识告诉他，作为医生，应该扮演一个"精通医术的能人角色"。病人进来了，描述完症状，你为他们做些检查，然后说他们得的是什么病，如何把病治好。萨姆说，有时候这种看法有用，比如，一个人胸部受了感染，你就得给他开些抗生素。但大多数情况下，这种办法并不奏效。大多数患者来看医生，是因为他们抑郁了。就算是身体上的痛苦，比如说膝盖痛，一个人苦苦撑着，不跟别人接触，这种痛苦也会加剧。他说，找他来看病的人大部分都是精神上的病，医生最应该做的就是倾听患者的心声。

他说他研究抑郁和焦虑多年，已经不再问病人"你怎么了？"而是问他们"你的生活中发生了什么事？"想找到解决的办法，就要耐心地倾听这些抑郁和焦虑的人生命中都失去了什么东西，你要做的就是帮助他们把这些失去的东西找回来。

堡贝门利社区中心的医生的确会给病人开一些抗抑郁药，他们为它们辩护，认为它们有一定作用。然而，他们只把这些药物视作整个治疗计划中一个很小的部分，吃药并不是长久之计。那里还有一位医生，名叫扫罗·马蒙特，曾对我这样说："在病人的痛苦之上抹上一层护伤膏……并没有用。你应该做的是查明病人找你来看病的原因。如果病人的状况没有任何改善，吃药就没有任何意义，因为一旦停药，病人的病情就又恶化了……病人必须做出一些改变，否则还会是老样子。"

正如我之前所认为的，来这里看病的大部分病人都认为自己之所以抑郁，是因为脑子出了问题。萨姆给他们看病之前先要解释两件事，这两件事都让病人觉得很吃惊。他对他们说的第一件事就是：很多医生并不知道抑郁和焦虑是怎么回事，因为这个问题过于复杂，所以他要和他们一起把它解决。"虚心地说'我不知道'——

这是我们行医时的一个最基本的理念。这一点真的很重要。这是你能说的最重要的一件事，这么说能赢得病人的信任。"

然后，他会和他们讲他自己的事，他说几年前自己离婚了，很痛苦，有好几年一直沉浸在焦虑中。他说这种事每个人都可能会碰到。世上并不是只有一个人痛苦。"说一句'没事的'会让病人得到很大的宽慰，"萨姆说，"虽然我在选用'正常'这个词时有些犹豫，但生活本来就是这个样子，离婚或者痛苦本来就是很正常的一件事。"

反过来，如果萨姆对病人说，你的病都是脑子里的，你根本掌控不了它，你拿它一点办法也没有，乖乖忍着吧。这纯粹是在胡说八道。你让这些病人以后怎么活？你抑郁时，仿佛处在无边的黑暗中，如果能给别人一些康复的希望，哪怕是那么一点点，也是极为重要的。你永远不知道这一点点希望能够产生多大的能量。因此，他就制订了一个庞大而宽泛的康复计划，让病人一小步一小步跟着他朝前走，让他们能够再像以前那样，和别人、和自然重新建立一种亲密无间的关系。

他和病人聊天时试着用某种模式概述这种关系。他说他要做的就是和病人成为朋友。他住的地方离堡贝门利社区中心只有几百码，随叫随到。他还说社区中心的另外一个重要理念就是"找尽各种理由举办派对"。他们总能找到理由举办派对，鼓励每个病人参加。

萨姆把这个办法称为"社交良方"[1]，却因此引发了不少争论。潜在的利益是很明显的。萨姆的康复中心每天要花费 120 万美元为 1.7 万名病人提供各类抗抑郁药物，然而，尽管钱花得不少，效果却很有限。萨姆觉得，用"社交良方"为病人治病，花钱更少，效果却不会更差，或许还会更好。这些年，堡贝门利社区中心和其他的也在采用"社交良方"为病人治病的同类慈善医疗机构一直在耐心地收集数据，希望专业人士能够好好研究研究他们正在做的事。然而，直到今天，他们的愿望也没有实现。

为什么？其中的原因我早就听过无数次了。医生给病人开治疗抑郁和焦虑的药物是全世界最大的产业之一，故此不断地有巨额资金涌进来资助各类研究机构、研究人员对这方面进行研究。但据我所知，这些研究往往偏离了方向，走入歧途。社会良方，就算成功了，也不能赚很多的钱。实际上，它还会在这个高达数百亿美元的医药市场上炸出一个大洞，这样一搞，医药公司和骗人的专家赚到口袋里的钱就少了，他们可不愿看到这种情况发生。因此，既得利益集团根本无心做这件事。

然而，针对"做园艺能治病"这个课题，有人做过几次专门的科学研究 [2]，也就是号召饱受抑郁和焦虑困扰的人走出家门，去花园或者菜园里劳作，借此改善沮丧的精神状态。这些研究背后没有财大气粗的医药公司的影子，人家根本不出钱做这些事，研究本身做得也很粗糙，研究的时间也不长，因此我们对它们持怀疑态度，但研究结果值得我们关注。在挪威做的一项针对抑郁症患者的科学研究证明，试用了这个办法的患者，其抑郁程度与之前相比降低了 4.5%，这比服用抗抑郁药物的功效高一倍。还有一项研究面对的是患有极度焦虑症的妇女，结果也差不多。上述研究至少说明，做园艺是个改善不良精神状态的好方子。[3]

我又去拜访迈克尔·马蒙特——那个最初发现从事无意义的工作会让我们变抑郁的社会科学家。你或许还记得，他当初在悉尼的那家小诊所里，看着那些因为把生活过得一团糟而抑郁的人走进来，却只给他们开了一些白色的混合剂，让他们回家服用，但现在，他早就踏上了一条独立的研究之路。据我所知，迈克尔这些年不时会来堡贝门利社区中心参观，还会给那里的医生提一些宝贵的意见，因此我很想知道他对"做园艺能治病"这件事的看法。他说他们的做法很简单。病人找他们来看病，如果患的是身体上的疾病，他们就给病人治疗身体上的疾病。但多数情况下，病人来看病的理由并不是这样。"病人生活中出了问题来找我们看病，"他说，"我们就得帮助病人解决生活中的问题。"

让堡贝门利社区中心改头换面的萨姆医生对我说，他认为，从现在开始算起，再过一个世纪，再回头来看这个新发现（想让饱受抑郁和焦虑折磨的病人摆脱疾病的困扰就要满足他们精神上的需求），你会发现，它是医疗史上的一个重要时刻。直到 19 世纪 50 年代人们才知道霍乱是怎么回事 [4]，而在此之前，霍乱已经夺取了无数人的生命。然后，一个名叫约翰·斯诺的医生（巧的是，这人的诊所距离萨姆的诊所只有几英里）发现，这种病的病原体潜藏在水中，于是，我们开始建造科学的污水排放系统。结果，霍乱在西方肆虐的恐怖景象马上就消失了。

他们认为，抗抑郁药物不单单指药片，它可以是任何能够缓解你绝望情绪的东西。抗抑郁药物对多数人不起作用这个事实不应成为我们彻底放弃服用这类药物的理由，但同时我们应提起警惕，这些药物并不像财大气粗的医药公司宣扬的那样具有包治百病的神奇功效。

堡贝门利社区中心的扫罗·马蒙特全科医生告诉我，他们所采用的那个办法的效果"真的很明显，以至于让我忍不住怀疑自己以前怎么没想到，全世界的人以前怎么没想到"。

～

我和萨姆·埃弗顿坐在堡贝门利社区中心那家热闹的咖啡馆里聊天，不时有人打断我们，有的过来和他聊上几句，有的过来给他一个拥抱。他一会儿对我说，瞧见了没，那个女士曾教人们如何漆窗户；一会儿又指给我看，那个人以前是个警察，来这里做兼职，还喜欢上了这份工作。他还说了一件趣事：有些年轻人会向他来讨教，问他怎样才能不去做那些违法的事。

萨姆冲一个人打招呼时对我提到了他所获得的一点感悟。他说，当你与周围的人建立亲密的关系时，这便是"人性的回归"。在这家咖啡馆里就座的都是重新认识自己、重新与别人建立亲密关系的人，我们说话时，邻桌的一位女士一直在听，她冲着萨姆笑了笑，喜悦荡漾在脸上。

萨姆看着她，也笑了。

18. 重联 3：有意义的工作

　　每当我乐观地认为那些抑郁或者焦虑的人会很容易地重新与人交际，就像柏林科蒂社区的那些租户和东伦敦堡贝门利社区中心的那些病人，能够很轻松地摆脱如一个个断裂的光点的孤立状态，重新融入群体中去时，心中总会树起一个巨大的障碍，有很长一段时间，我都不知道该如何跨越它。我们不睡觉时，处于清醒状态时，总要把大部分的时间留给工作，87% 的人都有一种被工作紧紧捆绑住的感觉，或者总会被工作搞得怒火中烧。你对工作的恨是你对它的爱的两倍，如果把收发电子邮件这种事（这种事越来越多地渗入了我们的生活中）也计入工作，你每周的工作时间就会延伸 50 到 60 个小时。这不是鼹鼠挖的小土丘，这是一座高山，牢牢地占据着我们每一个人生活的中心，我们的时间都消耗在了这上面，我们的生命也都消耗在了这上面。

　　是的，你可以告诉人们让他们换个活法，拿出勇气来去做一些事，但问题是他们有时间做这些事吗？他们什么时候去做呢？他们每天只有 4 个小时的空闲时间，每天下班后都会累得瘫倒在沙发上，还要打起精神来陪孩子，等这一切忙完以后才能疲惫不堪地走进卧室一头倒在床上，你想让他们用这很宝贵的 4 个小时做想做的事吗？

　　但这并不是我所想的那个巨大的障碍。我想的是，虽说有些工作没有意义，但还是要做的。这和我所谈论的那些抑郁和焦虑的其他因素——比如童年创伤或者极端物质主义——并不一样，这些东西在整个宽泛的社会体系中并不是必需的。工作是必需的。我想到了我的亲人做过的工作。我姥姥为人家打扫过厕所，我姥爷在码头上工作，我奶奶和我爷爷都是农民，我父亲是公交车司机，我母亲在一家收治难民的庇护所工作，我姐姐是护士，我哥哥是超市的进货员。这些工作都是必要的，不能缺。如果这些工作停了，没人做了，整个社会就会出乱子，有些重要的系统就不能正常运行。有些工作需要东奔西跑，不想做也得做；有些工作枯燥乏味，但缺了并不行，这些工作都是要做的。从事这些工作的人就算得了抑郁症或者焦虑症，也得做下去，这让人觉得就像是落入了一个不可或缺的圈套。

从个人层面上说，有些人或许有能力摆脱这一切的束缚。如果你觉得自己能找到一份约束少、自由度高，或者你觉得很有意义的工作，那就放手去做。你的焦虑和抑郁的程度肯定会因此减轻。但在我们的社会中，只有 13% 的人从事着有意义的工作，你让所有不喜欢自己工作的人都跳槽，这么做未免显得有些残忍、不近人情。在当前的这种社会环境中，大部分人做的都不是自认为有意义的事。我用电脑打字时就想起了一个我认识并且关爱的人，这是一位单身母亲，做着一份薪水很低的工作，她自己很不喜欢，却又没有别的办法，因为有 3 个孩子要养。你让她把工作辞掉，去做所谓的有意义的工作，纯粹是在胡闹，因为这份工作她本来做得就很吃力，你再让她去做某种难度更高的工作，这不就是在害她吗？

我开始从不同的角度思考这个障碍，直到我去了一个平淡无奇的地方才找到了一种跨越的办法。那是一家小店铺，是出售、修理自行车的，就在巴尔的摩。那里的人对我讲了一个故事。这个故事让我敞开心胸面对更加激烈的争论，还让我看到了能够把我们的工作与更深的意义融合在一起、从而降低一个人抑郁程度的证据——我在这里指的并不是哪几个特殊的人，而是整个社会。

梅雷迪思·米切尔递交辞职信那天在想自己是不是疯了。她原本在马里兰州一家非营利性竞选组织的资金筹集部门工作。那是一份很典型的坐办公室的工作，上司分给她一些任务，规定她必须何时完成，她要做的就是埋头做人家要求她做的事。有时候，她会想出一些能够提高工作效率的好办法。如果她在工作中采用这些新办法，上司就会说，快做你自己的事吧，别的事不用你管。她的上司貌似人很好，性情却反复无常，梅雷迪思永远也猜不透她心里在想什么。梅雷迪思明白，从理论上讲，她很可能是在为社会做出某种贡献，但她感觉不到这一点。她过的好像是一种卡拉 OK 式的生活，她要做的只是跟着伴奏唱歌。这不是她想要的生活，她想谱写自己的人生之歌。她 24 岁了，却早已看到了未来 40 年自己的样子。

也就是在这个时候，梅雷迪思开始感觉到一种无处不在的焦虑情绪侵扰着她的内心，她搞不懂这是怎么一回事。每逢周日晚上，她总会感觉到心脏在怦怦乱跳，害怕下周的到来。[1] 过了没多长时间，她就发现自己睡不好觉了。她躺在床上一直睁眼到天亮，时常感觉到紧张和恐慌，这让她百思不得其解。

然而，当她对老板说起要辞职时，她也不知道自己做的是不是对的。她是在一个政治上颇为保守的家庭中长大的，在家人看来，她要做的事极端而奇怪，如果她足够诚实，她当时其实也是这么想的。

梅雷迪思的丈夫乔希有个想法。他从 16 岁那年起就一直在自行车铺工作，在此之前，他骑过很多年的单车，这是他的兴趣。他喜欢 20 英寸的单车，喜欢骑车环游整座城市，喜欢在那些坡度较陡的建筑物的墙面上玩一些高难度的动作。但他也知道，在自行车铺工作养家很难。这是一份薪水很低的工作，没有工作合同，病了没工资，也没有假期，有时候还会觉得很枯燥。在自行车铺工作没有安全感，什么想法都实现不了，没有升迁的机会，永远处于最底层。想加薪，或者请一天假，或者生病了想在家休养几天，都得向老板请示。

乔希在城里的一家自行车铺工作了好几年。说实话，老板的人品并不坏，但在他的店里打工的确是一件十分痛苦的事。年轻时还可以忍受，可到了二十多岁，开始为未来做打算时，你就会发现你的前路上有一个深深的大洞在等着你。

起初，乔希想要做的是一件即将彻底淡出美国人民视线的事。一天，他找到几个工友（铺子里一共有 10 个人干活），问他们是否愿意成立一个工会，向老板要求更好的待遇。在乔希苦口婆心的劝说下，大家一致同意这么做。他们列出了一系列能够改善他们目前生活状况的基本要求。他们想要书面合同。他们想让老板给其中的两个工人涨工资，让他俩和别人拿的一样多。他们还要求每年开一次会讨论薪水的事。这些要求不算过分，却让他们觉得能让自己不再那么焦虑，更有安全感。

但这一系列的要求其实另有深意。他们想借此表明，他们并不是机器上的齿轮，并不是修理自行车时用的螺丝。他们和老板是合作关系，理应得到尊重。乔希后来告诉我，他当初也没太这么想，但这关乎美国工人重拾尊严的问题，做老板的都认为工人没什么用处，可以随时丢在一旁，弃之不用。乔希觉得他们处于有利地位，他知道自行车铺缺了他们生意根本没办法做。

老板看了他们提交的那个单子，着实大吃了一惊，但表示会考虑一下。过了没几天，他就聘用了一位行事强悍、在破坏工会这方面有着丰富经验的律师，一场拒绝给予他们工会组建权的漫长诉讼开始了。官司拖了好几个月，依照美国整个的司法体系，组建工会势比登天，但解散工会很容易做到。他们没钱请律师，老板招进来一些新人，想挤掉他们。乔希明白，从严格意义上讲，老板擅自解雇他、解雇别的工人是违法的，但双方都知道，他们这些工人打不起这场维护自身权利的官司。

也就是在这个时候乔希想出了一个主意。开自行车铺这门生意他知道得一清二楚。工友们也都知道如何经营这门生意，因为店里的大小事情几乎都是他们在做。他想，既然老板能开店，我们也行。我们可以把老板踢了，开一家属于自己的自行车铺。这是一个很普通的美国故事，乔希就要另起炉灶，拥有自己的店铺了，说不定还能成为自行车界的杰夫·贝索斯（至少能在泽西海滩上拥有一套属于自己的别墅）。然而，乔希并不想做对别人发号施令的老板。在自行车铺做了这么多年，他察觉到了某些事情。老板是孤立的。虽然他人品还行，却不可避免地被推到了这个奇怪的位置上，控制别人，让他很难像普通人那样和下属打成一片。店里的那些工人都有着很好的想法，能够让店铺经营得更好。他们看到的东西老板看不到。然而，这些并没有什么用处。他们想的和老板想的并不一致。乔希有时也会觉得，如果真的采用了工人们的某些看似很好的想法，其实会损害店里的生意。

乔希想成为一家基于不同的美国理念所经营的自行车铺的一分子，这就是民主。他读过美国商业史，知道有一种叫作合作经营的东西。现如今，被我们看作很正常的这种经营方式——企业像军队一样经营，老板就像将军，站在最高处，对底下没有任何发言权的军人发号施令——其实是近来的产物，直到19世纪末期这种经营方式才成为一种标准做法。"老板一个人说了算"的企业经营方式最早出现时曾遭到极大的非议。很多人认为，这么做会制造出一种"薪水奴隶"的不良体制，工人时刻受到控制，结局还会很凄惨。乔希知道，有人曾提议用一种完全不同的方式经营企业，也就是所谓的民主合作的方式——他还知道有些企业因此经营得颇为成功。

因此，乔希就把他的一个想法对与他共事多年的工友和妻子梅雷迪思说了，"我们用合作的方式开一家属于自己的自行车铺吧，赚的钱我们一起分。我们用民主的方式做各种决定。我们没有老板，因为我们都是老板。我们要努力工作，但工作方式变了，或许会让我们的心情好很多。"梅雷迪思觉得这个想法很有吸引力，但她辞掉工作时一直在想：这么做现实吗？又该如何经营呢？

〜

巴尔的摩自行车铺就在市里一条街的拐弯处，我初次参观那里的时候，觉得看上去和别的自行车铺没什么两样。水泥铺的地面，一楼摆放着一排排崭新闪亮的自行车，旁边放着一台收款机，我进去的时候发现梅雷迪思正在忙活。她领我去了楼上，我看到吊着一排自行车，就像用滑轮吊着一样，几个小伙子站在一旁，就好像要做什么原始粗糙的手术。车子被拆卸了一部分，他们正用扳手和我从未见过的工具调试。乔治·克鲁尼在影片《手术室》中为某个人做心脏手术的情景闪过了我的脑际。

亚历克斯·迪克快 30 岁了，蓄着浓密的大胡子，修车时他告诉了我他自己的故事。他来这里之前在一家婚宴公司工作，每两周就会让老板教训一次。"有时候我的老板会在早晨给我打电话，要么对着我一通狂吼，要么说我让她感到很失望，有时还会在半夜里给我打电话，又是一通狂吼，说我干得不行……但她并不知道我的工作是什么，因此我并不知道她说我干的不行具体指的是哪方面。"就像很多从事普通工作的人那样，迪克睡到半夜总会惊醒，压力搞得他睡不好觉。这简直糟透了，影响到了他生活的每个方面。

他说这里的工作很不一样。在巴尔的摩自行车铺，他们每周四的上午都要开一个会，共同探讨生意上要做出的各类重要决定。他们把铺子里的事分成七类，有的负责营销，有的负责修车，每个人至少负责两种业务。有人有了什么好点子，能让铺子经营得更好，或者哪块做得不好，需要改进，这些事情都要在会上说。如果有人赞同，他们就要集体讨论，然后投票表决。比如说，有人想代理一种新品牌的自行车，就要经过这个流程。

我去店里的时候，一共有 6 个股东，每个股东都有决策权，还有 3 个学徒工，在那里已经干了一年了，如果每个股东都觉得他们干得很不错，就会招他们入股。每一年的年末，都要互评对方干得如何。这么做的目的是让每一个人都有一种做主人的感觉，都有一种尽职尽责的感觉。

做生意不容易。梅雷迪思对我说，开店第一年，她每天都要上班，每天都要干 10 个小时。和过去那工作相比，她觉得对目前这份新的工作有更多的责任感。但梅雷迪思还注意到了一件事。她在这里做了不长的一段时间，就发现以前心脏怦怦直跳、半夜惊醒、焦虑浸满全身的现象彻底消失不见了。

我问她这是怎么回事。她的一些想法和我此前对抑郁和焦虑的某些感触不谋而合。她说："以前做的每一份工作都有一种失控的感觉，你有没有好的想法根本无所谓，这不是你职责范围内的事，没人对你的想法真正感兴趣。你站好岗位，把分配给你的事情做完，然后排队等着，也许5年后才会得到一次升迁的机会，新工作有了，却依然要用这种沉闷的方式做满5年。但在这里，我的想法，每个人的想法，都很有意义，都很重要。我之所以觉得不一样，是因为如果我有了什么新的、好的想法，都能痛痛快快地说出来，我觉得自己可以很随意这么做，我有表达想法的自由，并且可以看到它们变成现实。"当她提出一个好的广告策略，指出他们在修理某种品牌的自行车时一直在犯的某个错误，或者想出了一整套新的储存货物的方式，都能拿到会上说，并且都能看到结果。

我和梅雷迪思坐着闲聊，看着周围热热闹闹的修车场景，忍不住想起了从迈克尔·马蒙特那里学到的一些感悟。迈克尔是社会科学家，曾针对英国的公务员搞过一次调查，他说工作方式会让我们身体上或者精神上出现一定问题。他对我这样解释：让你患病的不是工作本身，而是另外的3个因素，是一种被控制的感觉，你觉得自己就像一个庞大系统中的一个无足轻重的齿轮。你觉得无论自己多努力，都会遭受同样的对待，没人会注意到你，没人会注意到你的付出，你的付出和回报完全处于失衡状态，完全不成比例。在那个等级森严的体制中，你觉得自己好卑微、好渺小，你觉得自己和那个坐在大办公室里的大佬相比完全不值一提。

每一个在巴尔的摩自行车铺工作的人均表示，和以前在那些控制我们这个社会的专制大集团里工作相比，他们现在干得更开心，也不再那么抑郁了。

但有一件事激起了我的极大兴趣，并且这件事给我指明了一条道路，让我能够跨越我此前所认为的那道无法跨越的心中的障碍。对于在这里做事的大部分人来说，工作内容并没有太大变化，有些人以前是修车的，现在还是修车的；有些人以前是做广告的，现在还是做广告的。但工作方式的彻底改变让他们改变了对工作的看法。我采访乔希那天，他对我说了这其中的缘由："我很清楚，抑郁和焦虑与一种困惑和无助的感觉紧密相连……我觉得人们在一个自己说了不算、没有任何掌控力的社会中很难生活下去……收入多少你说了不算，是否能找到工作你说了也不算，这些事都不受你的掌控。即便你找到了一份工作，也要按时上班，每周要在那个固定的地点干 40、50、60，甚至 80 个小时。你不能自由地表达你心中的想法，你没有投票的权利。抑郁和焦虑在我看来是人们对环境做出的一种非常合理的反应，并不是因为生理上出了什么问题。"

乔希解释，生活方式和工作方式的改变是解决这个问题的一种尝试。[2] 工作中说了不算，这种工作就会变得死气沉沉，没有意义。工作中说了算，这种工作就有意义，它就变成了你自己的工作。工作中即便遇到某些不顺心的事，你也能通过和上司讨论的方式把它们解决，或者让公司重新为你安排一份你觉得有意义的工作——总之，会有人认真倾听你的意见。

这话听上去好像在说开一家自行车铺有多么多么好，但我认为，他们的确找到了一种类似数百万年前非洲大草原上的人们所拥有的那种部落式的生活方式——每个人都有用处，每个人都在做着有意义的工作。在自行车铺工作还有很多原始人享受不到的有利因素，比如说没有大型食肉动物冲进店里把他们吃掉，他们能够舒舒服服地活到 30 岁以上，等等。

我突然想到，工作方式也提供了数种重联的形式。你和工作重新建立了联系，你会觉得目前这份工作是我自己选择的，你会看到那种差别，并且能够直接从中受益。你还和一种身份感重新建立了联系，你不会再承受那种被别人呼来唤去的屈辱。你还和未来重新建立了联系，你自己做了老板，不会再担心随时被解雇，如果你一直干这行，并且努力工作，就会看到自己一年后或者五年后的样子。

当然了，他们都告诉我，生活中难免会遇到不快乐的事。他们会用伤人的言语刺激对方去做一些事，会有工作不在状态的时候，还会有觉得工作是在做苦役的时候。一个合作伙伴曾抱怨铺子里的事情太多，肩上的担子太重，最后重新找了一份坐办公室的工作。这个办法不是万能的，没有什么神奇的魔力。但梅雷迪思说："我来这里工作以后再也不失眠了。"她的几位同事也有同样的感触。

他们还觉得，有了一家属于自己的更棒的自行车铺，工作效率也提高了。过去，做老板要考虑所有的问题，如果哪个员工足够幸运，老板可能会听他的意见，但现在情况完全不同了，遇到问题会有 9 个人帮你解决。

~

在酒吧里或者在派对上，当梅雷迪思对人说起她经营自行车铺的事时，人们总是不敢相信。"人们总会觉得很诧异，他们不知道怎么用这种方式做生意。"她对我这样解释。但她告诉他们，每个人都在一种群体环境中生活。每个人都在家庭或者某个团队中生活。你知道那是怎么一回事。"但突然间，当你想到用这种群体性的方式经营某个企业或者想要赚钱时，每个人的脑袋就会像爆炸了一样。我并不这么认为，我觉得这件事并没有这么复杂，是人们把它给复杂化了……他们根本无法想象人们聚在一起开会商讨、做出生意上的简单决定……我要说的是，我们这个企业是民主企业。这不是一种外来概念。我们在美国生活。我们说我们是民主国家，但人们早就忘掉了这个概念。"

政治家总在吹嘘民主政体是最好的政体，我们现在做的事很容易理解，其实就是把民主延伸到了工作中。乔希说，他们做得非常成功，以前他们在一种无法忍受的环境中工作，把大部分的时间都献给了不喜欢的工作，只能眼睁睁地看着公司高层人士把自己的辛苦所得据为己有，但现在不一样了，他们觉得自己成了自由的人。

派对上的那些人告诉梅雷迪思，没有老板的监督谁都不会做事，整天就会混日子。但她这样解释："铺子是大家的，是大家凑钱开的，如果每个人都不干活，自然就赚不到钱。"梅雷迪思还获得了一些更深的感悟。这次的经历让她懂得："人们想工作，每个人都想工作。每个人都想体现自己的价值，每个人都有追求的目标。[3]"上班时承受的屈辱或者森严的等级给人造成的压抑情绪会暂时抑制住这些东西，但它们一直都在，一旦置身于一个合适的环境中，它们就会重新浮现出来。每个人都想用某种方式给别人带去一些积极的影响，都想用某种方式让这个世界变得更加美好。

其实，有大量的事实可以证明，从长期来看，这种方式的确能够提高工作效率。康奈尔大学的几位科学家做过一次研究，对 320 个小微企业进行跟踪调查。这些企业一半是老板说了算，一半是员工合作制，就跟巴尔的摩自行车铺的经营方式差不多。结果显示，那些用民主的方式经营的企业的业务量比那些老板一个人说了算的企业的业务量多出了整整 4 倍。[4] 这是为什么？亚历克斯·迪克一边修车，一边对我说："我在这里工作，第一次为自己做的事感到骄傲。"还有一个自行车修理工，叫斯科特·梅尔斯，告诉我："你每天早晨来这里上班，看到这个铺子，不会想到要把大把的时间浪费在里面，而是会想到这就是你自己的企业，你愿意干这个，你觉得自己做的事很有意义。"

我的目光不时越过一排排的自行车朝门外望去，梅雷迪思对我说："我有时会觉得我们正在引领某种文化的变革。"巴尔的摩自行车铺的人想知道的是，那些依然在等级森严的大公司苦苦挣扎过活的人何时才能成为自己工作的主人？何时才能赋予自己的工作以一定的意义？

我知道，在全世界有几万家像巴尔的摩自行车铺这样的用民主方式经营的企业。几位著名的社会科学家想深入这些企业内部，调查工作环境对一个人的精神状态有何影响，但人家无一例外地拒绝了他们的请求，因此这方面的研究数据我们掌握的并不多。然而，正如我此前所讨论的，有大量的证据表明，一个人在一种觉得自己每时每刻都在受人控制、都在受人指使的环境中工作，在一种觉得自己处于底层的环境中工作，的确会变得更加抑郁和焦虑。[5]这样看来，合作的工作方式也有着同抗抑郁药物一样的效果——尽管这一点仍然需要大量的证据加以证明。

我觉得这个治疗精神疾病的小妙方可以几个人人都懂的字来概括：自己当老板。工作不再是发号施令，不再是痛苦的忍受。工作可以用一种民主的方式来做，每个人对工作都有同等的控制力。前几年有一句政治口号很流行，叫作"重新掌控你自己"。人们以这句口号作为行事标准是对的，他们曾失去控制力，很想把它找回来，但这句口号常被用作政治目的，比如被那些支持脱欧或者支持唐纳德·特朗普的政客利用，这样一来，人们就更难掌控自己的命运了。我个人觉得重申这句口号没什么错，因为它能帮助人们获得他们渴望已久的东西。

我最后一次见梅雷迪思时，她对我说，她认为对一份有意义的工作的渴望，对掌控自己倾注大量心血所做的某项工作的渴望——就在那里，就在每个人的心中。"幸福就是一种能够对他人施加积极影响的感觉。我觉得很多人都想拥有这种感觉。"她说。她环顾了一下和同事共同出资建造、经营的这个店铺，然后扭回头来看着我说："你知道吧！"

19. 重联 4：致有意义的价值观

每当我试着把学到的知识应用于实践，想做出某种改变让自己不再那么抑郁时，总会隐约感觉到好像有什么东西在拽着我。我一直在接收各种信号，这些信号告诉我幸福之路很简单。买东西，炫耀，人前显贵，满足物欲。这些诱惑一直在呼唤我，上至无处不在的各类广告，下至扭曲的人际关系。提姆·卡塞尔告诉我，这些都是垃圾价值观，是一种圈套，掉进去只会让你变得更加抑郁、更加焦虑。但有没有什么办法能让我冲破这一切的束缚？我知道，人们在驳斥这些垃圾价值观时总能说得头头是道，我也能被他们说服。但这些东西始终缠绕在我的脑子里，围绕在我的身旁，总想着把我拽倒。

但我知道，提姆为那些想摆脱垃圾价值观束缚的人提供了两个办法。一个是防御性的，一个是主动进攻性的——一种能够激发我们的不同价值观的办法。

空气受了污染，让我们觉得不舒服，我们会把污染源掐掉，不让工厂朝空气中排放废气。提姆认为，广告是一种精神上的污染，显然有办法解决。限制或者根除精神污染和限制或者根除有形污染是一个道理。

这不是什么抽象的想法，很多地方早就试用过了。比如说，巴西的圣保罗，正在慢慢地被铺天盖地的广告牌埋葬。[1] 那里的人们见缝插针，把能贴广告的地方都贴满了，各种俗艳的商品标志把天都遮了起来，无论你何时抬头看，都能看到这些烂东西。整座城市因此变得奇丑无比，也让人们觉得自己很丑陋，无论你走在什么地方，都会有广告告诉你该消费了。

因此，2007 年，市政府采取了一项大胆的举措：禁止张贴各类户外广告，并制定了一部《城市清洁法案》。广告牌一块块被撤下去了，人们又看到了埋没已久的漂亮的古建筑。总诱惑人们消费的那些烂东西不见了，取而代之的是公共艺术品。有70%的市民表示，这种变化让整座城市变得更加美好了。我去过那里，几乎每个人都说这座城市的"内心"好像变得越来越干净了。

我们姑且将这种深刻的看法放到一旁，再看几个例子。在瑞典和希腊，国家明令禁止刊登或者播放针对孩子们的广告。就在我写这本书的时候，有一件事引起了极大的争议。有一家销售公司在伦敦地铁站里面张贴了一则减肥产品的广告[2]，上面写的是：你有了可以在海滩上炫耀的好身材了吗？旁边是一幅画，画上是一个身材好得令人难以置信的女人。这则广告透露出的含义就是：如果你是看上去比这个女人胖的那个庞大群体中的一分子，就没有在海滩上显露肉体的资格。这则广告遭到了人们的激烈批评，最后只好被撤下。这件事还在整个伦敦掀起了大规模的抗议活动，人们说广告是在"往你的脑袋里灌垃圾"。

这件事让我想到：如果我们能有一位作风强悍的广告监管者，不允许登载那些让我们觉得不舒服的广告，最后会有多少广告存活下来？这个目标可以达到，并且能够将我们脑袋里的大量污染物清除干净。

这种做法本身有一定意义，但我觉得为这个目标而战更能引发人们的讨论。对现代社会的经济体系来说，做广告是刺激经济发展的最有效的手段之一，铺天盖地的广告让我们觉得自己不够好，得不断消费才能弥补自身的某些缺陷。如果我们能幡然醒悟，能够慢慢地认识到广告对我们造成的不良影响，尽量减少广告对我们造成的伤害，一段时间过后就能在自己身上看到某种可喜的变化。

这种做法或许能够为我下面要说的一个更加深入的实验提供一些线索，这个实验的目的不只是要阻止那些刺激我们购买欲望的垃圾信息，还要看看我们是否能够激发出内心深处的某些积极的价值观。这就引出了提姆曾经探索出的第二条，也是最让人激动的那条能够让我们摆脱精神污染的道路。

❧

孩子们总在和内森·邓肯说一件事：他们想要东西，他们需要买东西。不能如愿就灰心失望，马上大发脾气。他们的父母拒绝给他们买运动鞋、知名设计师设计的服装或者最新式的小玩意儿，这让他们感到一种极大的恐慌。难道他们的父母不知道这些东西对他们有多重要吗？

内森怎么也没想到孩子们会和他说这个。他已人到中年，在宾州做金融做了很多年，主要为客户提供投资理财方面的一些建议。一天，他正和一所中学的一位老师聊天，那老师说她教的那帮学生家境本不算富裕，都是中产阶级的孩子，却遇到了一个很大的问题。他们觉得满足和生活的意义源自购物。他们的父母无法满足他们的愿望时，他们就会变得十分沮丧。她问内森是否愿意和这些孩子聊聊钱的事，聊聊现实问题。

他很小心地同意了。但这个决定让他对金钱和购物的看法发生了极大的改变，并且让他对很多此前想当然的事产生了怀疑。

〰

内森觉得这位老师让他做的这件事再明白不过。他要做的就是告诉那些孩子和他们的家长如何算计着过日子，如何量入为出地过日子。然而，他碰到了这个难题，这种对于物质的贪恋让他觉得很困惑。这些孩子为什么这么想得到一些东西呢？一双运动鞋，有 NIKE 的标志和没有 NIKE 的标志又有什么区别呢？就差那么一个标志，这些孩子就表现出了那么大的恐慌。这究竟是为什么？

内森觉得不应该先谈如何省钱过日子的事，而应该先弄清楚这些孩子为什么这么想要这些东西。孩子们对于没有任何价值的物品的极度贪恋让内森陷入了深思，他在想成年人是否和他们不一样。

内森不知道该如何和孩子们聊这件事，索性临场发挥，为此他和提姆·卡塞尔还专门搞了一项引人注目的科学实验。

不久后，在明尼阿波利斯的一间会议室，内森和他的实验对象，也就是那些家长和孩子见面了。60 位家长，外加他们的孩子，坐在了他前面的椅子上。在接下来的 3 个多月，他要和他们进行一系列的长谈，以探讨这些问题。（与此同时，这个实验也在对另外一批人进行跟踪、研究，也是 60 位家长和他们的孩子，不同的是这些人没有和内森见面，也没有得到其他的任何帮助。他们是这个实验的对照组）

内森先给他们每人分发了一份表格，表格上是一系列没有标准答案的问题。他对他们解释，这些问题没有所谓的正确答案，只是想让他们开始思考这些问题。其中一个问题是这样的："对我来说，钱意味着——"后面没有了，你要把答案填在空白处。

起初，这些人困惑不解。以前从未有人问过他们这些问题。很多参与者是这样写的：钱意味着恐惧、抑郁的源头或者他们竭力不去想的某种东西。然后，他们分成 8 个组，开始认真思考这些问题。很多的孩子以前从未听过他们的父母对于钱的担忧。

接下来，这个群体开始讨论这个问题：我为什么要花钱？他们开始列出购买必需品的一些理由（显而易见，一个人活着就得吃东西），和购买一些不必要的商品的理由。有时候，人们会说，情绪低落时会买一些不必要的东西。孩子们往往说的是，他们购买某种东西是想获得一种归属感，也就是说，买了某个品牌的衣服就意味着你被那个群体接受了，你拥有了一种地位和身份感。

随着他们聊得越来越深入，问题的答案就慢慢地变得清晰了：多数时候，人们买东西并不是为了占有它们，而是为了获得一种让你感觉好起来的心理状态。这些潜藏的意识埋藏得并没有多深。人们能够很快地说出答案，尽管他们在大声说出来的那一刻好像显得有点吃惊。他们知道这种意识就潜藏在表层之下，只不过以前没有人刺激他们说出来。

然后，内森让人们列出他们真正看重的东西，那些他们自认为生活中最重要的东西。大部分人说的是照顾家人、讲真话或者帮助别人。有一个 14 岁的男孩子，只写了一个"爱"字，当他把这个字大声说出来时，屋里一片寂静，静得都能听到针落地的声音。"他说的就是重建一种亲密的关系对人的重要性吧？"内森对我说。

只是这两个问题——"你把钱花在什么上了？"和"你真正看重的是什么？"——就让大部分的人看到了他们开始讨论的那些答案之间的分歧。到头来，他们攒钱买的那些东西并不是他们真正看重的。这到底是怎么回事？

内森一直在研究我们为什么这么想拥有这些东西。他得知，平均算下来，每个美国人每天要面对 5000 个不同类型的广告——从广告牌到 T 恤商标再到电视广告等等。我们俨然就是在广告的海洋中游泳。纷繁复杂的广告语归结为一句话就是："如果你买了这件东西，它就会带给你快乐。"我们每天都要受到这句广告语的数千次的连续轰炸。内森忍不住问："是谁想出的这句广告语？"肯定不是那些真真正正地弄懂了什么才能让我们快乐、从而好心地将他的发现散播开去的人。做这种事的人只有一个动机，那就是让我们买他的东西。

内森认为，在当今社会这种不良文化的影响下，我们就像乘坐在一个自动驾驶器中，在物质主义的旋涡中乱闯乱撞。我们时常受到垃圾信息的轰炸：我们购买了某个产品就会感到更加快乐，身上就不再那么臭烘烘的了，身材也不再那么让人讨厌了，也不会再觉得自己那么一无是处了。然后，我们会买更多的东西，重复购买同一种消费品，一直买下去，直到最后你的家人为你把棺材买回家。内森在想，如果人们不再想这种事，而是像他的研究对象那样，换一种思考的方式，我们是否就能够把自动驾驶器关上，将生命的掌控权重新夺回到自己手中？

在下次开会的时候，内森让他的研究对象做了一个小测验，每个人都要列出自认为必须马上要拥有的东西。每个人都要描述自己写的是什么，第一次听到这个东西是什么时候，为什么渴望得到它，东西到手以后有什么感受，拥有了一段时间以后他们的感觉又如何。对很多人来说，当他们认真讨论这些问题时，有件事变得越发明显：快乐往往存在于渴望和预期之中。我们都有过这样的经历：好不容易把某个渴望已久的东西买到手，带回家以后，不知怎的总是感觉很泄气，沮丧的心情尚未消失，我们就又想得到别的东西了。

人们开始谈论各自的消费习惯，并慢慢地看出了问题所在。他们发现，买东西通常是在填补内心的某种空虚，是在填补某种孤独的缺口。让他们把这种空虚或者缺口快速填满的同时也会让他们偏离真正看重的东西，从长期来看，这些东西才能为他们带去永远的满足。物欲得到了快速的满足只会让他们变得更加空虚。

有些人——既有孩子也有家长——会猛烈地反驳这一点。他们说，物质能让他们快乐，他们想要这种感觉。但这个群体中的大部分人渴望用一种不同的方式思考这个问题。

他们开始谈论广告。起初，几乎每一个人都宣称，广告或许会影响别人，却对他们没有太大的影响。"每个人都想比广告聪明。"内森对我说。然而，当他再次把他们引领到他们曾渴望得到的那些消费品面前时，有些人彼此间这样说："如果这东西没用，广告公司才不会花几十亿做广告呢。他们绝不会这么干。谁都不会这么干。"

迄今为止，我们一直在讨论的都是让人们对垃圾价值观提出质疑这件事。接下来我们就要谈到这个实验中最重要的部分了。

内森解释了我之前说过的外在价值观与内在价值观的区别。他让人们列出一系列的内在价值观——他们觉得重要的东西——作为内心的追求目标。然后，他问他们：依照这些内在的价值观行事，你们的生活会有怎样的不同？几个组的成员对这件事进行了讨论。

他们万分吃惊。总有什么东西或者什么人不时鼓励我们谈论外在价值观，但别人要求我们大声说出内在价值观的时候是很少有的。比如说，有些人认为，他们不会再那么卖力地工作，会拿出更多的时间和爱的人在一起。内森并不是有意识地把人们朝这方面引导，只是问了几个公开的问题就把这群人中大部分人的兴趣激发出来了。

内森说，我们的内在动机一直都在，一直处于休眠状态，如今它苏醒了，来到了阳光下。内森意识到，像这样的谈话在现在的这种文化中是不会经常发生的。我们不让这些重要的谈话有存在的空间，更不会为它们创造这样的空间，因此，我们变得越来越孤独。

鉴于他们现在知道了是怎么被这些垃圾价值观欺骗的，并且辨别出了他们的内在价值观，内森想知道这些人会开始朝着内心的目标努力吗？他们会戒掉广告的不良影响，转而去依照最重要的价值观开始过一种全新的生活吗？他们能培养出有意义的价值观吗？

每个人已经认识到了各自内心追求的目标，他们将在接下来的几次会上报告朝着目标努力的情况。他们相互监督。他们现在有了一个空间，能够好好思考他们真正想要的是什么，以及用何种方式去得到它们。比如说，他们要在会上讲述是如何找到一种不再让自己那么忙，从而抽出更多的时间陪伴孩子的方式的，他们是如何开始学练一种乐器的，又是如何开始写作的。

没人知道这一切是否真的有效。这些谈话真的能够让人们不再那么崇尚物质主义，激发出内在的价值观吗？

几位独立的社会科学家在实验刚开始的时候就测试了每个参与者的物欲程度，并且在实验结束时再次对他们进行了测试。内森等待结果时紧张得不行。人过一辈子，要消费一辈子，内森的这种做法算是对我们一生消费习惯的一次小小的干涉，他的做法会有效果吗？

实验结果出来的那一刻，内森和提姆都兴奋得不得了。提姆以前说过，物质主义会极大地加深一个人的抑郁和焦虑程度。这个实验第一次表明，用一种能够有效降低人们物欲程度的方式介入他们的生活是可行的。参与这个实验的那些人的物欲程度明显降低了，自尊明显增加了。这是一种很显著的、可测的效果。[3]

这个早期的实验证明，努力改变那些让我们如此不快乐的垃圾价值观是可以做到的。

内森认为，那些参与这个实验的人单凭一己之力无法让这些改变发生。他说："在那个群体中，在那种亲密的人际关系中，有着一股很大的力量，能够让孤独和恐惧消失得无影无踪。谈论这个话题，人们通常会感到恐慌。只有结为一个整体，他们才能够将这些'表面的东西'削掉，真正地抵达自己的内心深处，发现自己所追求的人生目标的深刻意义。"

我问内森，我们是否能够将这一点融入我们的日常生活中去，如果需要，我们可以成立一个类似于"酗酒者互戒协会"的组织，以抵御垃圾价值观的侵扰，这样我们就有了一个空间，可以定期聚会，讨论、驳斥那些会让我们变得更加不快乐的观念，学着去倾听我们的内在价值观的呼唤。他说："我认为这完全没问题。"大部分人认为，我们长久以来一直在尊崇错误的东西。他告诉我，我们应该创造一种"反向的节奏"，以对抗垃圾价值观对我们精神上造成的深度伤害。内森在他位于明尼阿波利斯那间没有什么陈设的会议室里证明了一件事：我们并没有被牢牢地禁锢在那些让我们长久以来感觉如此糟糕的垃圾价值观中。我们与别人走到一起，进行深度思考，和真正重要的东西重新建立一种亲密的联系，就能够挖掘出一条通向有意义的价值观的通道。

20. 重联 5：体谅的快乐以及战胜自恋

我的朋友雷切尔走进我在美国腹地的一座小镇上租住的旅馆房间，一头躺在床上，哈哈大笑起来。算起来，我们快有三年没见了。

我初次搬到纽约时，雷切尔·舒伯特是最初与我建立亲密关系的同学中的一个。我们在纽约大学上课时总挨在一起坐，这座城市以及这里的生活方式让我们都有点迷惘和困惑。雷切尔结婚了，但出于各种原因，她的婚姻并不太幸福。她想为自己开创一条新的生活道路，还想要个孩子。我那时刚刚经历了一连串的打击，情绪很低落，整个人憔悴不堪。有几件事我们都喜欢做，其中一件就是抱怨。她在瑞士住过整整两年，我父亲是瑞士人，我小时候常被赶到那里去避暑，因此我们就抱怨瑞士的种种不好。我们说班上一些同学的坏话；我们说老师的坏话；我们常常一起大笑。但那种笑常常是苦笑，不会让你真正变快乐的那种笑。我们的友谊为我们带去了很多的快乐：我们都喜欢英国喜剧这一点为我们的生活添色不少，但我们见面时也会经常吵架，生彼此的气。

后来，雷切尔的婚姻彻底破裂了，她就回到了伊利诺伊州乡下的一座小镇上，那是她的老家，我们就一时断了联系。然而，当我去看她时，立即看出她的性格变了。她好像比过去快活了，也不再那么抑郁了。我问她这是怎么回事。她说当初回到老家后就开始服用抗抑郁药，刚开始吃的时候很管用，但吃了一段时间就没效果了。她没有遵照医生的嘱咐增大药量，而是开始认真思考她对生活的态度。她说她读了很多书，找到了一些能够让她改变生活方式的办法，并且这些办法都有科学证据给予支撑。

雷切尔意识到自己总是莫名地发怒，并且嫉妒心还很强。她羞于承认这一点，因为这会让人们觉得她是个坏人。比如说，她有个亲戚，多年来一直让她喜欢得不得了。她的那个亲戚是位姑娘，为人和善，长得又好，雷切尔没理由不喜欢她。但对方的每一次成功——工作上的以及家庭中的——都会降低雷切尔对她的喜欢程度，最后，她开始讨厌她的这位亲戚，也开始讨厌自己。这种嫉妒笼罩着她的整个生活，让她每天都过得不快乐。这好像成了她抑郁和焦虑的主要根源。她开始觉得脸书让她无法忍受，好像上面的每个人都在炫耀过得比自己好，她觉得自己变成了一个"嫉妒成性的怪物"，并且这头怪物正在发疯。

在接下来的几年，她独自一人开始尝试一些能够让她的心情变好的小办法。她看到别人有她想要的某个东西，就会想出一个那东西其实并没有那么好的理由。好吧，你是很漂亮，但你的丈夫是个丑八怪。她对我说："这是一个很蹩脚的能够降低她的嫉妒程度的小把戏。"这个办法的确能让她感到一些快慰，但这种快慰持续的时间并不长。

她觉得自己出了问题。然而，当她开始研究嫉妒这件事时，发现是这个社会让她变成了这个样子。她说，她的成长环境让她总在和别人比，总在和别人争。她这样解释："我们都是极度自私的，人们总在告诉我们，生活就是一场赢者通吃的游戏。总数就这么多，别人获得了成功、美貌或者别的任何东西，我能得到的就少了。就算我最终得到了，但别人也有，我得到的这种东西就没那么有意义了。"这个社会告诉我们，生活就是对稀缺资源的拼命争抢，哪怕是对智慧这样的东西的争抢，然而，我们应该清楚一点：智慧是无边的，智慧一直在生长。你聪明了，我并不会因此而变笨——但这个社会让我们觉得就是这样。

因此，雷切尔明白，如果她能坐下来，写一本很棒的书，让她心怀嫉妒的那些亲戚也能坐下来，写一本很棒的书，"我会因此而沮丧不已，尽管他们写的和我写的完全不相干。我们就好像坐在一个跷跷板上，先是嫉妒别人，再让别人嫉妒我们。就好像我们这些年一直在广告商那里取经，个个变成了营销专家，现在终于可以掌控、营销自己的生活了。我们炫耀自己的生活，往往不是有意这样做的，而是逐渐成了一种习惯。"我们在 Instagram 上晒出我们的"美好"生活，和别人聊天时也要不断地炫耀，就好像个个都是自我的营销总监。我们这么做并不是想让人家买我们的东西，而是想让别人接受一种看法：我这么棒，长得又这么美，有资格嫉妒自己。知道吧？

一天，她不知从哪里听到有人也在嫉妒她，这让她紧张不已，她知道有些不对劲。"和你说这个，我觉得很丢人。"她对我说。

雷切尔不想这样。她和我一样，也对怀疑主义和理智持强烈支持态度，便寻找一些科学的办法解决自身问题。她最后找到了一个古老的办法，叫作"体谅的快乐"，这是一系列有科学证据作为支撑的有效办法中的一个。

雷切尔说办法很简单。体谅的快乐就是培养一种与嫉妒或者羡慕相反的心态。她教我这个办法怎么用。

闭上双眼，开始想象。想象好事降临，比如陷入爱河或者写了一些引以为傲的东西。你感觉快乐从这些好事中缓缓流出，流过你的全身。

然后，想象你爱的某个人，想象好事降临在他的身上。你感觉快乐从他遇到的那件好事中流出，慢慢流过你的全身。

很容易，对不对？接下来，想象某个你不认识的人，比如便利店里面那个为你提供过服务的店员。想象某件好事降临在她的身上。你试着替她感受那种快乐——真正的快乐。

接下来的这一步不易做到。想象某个你不喜欢的人，想象好事降临在这个人的身上。你试着替他感受那种快乐。你试着为这个人感受你为自己或者替你爱的人感受过的那种快乐。想象他会感觉多快乐，他会有多感动。

然后，想象某个你憎恨的人，或者某个让你嫉妒不已的人——雷切尔想象的是让她心怀嫉妒的那个亲戚。你试着替她感受那种快乐——真正的快乐。"你冥想时可能不会有我上面所说的这样的感受。你这样想可能会让你有一种痛不欲生的感觉，"她对我这样解释，"你可能恨那个人，恨他取得的成绩——但你还是要这样想。"

每天这么做，每次做 15 分钟。刚开始的几周，雷切尔觉得这个办法没什么用。一点变化也看不到。但她此后开始察觉到，先前心中那种刀绞般的痛苦感觉消失了。那种毒药般的嫉妒情感开始消退。嫉妒不再像以前那样一天折磨她好几次了。她做的时间越长，痛感就消失得越多。想起曾让她嫉妒不已的那个亲戚，她这样说："并不是说我一点也不嫉妒她了，只是我对她的嫉妒大幅度降低，已经感觉不到那种疼痛了。"

她对我说："这种冥想只是让你用一种不同的方式感受一些东西，就像你对一个人说：'我想对你有一种不同的感觉。'你总在说这句话，一直说到你真的感觉对方已经不再是原来的那个人为止。我觉得这种方式能够在潜意识中给你带去一定的积极影响。"

她继续练习，开始感受到更多的东西。体谅式的快乐冥想部分的作用是让你不再怀有那么强烈的嫉妒心，但更重要的一点，是让你能够开始将他人的快乐视为自己快乐的源泉，而不是去指责它。一天，雷切尔正在公园里散步，看到一位身披婚纱的新娘和她的新郎正在拍照。换作以前，她肯定会气得不行，嫉妒人家，挑人家的毛病，但此时，她竟感觉到了一股幸福的泉水贯穿了自己的身体，这让她在那天余下的时间里一直都很快乐。她并没有觉得那位新娘把她的快乐夺走了，反倒觉得对方为自己带来了更多的快乐。她并没有在心里拿这位新娘和当初自己结婚那天的样子做比较。她以后或许再也不会见到这对新人，她的眼中浸满了幸福的泪水。

我问她那是一种什么样的感觉。"是幸福，是温暖，是一种柔柔的感觉，"她说，"就好像对方变成了你的孩子。你看着孩子们玩耍，看到他们得到了心仪的东西之后的那种快乐的样子，你的心中会升起一种温柔的、温暖的幸福感，面对一个陌生人，你也会有这种感觉，简直令人难以置信。就好像一位慈祥、怜爱的母亲用温柔的目光看着他们，只是想让他们和爱的人在一起，快乐地生活，拥有一个美好的未来，对我来说，这种快乐中透着柔柔的爱意。"

她惊讶于自己发生了这么大的改变。"你觉得某些东西是无法改变的，"她说，"其实并不是这样，它们是可以彻底改变的。你或许是一头嫉妒成性的怪物，你觉得你天生就这是这个样子，但你发现，你只需做一些最简单的事就能改变这一点。"

我和雷切尔待了几天，我俩四处走走，不时去餐馆吃饭，我发现她真的变了，真是让我大呼意外，我都开始嫉妒她了。她看着我说："我一直在追求幸福，把自己搞得精疲力尽，却发现还是离幸福那么远，我不知道它在哪里。它好像一直在动。"但这种不同的想法好像让她感到了快乐，远离了抑郁和焦虑的长期困扰。"生活中总会遇到不如意的事。如果你能为别人高兴，快乐就会永远伴着你。每一天都会有数百万种感受他人快乐的方式。如果你愿意关注别人，为他们高兴，无论发生什么，你每天都会过得很快乐。"

她开始试用这个办法时，意识到这和她以前的想法或者观念截然不同。她知道，在大多数人眼中，这种想法听起来就像是失败者给自己的一种心理安慰——你做不到的事，人家做到了，你就只能替人家高兴。你的锐气没有了。在通向成功的路上你总是被人家甩在最后面。但雷切尔认为这种二分法是错误的。你为什么不能为别人和你自己高兴呢？为什么嫉妒吞噬掉你的内心才能让你变坚强呢？

　　她觉得她慢慢意识到，不良社会长期以来灌输给她的那种思想其实是最没有价值的。有谁会嫉妒一个人的善良？有谁会嫉妒夫妻一方对另一方的关爱？你不会嫉妒这些东西。你可能会羡慕这些东西。你不会嫉妒这些，你只会嫉妒别的没有价值的东西：你嫉妒人家有让你眼红的东西，你嫉妒人家的地位。雷切尔练习冥想多年，开始明白，就算有了这些东西，它们也不会让她快乐。这些东西并不重要。

　　"我觉得这个办法能够帮助很多很多的人。"雷切尔指着我后来仔细研究的那些科学证据说。关于"冥想作为一种治疗抑郁的手段"这个课题，有人搞过一次史上最大规模的科学研究，结果发现了一些很有意思的东西。事实证明，那些上完了 8 周冥想训练课的抑郁症患者和那些没有上过这门课的实验对照组中的人相比，前者的康复概率要大得多。在那个实验对照组中，有 58% 的患者又抑郁了 [1]，而在接受过冥想训练的患者当中，这个数字仅为 38%——差距还真不小啊！另外的一些研究发现，冥想对焦虑症患者也有类似的功效。一项不同的科学研究结果也显示，冥想对那些因小时候遭受虐待而身染抑郁的人尤其有效，这些人经历了这项训练以后，和别的抑郁症患者相比，康复的概率要大得多。[2]

　　但我迫不及待地想看看雷切尔教给我的这种冥想训练的科学证据，我想知道它是否真的能够改变一个人。如果你想参与这个与冥想有关的实验，就会被随意安排到两个组中的一个中去，一个组做这项"怜爱 - 仁慈"冥想练习，一个组不做。如果你在第一个组，每天都会做一项冥想练习，这项练习和雷切尔做的那项类似，并且一直要做数周。实验结束以后，有人会对两个组进行测验。测验的方式很特别：你首先要和别人一起做几个游戏，有人会告诉你这是正式比赛前的热身活动。其实你并不知道这些游戏中的某些参与者是演员。在游戏中，有人会很巧妙地丢掉某个东西，或者用一种很明显的方式表明他需要一些帮助。研究人员想知道的是，在伸出援助之手这件事上，那些一直在从事冥想训练的人和那些自始至终没有这么做的人是否有什么分别？

　　结果显示，那些从事"怜爱 - 仁慈"冥想训练的人与那些没有从事这项训练的人相比，在帮助别人这件事上，前者的意愿几乎是后者的两倍。[3] 这说明雷切尔说的是对的：即便你从事过一段很短时间的这种冥想练习，你对他人的怜悯也会翻倍。然后，这会让你和别人建立一种更加亲密的联系。就好像这种"怜爱 - 仁慈"冥想练习让我们拥有了一种能够抵御不良社会风气毒害的力量。虽说 15 分钟的冥想不算长，但雷切尔认为："你这么做的时候，就好像在播撒一些种子，这些种子会在白天、在你的一生中，为你绽放出一朵朵美丽的鲜花。"

～

通篇我说的都是抑郁的 3 个不同原因——生理的、心理的和社会的。开篇我谈论的都是生物手段（服用抗抑郁药物）对大部分人并不起作用这件事。然后，直到这一刻，我谈的都是环境或者社会的变化可能会给予我们的一些帮助。

但我从雷切尔那里学到的是不一样的东西。她认为，心理上的变化对一个人的抑郁或者焦虑程度有着很大的影响。

改变心理状态，还有别的办法。一个就是祷告，事实证明，经常祷告的人不容易抑郁 [4]。我是无神论者，因此这一点对我不起作用。另外一个就是认知行为疗法 [5]，鼓励人们运用一定手段摆脱消极的思维方式的困扰，用一种更加积极的心态面对生活。事实证明，这种疗法效果有限，并且持续的时间很短——但有效果这一点是毋庸置疑的。事实上，认知行为疗法的主要提倡者理查德·雷亚德教授曾说，把这种疗法与良好的社会环境结合在一起能够达到最好的效果。还有一个是心理疗法。很难用科学证据证明这种疗法是否有效，做一个医学实验，让一部分实验对象用假的心理疗法，让一部分实验对象用真的心理疗法，然后把结果做个比较，这种事很难操作。不过，事实证明，这个疗法对那些小时候心灵上遭受过创伤的人有一定效果——我会在下一章中详述这一点。

因此，我们应当提起注意，能够帮助我们缓解抑郁情绪的不只是环境因素。即便你身处于某种无法改变的环境中，也能通过上述办法缓解不良情绪的影响。我强烈认为，如果这些办法真的能够帮助你缓解抑郁或者焦虑情绪的困扰，你就会意外地发现，通过与别人团结在一起，是可以改变自身所处的环境的。

我看到雷切尔的变化之前一直对冥想这种事持谨慎态度，我想原因有两个。第一个是我害怕独处，害怕独自一个人瞎想——我觉得这么做会让我变得更加抑郁和焦虑。第二个是我发现过去这些年人们对冥想的推崇是有问题的。有些崇尚自助的冥想大师靠教授冥想课挣了大钱，他们告诉人们，练习冥想能够让你更加努力地工作，更有能力应付工作中出现的各种问题，还能减轻你所承受的痛苦。对我来说，这种做法只是另外一种形式的"单打独斗"，没有关注问题的根源——为何有这么多的人承受着如此大的痛苦？我们如何才能阻止这种痛苦的发生？

但我现在知道了冥想的方式有很多种。雷切尔的方式和这种困扰我的"单打独斗"的冥想方式不一样。她的方式和减轻痛苦以及独处时的紧张情绪没有太大关系。她的方式其实是找到了一种重联的办法。

～

对于雷切尔的变化，最让我感兴趣的一点是她和自我之间的关系发生的那种改变。面对当今社会中自我为上的不良风气的毒害，她好像没有受到任何的影响，广告奈何不了她，社交媒体奈何不了她，她周围的那些能力出众的人也奈何不了她。她找到了一种保护自己、免受不良风气毒害的办法。

明白了这一点，我开始问自己一些问题：我们如何保护自己免受充斥于整个社会中抑郁情绪的影响？我们如何减少对自我的关注、增强与别人的紧密联系？我深入地研究这种冥想方式的科学性时，开始搜寻一系列不同却与之相关的科学研究，说老实话，我最初对这些研究持有很强烈的怀疑态度。如果你读过我的上一本书《追逐尖叫》，就会知道我对其中的某些研究极为鄙视。

然而，我一直在关注最新的科研结果，发现它们很让我吃惊，因此我继续前行，开始深入探索这个领域。我的所得你初次听上去可能会觉得有些奇怪。我最初也有这种感觉，但我还是想让你跟随我的脚步，我们一起去探个究竟。

～

罗兰·格里菲思试着冥想，却做不到。他在那里坐了几分钟，就感觉像过了几个小时那样难熬。每次做完冥想，他都会很沮丧，索性放弃。在接下来的20年，他始终没有再尝试——然后，他为自己，为我们每一个人，揭露了一件重要的事。

罗兰冥想的希望破灭的时候，他还是一个年轻的大学毕业生，即将踏上心理学研究的学术之路。后来，他成了马里兰州约翰斯·霍普金斯大学医学院的一位著名教授，这所医学院是世界上最好的学术研究机构之一。我初次见到他时，他已成为世界医药学研究方面最受人尊敬的专家之一，特别是在研究咖啡因的效果这方面。我们坐在他的办公室里闲聊时，他对我说："我努力了20年才有今天的成就，虽说我不算个工作狂，却也差不多。"

"我的事业有了，"他说，"却总感觉缺点什么，好像我的心中依然留有成为科学家、搞科学研究的那种热情。"不知为何，他意识到自己又开始想多年前练习冥想时数次失败的尝试。对他的专业来说，研究冥想简直是一种离经叛道的做法。他是心理学研究方面的专家，将冥想这些事情视为嬉皮士们的荒诞行为，严肃的学术心理学家根本不会理睬这些乌七八糟的东西。但他说："我很清楚，冥想这种行为中存在着某种让我极为着迷的东西，数千年来，人们通过冥想这种方式，一直在试着探究内心的深度体验、自我、意识这些东西。"

他有一个朋友，定期去一个静修处练习冥想，那是一个精神上的修行场所，就在纽约州的北部地区，那里有一群在一起修行的人，一天，罗兰要求同去。和他前些年的做法不同，这次有人在旁边指导他，耐心地和他讲解如何做。这次，他发现自己能够冥想了。他每天都会练习一段时间，一天天过去了，然后他吃惊地发现："那个精神世界开始敞开了，我自己也开始敞开了。"他说："坦白说，这种东西让我着迷。"他在那里遇到的那些人，那些练习冥想很多年的人，好像能够通灵，这让他们在生活中处处受益。他们看起来更平静、更快乐，也没有那么多的烦忧。罗兰开始感觉到，他自己的精神世界是有深度的，每个人的精神世界都是有深度的，他这么多年一直在忽略这一点，学术界也没有认真研究过这一点。

因此，他开始问自己一些最基本的问题。一个人冥想时会发生什么事？他的心中有什么样的变化？如果你用一种热诚的态度练习冥想，练的时间够长，就会像我的朋友雷切尔那样，精神世界开始发生变化，看重的东西也和别人不同。你会用一种不同的方式看待这个世界。罗兰想知道的是，为什么会有这种变化？为什么练习冥想的人会觉得他们被一种神秘的方式改变了？这种神秘的方式又是什么？

他开始搜寻那些可能涉及自称有过神秘体验的人的科研报告，结果发现，这方面的文献还真不少，尽管看上去显得十分奇怪。从 20 世纪 50 年代中期到 60 年代末，全美数所顶尖大学的科学家在这方面有了一些成绩。他们发现，人们服用了致幻剂——多数是 LSD，在那个年代是合法的，但要经医嘱——就会在精神上产生一种神秘的体验。他们会有一种超越自我、超越日常琐事的感觉，会感觉到和某种更深的东西——和别人、自然，甚至是存在本身紧密地联系在了一起。[6]绝大多数服用了这类药物的人都会有这种感觉，还说这种体验深深地刻在了他们心中。

罗兰研读这些文献时特别注意到了一件事。那些服用了致幻剂的人的感受和那些长期练习冥想的人的感受几乎是一样的。

这些研究进行的时候，科学家好像发现了人们在遵医嘱的前提下服用此类药物的种种好处。很多长期嗜酒如命的人，服用了这类药物，成功戒掉了恶习。[7] 很多长期饱受抑郁折磨的人，服用了这种药物，明显感觉好了很多，摆脱了抑郁的困扰。[8] 这些科学研究并不是依照我们现在所使用的标准做的[9]，因此我们对研究结果应持谨慎态度，但它们吸引了罗兰的注意。在 20 世纪 60 年代的整个美国，人们疯狂迷恋各种致幻剂。有些人觉得好玩，服用了这类药物，却有了很糟糕的体验，因为这一点，有人便编造了很多故事，试图把这类药物妖魔化[10]。比如说，如果你服用了 LSD 之后，直视太阳，眼睛就会瞎掉。在种种争议中，LSD 被明令禁止服用，关于致幻剂的各类科学研究因此停滞，再没有人关注这方面。

时间到了 20 世纪 90 年代，重新审视这些研究时，罗兰想知道，那些长期练习冥想的人的体验和那些服用了致幻剂的人的体验之间是否存在一定的关联。如果这两种方式都能让我们产生同样的感觉，是否就能帮助我们揭露出这其中的奥秘？因此，罗兰开始搞一项与致幻剂有关的医学实验，从时间上算，距离政府命令禁止服用致幻剂的 20 世纪 90 年代已经过去了整整一代。他想让实验对象服用一种名为"二甲 -4- 羟色胺磷酸"的自然产生的化学物质，这种物质是从一些"有魔力"的墨西哥蘑菇中提炼出来的，而实验对象从未服用过这种东西。他想看看他们吃了这种物质是否能够产生某种神秘的体验，还想知道长期服用会有什么样的后果。

"坦白说，我是怀疑论者。"我和罗兰坐在马里兰州的一家餐馆中时他对我这样说。他认为，和他在那家静修处见识过的深沉、持久、长达数十年的冥想练习相比，单单服用一种致幻剂是不会产生太大的效果的。从 20 世纪 60 年代致幻剂被禁止之后，一直到今天，还没有别的科学家做过这种实验，但罗兰名气大，人品又没有什么瑕疵，政府索性给他开了绿灯，这让当时的很多人吃惊不已。很多人认为，政府之所以这么干，是想让人们借此见识见识致幻剂的种种致命危害。因此，有数十位来自不同行业的实验对象被招集到了马里兰州。他们说："我们想让你们做一件不同寻常的事。"

❧

马克走进罗兰的实验室的那一刻不知道接下来会发生什么事。那是一间很普通的屋子，装饰得就像是一栋很普通的房子里面的一间起居室。屋里摆放着一个沙发，墙上挂着几张让人看了会觉得很安静的画，地上铺着地毯。马克49岁，是一位理财师，为人严谨、古板，那天在当地的一家报纸上看到了这则招聘广告。广告上说，这个实验是对灵性的一次新的研究。他以前从来没服用过致幻剂，甚至连大麻也没抽过。

他离婚了，整个人变得很沮丧，所以才来应聘。他此前一直在服用一种名叫帕罗西汀的抗抑郁药（就是我吃过4个月的那种），但他吃了这种药，觉得浑身没力气。在停药的那一年半里，他开始担心自己。"我感觉我失去了和人们交际的能力，"他对我这样说，"我总是和别人保持着一定的距离。有人在身旁，让我觉得很不安。"这一切始于10岁那年，那一年，他的父亲得了心脏病——一个心脏瓣膜出了问题。一天，他疼痛难忍，被送进了医院，马克看着父亲离开，感觉再也不会见到他了。马克的母亲悲恸欲绝，根本没有心思和他说父亲离世这件事，别的人也不会和他说。"这样我就得一个人面对这一切了，面对生活中出现的种种问题，"他说，"我觉得我把所有的痛苦都埋在了心中。我感觉我谁都不相信了。"对他来说，这意味着一种不好的处世方式的开始——掩盖内心真实的想法，以保护自己。

随着年纪越来越大，这种疏离感让他在和别人交际时有了很多的忧虑。有人邀请他参加派对，他总会找理由拒绝人家。就算去了，也会偷偷地找个角落一个人面红耳赤地待着。"我说话时总是很小心，对自己要求过于严厉。"他这样说。他常常这样想：我这么说会让人家觉得我很傻吗？我接下来应该怎么说？我说的是蠢话吗？说完这句接下来我该怎么说？

那天，当他躺在那间仿造的起居室里的沙发上时，他的焦虑达到了最高点，这是可以理解的。他总共要服用3个疗程的二甲-4-羟色胺磷酸，这是他服用的第一个疗程。他事先做了准备，跟约翰斯·霍普金斯医学院一位名叫比尔·理查兹的人练了3个月的冥想。比尔让他默念一句咒语——唵嘛呢叭咪吽——他们认为，如果他在服药过程中感到困惑或者恐慌，这句咒语就能他安静下来。比尔向马克解释，在整个实验过程中，他要一直待在那里，他会帮助他消除忧虑，指导他的行为。

马克年轻时只听说服用了致幻剂会让人发疯。在他去过的那座浸礼会教堂中，牧师们常常给孩子们分发一些小漫画书，书中有个男人，服用了LSD，结果脸蛋开始融化。他吃药上了瘾，停不下来，只好被送到一家精神病医院，却始终没有把病治好。马克怎么也想不到自己有一天会在世界上最著名的一所医学院中服用这种东西。

他事先被告知带一些有意义的东西过来，他便带来了几张他那早已离世的父母以及他新结交的女友琼的照片。他还带来了一个栗子，那是他离婚那天在自家地上找到的，至于为什么要带这个东西来，他也说不清楚。他躺在沙发上，躺舒服了以后，比尔递给他一个二甲 -4- 羟色胺磷酸小药片，让他服下。然后，他很安静地和比尔一起翻看一本画册——都是风景画——接着，比尔用一个眼罩蒙上他的眼睛，给他戴上一副耳机，放一些轻柔的音乐给他听。45 分钟过去了，马克开始有了一种异样的感觉。

"我感觉我的心情放松了，"他对我说，"我能感觉到有某种东西——就像他们说的，有一种改变正在到来……我真切地感觉到它覆盖了我的全身。"

然后，马克突然变得躁动不安。他不知道自己正在经历什么。他站起身说要走。他意识到，他没有完全坦诚地告诉女友他对她的感觉。他想找到她，告诉她这件事。

比尔用轻柔的语气和他说话，过了几分钟，他决定重新躺到沙发上，并开始默念那句咒语，让自己集中精神，放松下来。他意识到，他必须让这个实验越来越深入地进行下去，并且相信它。科学家在漫长的准备过程中曾向他解释，把这些药物视作"致幻剂"是一种错误的看法。一个人真的有了幻觉，会看到某些并不存在的东西，并且会觉得那些东西就和你正在读的这本书一样真实，就像世间的某个有形物体。这种感觉是很少出现的。他们说，更准确的叫法应该是"迷幻剂"——用希腊语来解释，就是"精神的表露"。那些药物的功效就是把你潜意识中的某些东西拽出来，让它们进入你的意识。因此，你并不会出现什么幻觉——相反，你会看到一些东西，就和你在梦中看到的东西一样，只是你并没有感觉。另外，在每一个特定的时间，你要和指导你行为的比尔交谈，你知道他就在你身旁，还知道在药物的作用下，你看到的那些东西其实并不存在。

"我并没有感觉到墙在旋转，并没有发生这种事，"马克告诉我，"一片漆黑。你只能听到安抚你的音乐，还有在脑海中看到的一些画面……我觉得就像是在醒着做梦。"事后，他会很清晰地回忆起看到过的东西，它们就和他在现实生活中看到过的那些事物一样鲜活。

马克重新躺到沙发上，感觉自己就像在一个清凉的大湖里玩水。他开始四处游荡，能够看到周围有一些不同的小海湾，还能看到它们的入口。然后，就像做梦一样，直觉告诉他，这个大湖代表了人类的一切特质。他觉得，人类的一切——一切的情感、渴望和思想——统统倒进了这个大湖里。

他决定探索其中的一个海湾。他跳过一块又一块岩石，一直朝上游走，觉得有某种东西在不停呼唤他继续前行，继续朝深处走。然后，他抵达了一帘高达 60 英尺的瀑布那里，怀着一颗敬畏的心站在它的面前。他意识到他能够爬到瀑布最上面，便一边这样想着，一边爬了上去，他知道，在他的整个生命中，无论他想去哪里都能做到，"一切问题的答案就在那里等着我。"

他把发生的事告诉了指导他的比尔。"别出来，继续走下去。"比尔说。

马克抵达了瀑布上面之后，发现有一头小鹿正在小河里喝水。它看着马克，说，"这里有一些事还没有做完，需要你把它们完成，这些事都和你的童年有关。如果你想继续成长、继续进步，就要把这些事情好好做完。"马克感觉到，这种体验就像启示录一样，仿佛在告诉他，"我一直在隐瞒自己的一些经历。这些经历和我的童年有关，我一直在试图掩盖它们，一个人在生活的浪涛中竭力前行。"

如今，到了瀑布的最上面，马克生平第一次觉得，勇于面对他自 10 岁起就掩盖起来的那些悲伤并不会给他造成什么伤害。他跟着那头小鹿沿着小河朝前走，在一个地方发现了一座圆形剧场。在那里，有一个人正在等他，那人正是他的父亲，他的样子和当初马克最后一次见到他时相比，并没有发生任何的改变。

马克的父亲对他说，有件事他放在心里好久了，一直想告诉他。首先，他想让马克知道他没事。"他必须走，"马克回忆当时的情景时对我这样说，"为此他很难过，但他说：'马克——现在的你真的很棒，想要什么就有什么。'"

马克听完这话哭了，他从来没有像现在这么难过。他的父亲搂着他，对他说："马克，不要再隐藏了。去寻找吧。"

然后，马克知道了——"这整个的旅程，我经历的一切，这整个的引导，就是要告诉我——生活就是好好活着。敞开心扉，放飞自我，去生活吧。挣脱自我的束缚，勇于探索，尽情欢乐，将生活的一切尽收你的心底。"他觉得活着、做人是一件极其美好的事。生命的智慧和生命的意义是巨大的。但他同时强烈地感觉到："这种感觉并非源于外部世界，而是源于我的内心，明白吗？这不是药物所致。只是药物帮助我在心中打开了另外一个空间。这个空间一直都在那里，就藏在我的内心深处。"

然后，他感觉到药物的功效在慢慢丧失，用他本人的话说，就像是"重回自我"。他每天上午9：00来约翰斯·霍普金斯医学院，下午17：30离开。他的女友琼开车来接他，问他感觉怎么样，他不知道该说什么。

在接下来的几个月，马克发现他能够用以前从未有过的方式谈论他的父亲了。他强烈地感觉到："我的心敞得越开，我感悟得就越深，我得到的也就越多。"他感觉他的焦虑在相当大的程度上已经被一种惊叹感代替。"我感觉自己和别人相处时更像个人了。"他甚至开始和女友去舞厅跳舞，换作以前，他肯定会又踢又叫的，死活不愿去，要被人硬拖到那里才行。

3个月过去了，第2个疗程开始。这次的治疗过程和上次一样，只是他总会看到很多没有什么特别意义的破碎的幻景。"那不是诗，是散文，知道吗？"他这样说。他感觉很失望。

然而，他表示："就是这第3个疗程彻底改变了我。"

❧

研究人员不会告诉实验对象服药的剂量大小，但马克明显感觉到，最后一个疗程他服用的剂量不小。

药物发挥作用时，他感觉自己已经来到了一个完全不同的空间里面。上次他看到的是瀑布，这次看到的并不是这类感觉很熟悉的风景。那是一种完全不同的感觉，是他以前从未体验过的。他觉得自己在虚空中飘浮，就像处在某个无边无际的外部空间中。然后，他试着弄清楚自己身在何处，可就在这时，一个人出现在他身旁，看样子就像是宫廷中的逗乐小丑。直觉告诉他，这个小丑会帮助他经历这种从未有过的体验。远远的地方好像有什么东西在转，马克能够看出那东西又大又圆，这次又是直觉告诉他，那里面包含着整个宇宙的智慧，并且那东西正离他越来越近，慢慢地竟能看清了，如果他猜得没错，那东西就要掉进他的身体里了。

马克最初看到这东西时在对自己说："我知道。我知道。"然而后来，他听到有很多别的声音也在一起说这句话，他便也跟着说："我们知道。我们知道。"

好像就是这句"我们知道"让他感觉比以前更加有力。"我感觉向我飞来的那个东西就像是整个宇宙正在跳舞，然后它停住了。小丑对我说：'我们先要解决一些事情。'他进入我的身体，把那个颤抖着身体、焦虑又恐惧的'存在物'拽了出来，和他说话。小丑说：'马克，我需要和你谈谈你的这个部分'……然后，他又对那个存在物说：'你为马克做了一件很让人吃惊的事。你保护了他。你为他创造了精美绝伦的艺术品——你为他创造的这些美丽的墙壁，这些沟壑，还有这些脚手架，你保护了他那么多年，才让他最终来到这个地方。我想让你把心放下，卸下所有的担忧，把这些墙拆掉并不会对你造成任何的伤害，墙没了，你就能体验接下来的感觉了。'"

"这件事中透露出浓浓的爱意，"马克对我说，"没有任何的评判。你来到了这个地方，经过他的安抚，不会有任何的恐惧。"马克身体中那个恐惧的部分同意小丑把墙拆掉。墙拆掉的那一刻，马克发现身旁站着关爱他的人——正是他那早已离世的父亲和姑姑——正在为他鼓掌欢呼。

然后，马克感觉到自己正在向宇宙给予他的一切智慧敞开心胸，并且能够感觉到它们正在进入他的身体，这种感觉让他很快乐。

"知道吗，我们身体中的这个部分一直存在，一直在评判我们，一直在注视我们，注视其他的人，密切监视着我们的一举一动，"马克告诉我，"我身在这个地方，却是在那一刻，心中的自我消散了。我是说，那个自我死亡了。但'我'并未参与到这个过程中去。自我被完全关起来了。马克生平第一次感觉到'没有任何的评判'，只有一种对你自己，对这个世界中的每一个其他的人的怜悯，一种令人难以置信的怜悯的感觉。"他还强烈地感觉到，宇宙间的一切生物都通过自然结为了一个紧密的整体。

他沉浸在这种快乐中，他转身面对小丑、父亲和姑姑，问道："哪个才是真正的神？"他们都看着他，耸耸肩，说道："我们不知道。我们懂得很多，却不知道这个。"说完，他们就一起哈哈大笑起来，马克也跟着笑了。

有了这次的体验，马克俨然换了一个人。他告诉我，通过这次的经历，他感觉到人们都需要一种"被接受的感觉，一种重要的感觉，一种被关爱的感觉。我可以随时随地将这种感觉给予任何一个人，要做到这一点其实很简单，只需关注别人，只需与别人在一起，只需给予别人关爱就行"。

后来，过了一段时间，马克又有了一些其他的感悟。

对操作这个实验、总是对一切持怀疑态度的科学家罗兰来说，他要做的一部分工作就是在实验结束后的两个月内对服用二甲-4-羟色胺磷酸的那些实验对象进行回访。这些人会挨个进入他的办公室，他们的回答几乎都一样。他们会这样说："这是我有生以来参加过的最有意义的一次实验，其意义不亚于孩子的出生或者父母的离世。"马克的情况尤为特殊。"我最初怎么都不肯相信，"罗兰对我这样说，"我最先想到的是，这些人在实验前都有过哪些经历？他们所从事的职业都是高度专业化的，多数为专业人士，因此他们的回答是可信的……这个结果完全出乎我的意料，让我根本无法理解。"

80%的实验对象在服用了大剂量的二甲-4-羟色胺磷酸之后的两个月均表示，这是他们所经历过的5件最重要的事情中的一件。罗兰和他的团队对这些实验对象进行了测试。大部分人服药之后对自己、对生活有了一种更加积极的态度，和别人相处得更加融洽了，也有了更多的怜悯之心。这表明，服用二甲-4-羟色胺磷酸和练习冥想有着同样的效果。罗兰惊呆了。

我在采访参与这个项目以及其他类似实验的人时，发现了一件让我感觉极为兴奋的事。很多人小时候都遭受过很深的创伤，他们将创伤埋藏多年，如今终于可以和别人聊聊了，也就是说，他们最终战胜了一种深藏多年的恐惧。很多人在讲述自己的伤心往事时忍不住流下了喜悦的泪水。

罗兰起初并没有想过要做这个实验，却在二三十年后主导了第一个关于致幻剂的科学研究，他撬开了一扇封闭多年的门，取得了举世瞩目的成就。在此之后，有更多的科学家开始沿着他的足迹前行。这只是数十个新实验中的第一个。为了搞清这件事，我专门赶赴洛杉矶、马里兰、纽约、伦敦、丹麦的奥尔胡斯、挪威的奥斯陆以及巴西的圣保罗，与重新研究致幻剂的科学家见面，试图弄清楚这对治疗抑郁和焦虑意味着什么。

其中有一个科研团队，曾在约翰斯·霍普金斯医学院与罗兰共事，想看看二甲-4-羟色胺磷酸对那些长期吸烟、多年来一直想戒却戒不掉的人有何影响。仅仅经过了3个疗程的治疗，就像马克一样，有80%的人成功戒掉了烟瘾[11]，并且在此后的6个月内一支烟也没有抽。这样看来，这个办法和别的办法相比有着更高的成功率。伦敦大学的一个科研团队做了一个实验，让那些多年来饱受重度抑郁折磨，且没有接受过任何其他形式治疗的人服用二甲-4-羟色胺磷酸。[12]首先说明一点，这只是一个初步的研究，因此我们不应过分夸大它的作用，但他们发现，近50%的患者服药3个月之后病痛完全消失了。

值得注意的是，研究人员有了一个更加重要的发现：上述良好的效果依赖于一件事[13]。摆脱抑郁或者烟瘾困扰的可能性的大小取决于服药期间精神体验的深与浅。体验得越深入，效果越好。

所有参与过上述实验的科学家无一例外地提出警告，不要以偏概全。但这些早期的、值得注意的实验结果好像维护了人们在20世纪60年代搞的那些研究的正当性。罗兰对我说，他开始认为"这些效果真的能够用一种非常深刻的方式改变生命"。

这当中又隐藏着怎样的奥秘？又有哪些事情是我们没有想到的？

研究人员试图弄清上述问题的答案所用的一个办法就是从侧面入手——仔细审视这些体验和深度冥想之间的异同之处。弗雷德·巴雷特是约翰斯·霍普金斯医学院的一位助理教授，正和罗兰从事一项科学研究[14]，他们给那些练习深度冥想超过10年的人服用二甲-4-羟色胺磷酸，这些人长年累月静修，每天至少修炼一个小时，坚持了很多年。他向我这样解释，像马克那样的人，以前从来没有练习过冥想，也没有服用过致幻剂，通常无法用语言描述（至少最初做不到）服药的感受，也想不到生活中有什么可以作为参照的东西。但长期练习冥想的人能够用很多的语言详细地描述这一点，因为据他们所言，他们在练习深度冥想时，在入定的那一刻，有时会抵达一个地方，而药物带他们去的好像就是"那个地方"。"一般来说，"弗雷德告诉我，"他们认为，就算这两个地方不是同一个去处，也是很相像的。"

因此，他们问：这两种做法都有什么样的用处？它们又有什么共同之处？我们在一家泰国人开的餐馆吃饭时，弗雷德给出的答案着实让我吃了一惊。

他说，它们都打碎了我们"对自己的迷恋"。我们出生时对"我们是谁"没有任何的概念。观察一个新生儿，你会发现，用不了多久，他（她）就会在自己脸上打一拳，因为他（她）还不知道自己身体的界限在什么地方。等他（她）越长越大，就会慢慢地认识到自己是谁。他（她）建起一些界限，其中很多是健康的，也是必要的。你需要一些界限保护你自己。但在岁月的流逝中，我们建立起的界限，既有好的也有坏的。孤独的马克 10 岁那年为自己建造了几面墙，丧父的悲痛无法向别人倾诉，只好用这种方式保护自己。随着他年纪越来越大，这些保护性的墙反倒成了一座监狱，使他无法过一种充实的生活。我们的自我，我们的自我感，都具有这些特点：既能保护我们，又能囚禁我们。

但深度冥想和药物体验都能让我们看出"自我"建造的牢固程度。马克能够突然看出，他的社交焦虑症一直是他保护自己的一种方式，但他现在再也不需要它了。我的朋友雷切尔能够看出，她的嫉妒心是保护她免受悲伤侵袭的一种方式——冥想让她能够看出，她没必要这么做，她完全可以用一种积极的心态和对别人的关爱保护自己。

罗兰告诉我，这两种过程都能创造出一种我们和精神之间的全新关系。你的自我是你的一部分，却并不是全部。他说，当你的自我分解、融入一个更大的整体时，融入马克透过心灵之眼看到的那个虚幻的人性之湖时，你的目光就能超越自我的束缚，看得更加深远。你对自己有了一种完全不同的认识。正如弗雷德对我说的那样，这些体验告诉你，你无须被自我束缚。

"如果说冥想是一种（发现这一点的）尝试性的、自然的方式，"罗兰表示，"服用二甲 -4- 羟色胺磷酸就是一种应急的、速成的方式。"

弗雷德对我说："人们体验了二甲 -4- 羟色胺磷酸的效果，从沙发上站起来之后，心中都多了一股浓浓的爱意。他们认识到了自己和他人之间的关系……他们有了更加强烈的与人交际的愿望。他们更愿意用健康的方式，而不是自毁的方式关爱自己。"就在他对我说这些话时，我一直在想我总结的那 7 个抑郁和焦虑的社会与心理因素，对比的结果是很明显的。这些体验让人们认识到，我们每天追求、依恋的那些东西，比如购物、地位，被稍稍冷落，其实都不重要。它们会让人们用一种完全不同的方式看待小时候遭受的创伤。正如罗兰说的那样："它们会改变你的认知，让你明白，你其实并不是你的观念、你的情感或者你的感觉的奴隶，你真的拥有很多的选择，并且在每一个选择中都蕴含着快乐。"比如，这就是 80% 的烟民在有了这次的体验之后成功戒掉恶习的原因。服用二甲 -4- 羟色胺磷酸并没有让他们的大脑中发生某些化学变化，而是让你在拉远镜头，看到生命的珍贵时，心中这样想：香烟？欲望？我比它们伟大得多，我选择好好生活。

这些体验还能帮助我们理解，伦敦大学的研究人员先前做的那些小实验为什么会在重度抑郁症患者身上貌似表现出了那么好的效果。"抑郁是一种束缚的意识，"同样在约翰斯·霍普金斯医学院主导实验的比尔·理查兹对我这样说，"你可以说人们忘记了他们是谁，忘记了他们能做什么，陷入了一种……很多抑郁症患者只能看到自己的痛苦、被伤害、怨恨和失败。他们看不到蓝色的天空和黄色的树叶，知道吗？"重新敞开意识之门的过程能够消解这些东西——因此也能消解抑郁。它能够将你的"自我"的墙壁掀倒，让你和真正重要的东西建立一种亲密的关系。

"尽管药物带给你的体验会消退，"罗兰对我说，"但那种体验的记忆会持续下去，并且能够成为你生活中的新的向导。"

∾

但我知道有两个重要的问题需要引起注意。

第一个：尽管有些人发现，在挣脱了自我的束缚之后会有一种很畅快的自由感，但也有人发现，这么做会让他们感到十分恐惧。在约翰斯·霍普金斯医学院的研究人员搞的这次研究中，约有 25% 的人至少有某些时刻感到一种莫大的恐慌。就像马克一样，对大部分人来说，这种感觉会慢慢消失，但也有人会在每天 6 个小时的实验过程中被恐惧笼罩。有位女士描述了她的感受，她说感觉自己就像在一片荒原中游荡，周围的人都死掉了。20 世纪 60 年代的人们所说的那些关于致幻剂的副作用——比如服药之后，盯着太阳，眼睛就会瞎掉——纯属胡说八道，但这段"糟糕的旅程"并不是谣言。很多人都体会到了。

我对这一切进行深入研究时突然想起一件事。当初在加拿大的那座山上，伊莎贝尔·贝恩克曾告诉我，我们和自然界断开联系会加重我们的抑郁和焦虑程度。她还说，身处自然界中往往会让我们意识到我们竟是那么渺小。自我对我们说的那些话——你好重要啊！你的担忧好多啊！——突然间会变得微不足道。你觉得你的自我缩小了，这种体验让很多人获得了精神上的自由。当初她对我说这些话时，我认为她说的没错，我站在那座山上时的确有这样的感觉，然而，我觉得这并不会让我们获得精神上的自由。我反倒觉得这是一种危害。我想抗拒它、抵制它。至于自己为何会有这种想法，我是不明白的。伊莎贝尔说这会减轻我的抑郁和焦虑的程度，我也能找到足够多的证据证明她说的是对的。

在研究了冥想和致幻剂的功效之后，特别是在和马克聊了冥想是如何帮助他战胜丧父之痛以后，我想我明白当初为何会有那么强烈的抵制情绪了。我建造了自我——觉得自己在这个世界上很重要——在面临危险时能够保护自己。当你见识了一个人在致幻剂影响下的状态，就会懂得我们为什么需要自我了。他们的自我被关闭了，他们陷入了一种孤立无援的状态，你不能丢下他们，让他们独自在街上流浪。我们的自我保护了我们，我们的自我指引着我们。自我是必要的，不能随便把它们拆掉。对于那些只有身处墙内才会觉得安全的人，把他们内心深处的墙拆掉并不会带给他们一种越狱的快感，反倒会让他们觉得这是在侵害他们。

在那天，在那种自然环境中，我还没有做好拆掉心中那些墙的准备，因为我觉得我需要它们。

这就是和我交谈过的每一个人都认为"让那些抑郁症或者焦虑症患者在没有任何准备、没有任何帮助的情况下出门买些致幻剂服下"并不是一个好主意的原因。药物的效果是很大的。比尔·理查兹对我说，服药之后你会感觉到自己就像从山上向下滑雪一样，没有任何的指导，一味蛮干是一种很愚蠢的做法。他们认为，人们或许想做的是努力抗争，试着改变现有法律，让那些吃了这些药有效果的人在适当的条件下得到这些药。

比尔告诉我，长远的目标并不是消灭自我，而是让我们和自我重新建立一种健康的关系。人们只有在一个自认为安全的空间中，在身旁有信得过的人的陪伴下，才能鼓起勇气将深埋在心中的那些墙暂时拆掉。

⌢

第二个问题我认为更加重要。罗宾·卡哈特·哈里斯医生是一位科学家，曾在伦敦主导让重度抑郁症患者服用二甲-4-羟色胺磷酸的实验。我们在诺丁山的一家咖啡馆畅谈数个小时，其间他描述了他们在实验中注意到的一件事。服用了致幻剂的人在最初的 3 个月均表示这种药的效果很好，大部分的人都觉得和别人之间的关系变得更加融洽了，心情也好了不少。但他着重描述的一位病人的情况好像很具代表性。

这位病人是位女士，有了这次与众不同的体验之后她就重返工作岗位了。她在一座令人讨厌的英国小镇上做前台接待，这是一份很糟糕的工作。（经历了这件事以后）她获得了这样的感悟：物质并不重要，每个人都是平等的，身份之间的差别没有任何意义。如今，她重新回到了那个世界当中，那里的每一个人每时每刻都在告诉我们，物质才是最重要的，人是不平等的，你最好弄明白身份与身份之间是有差别的。这就像重新跳进了那个失联的冷水缸中。慢慢地，她又抑郁了，因为她服用致幻剂的时候所获得的那种体验并不能在外部世界中维持下去，那种体验好像只是一种瞬间存在。

我花了很多时间思考这个问题，直到和安德鲁·韦尔医生（此人在 20 世纪 60 年代搞过这方面的研究）深谈之后，才弄明白这到底是怎么回事。在 20 世纪 90 年代，没人说过致幻剂和抗抑郁药的药理过程是一样的，也就是说，致幻剂并不改变你大脑的化学特性，并不"修理"你。并不是这样。它能够做的，是在你的体验处于最佳状态的时候，给你一种短暂的重联的美妙感觉。安德鲁对我说："这种体验的价值就是让你知道重联能够让你获得一种很棒的感觉，而接下来你要做的就是找到其他的办法维持这种感觉。它给你的并不是一种药物的体验，而是让你能够从这种体验中获得一些感悟。你需要用这样或者那样的方式继续修炼，在实践中更深地体会这些感悟。"

获得了这种深度体验之后，倘若重新陷入一种失联的状态，这种感悟便不能持久。不过，倘若你借由这种体验创造一种更深、更久的亲密联系感，一种超越了物欲和自我的感觉，或许就能让感悟持续下去。它会告诉你我们失去的是什么，我们仍然需要的又是什么。

这便是参与约翰斯·霍普金斯医学院搞的那次实验、看到了大量逼真幻景的马克从那次的体验中获得的一些感悟。第 3 个疗程结束的时候，也就是最后的服药体验结束的时候，马克对主导这次实验的教授说："罗兰，我现在该如何处置这些感悟……我需要用生活中的某些东西来证明它们是对的。"曾经沉迷于工作中而不能自拔、连几分钟的冥想练习都无法完成的罗兰此时却知道了答案。他带着马克去了一家专门研究各类深度冥想技巧的静修处。如今，马克经常去那里，我采访他的时候，他坚持练习深度冥想已经快 5 年了。马克知道，他无法在他用药时看到的那个空间里一直生活下去，他也不想这么做，但他想把他的感悟融入日常生活中去。"我不想失去我获得的这种感觉。"他告诉我。

罗兰从来没想过要把这种冥想练习和这些致幻剂推介给别人，马克也没想过要接受这些东西。对他俩来说，这件事就像是各自人生中的一个奇怪的转折点，但他们都被活生生的证据和他们所获得的深刻的感悟触动了。

∽

如今，马克已成了这家静修处的一名冥想教练。他与别人交流时，运用这些技巧，再也不会感到焦虑了。他敞开心胸，坦然接受生活给予他的一切。在我们的谈话结束时，他告诉我，他感觉现在自己有了"一种永远也不会消失的亲密联系，一种深深的体谅的幸福感"。他此后再也没有想过要服用什么抗抑郁药，这些药对他根本不起作用，他说现在不需要它们了。

马克告诉我，并不是每个人都要像他一样走这条路。你可以通过多种方式消除垃圾价值观和垃圾价值观所制造的自我主义对我们的伤害。有些人愿意通过服用致幻剂做到这一点，更多的人则愿意通过练习充满了浓浓关爱的冥想做到这一点，而我们还应继续探索，发现更多其他的办法。但马克认为，无论你选择什么样的方式，"都不是心里玩的一个小把戏，而是让你敞开意识之门，看到早已深藏在你内心深处的那些东西。"

马克回首自己走过的这段长路时对我说："你要做的就是打开那扇门，坦然面对我们所知道的一切——在某种程度上说——也是我们自始至终所需要的一切。"

21. 重联 6：承认并战胜童年创伤

文森特·费利蒂不只是想要发现一个令人伤心的事实，还想发现一个解决的办法。我以前说过，他就是那个发现童年创伤在抑郁和焦虑中扮演着重要角色的惊人证据的医生。他用事实证明，童年创伤会让一个人在成年后更容易患上抑郁症或者焦虑症。他走遍整个美国，向人们解释他的发现的科学性，如今科学界已达成广泛共识，认为他说的是对的。但对文森特来说，这并不是他的初衷。他并不想告诉那些童年遭受过创伤的人，你们小时候没有得到应有的保护，所以你们完了，注定要过一种黯淡的生活。他想帮助他们从痛苦的旋涡中挣脱出来。可又该怎么做呢？

我以前说过——那已是 100 多页之前了，你忘了也很正常，别担心，往回翻翻就是了——他的这些证据有一部分是通过给在恺撒医疗集团接受过诊治的每一个人邮寄问卷调查表获得的。问卷调查表中有 10 个与童年创伤有关的问题，每位患者给出答案以后，他们会将这些答案与每位患者目前的健康状况进行匹配。文森特光这项工作就做了一年多，数据弄清楚以后，他才有了一个想法。

如果一位患者在问卷调查表中用符号标出了小时候曾遭受过某种形式的伤害，等他下次来看病时医生问他这件事会有什么样的结果？这么做是否有意义？

因此他们开始做一个实验。每一个为恺撒医疗集团的患者提供过帮助的医生——从割痔疮，到治疗湿疹，再到治疗精神分裂症——均被要求关注自己所帮助过的那位患者的问卷调查表，如果你的那位患者童年遭受过某种形式的创伤，你就要依照下面这个小小的指导方案行事。你要对患者这样说："我知道你小时候受过伤害。这种事发生在你身上，为此我很难过，你不应遭受这样的对待。你愿意和我说说你的这些事吗？"如果患者说愿意，医生就要表现出同情，并且这样问对方："你觉得这件事对你有长期的不利影响吗？[1] 它和你今天的健康状况有关系吗？"

这个实验的目的是同时为患者提供两个东西。第一个是描述童年伤痛的机会——编一个让患者觉得很有意义的故事。实验刚开始，他们几乎立即发现的一件事就是，很多患者此前从来没想过他们的经历会对另外一个人有什么样的影响。

第二个同样重要——让他们明白他们不会被评判。相反，正如文森特对我说的，这么做的目的是让他们明白，一个他们信得过的权威人物会对他们的不幸遭遇给予最真切的同情。

因此，医生开始问问题。很多患者不愿意谈，但也有很多患者愿意这么做。有的开始说小时候没有受到妥善的照顾，受过性侵或者被父母打过。结果显示，大多数患者从未问过自己这些经历是否和他们今天的健康状况存在一定关联。医生朝这方面引导他们，他们便开始思考了。

文森特想知道的是这么做有用吗？这么做会不会有害？会不会撕开患者的旧伤疤？他焦急地等待着成千上万份会诊结果被统计在一起。

最后，数据出来了。[2] 在接下来的数月数年，那些在一位富有同情心的权威人物的帮助下勇于承认童年曾遭受创伤的患者，患病的概率好像大幅度降低了，和以前相比，他们就医的次数减少了 35%。

起初，医生担心这或许是因为他们让这些患者感到苦恼了，觉得丢脸不愿来就医。但毫不夸张地说，没有人抱怨这一点，在随访中，很多患者表示乐意接受访问。比如说，有一位老妇人 [3]，自称小时候遭受强暴，在给他们写来的一封短信中就这样说："感谢你们的访问。此前，我还担心自己就要死了呢，人们绝不会知道我的遭遇。"

在一个小规模的试点调研中，在被问及了这些问题后，患者会得到一个向一位精神病学家倾诉个人遭遇的机会。在接下来的那一年，这些患者再次来就医、抱怨身体不舒服或者拿药的次数减少了 50%。[4]

这样看来，他们看病的次数少了，就是因为真的不那么焦虑了，真的感觉没那么不舒服了。这是一种惊人的结果。怎么会有这样的结果呢？文森特认为答案和羞耻有关。"在那个短短的问诊过程中，患者将心事向一个对他们来说很重要的外人倾诉了……他们自认为说出这些心事是一种很丢脸的行为，尤其是平生第一次这么做。他摆脱了耻辱的困扰，认识到——'好像这个人依然接受我'。这样的一种认识能够让患者发生巨大的改变。"

这说明导致这些问题（包括抑郁和焦虑）的不只是童年创伤本身，还有掩盖童年创伤的这种行为。并不是你觉得丢脸不愿告诉别人这个意思，而是当你把它深埋在心中以后，它就会不断生长，羞辱感也会随之生长。作为医生，文森特造不出时光机器，无法回到以前阻止伤痛的发生。但是他能够帮助他的患者，让他们不要再掩盖伤痛，不要再有羞耻感。

我以前说过，大量事实证明，羞辱感在抑郁的发生中起着重要作用。我想知道这一点和我现在描述的这件事之间是否存在一定关联，文森特对我这样说："我认为我们正在做的能够有效减少患者的羞辱感和可怜的自我感。"他把这种做法视为在天主教堂中忏悔的一种世俗变体形式。"我并不是以信教者的身份说这话的，因为我本人不信教，但忏悔这种行为施行了1800多年。这种行为延续了这么长的时间，或许真的能够满足人们的一些基本需求。"你需要将你的个人遭遇告诉别人，你需要知道他们并不会觉得你低他们一等。这个事实说明，让一个人和他的童年创伤重建一种联系，就是在用一种极好的手段帮助他摆脱掉童年创伤的某些负面影响。"我们要做的是不是就都做完了？"文森特问我，"没有。但这的确是迈出了重要一步。"

这种说法有道理吗？一系列其他的科学研究证明，羞耻感真的会让人生病。比如说，那些身患艾滋病却没有公开出柜的同性恋者和那些公开出柜的同性恋者相比，就算患病期间得到过同等程度的看护救治，也要比后者早死两到三年。[5] 把自身的一部分封闭起来，觉得它很恶心，这会毒害你的生命。同样的动因是不是也在这里面发挥着作用？

参与这个实验的科学家首次强调指出，要想找到某个办法，将这激动人心的第一步作为下一步行动的理论基础，还需要做更多的研究。这应该只是个开始。"此时此刻，从科学的角度来说，我认为办法就快有了，"文森特在科研事业上的搭档罗伯特·安达对我这样说，"你问的这件事需要一整套全新的思考方式，需要整整一代人的研究将这一切整合在一起形成一个统一的认识。目前还没有人做这件事。"

～

直到二十五六岁，遇到了一位了不起的专家时，我才和别人谈起我童年时遭受过的粗暴对待。我把我的童年经历对他说了，还对他说了我一辈子都在对自己说的那句话：我之所以有这样的不幸遭遇，就是因为我做错了某些事情，我活该受到这样的对待。

"注意听你说的话。"他对我说。起初我没明白他的意思。后来他又重复了一遍，然后说，"你觉得每一个孩子都应受到这样的粗暴对待吗？现如今，如果看到一个成年人对一个孩子说这种话你会作何感想？"

这些年来我一直把这段不幸的经历深藏在心中，从未对我小时候生出的那种想法产生过任何的质疑，我觉得我有这样的想法很正常，因此对于他的提问我很吃惊。

最初我还替那些虐待过我的成年人辩解，我说我的记忆都是错的，根本不存在他们虐待我这种事。然后，过了一段时间，我才慢慢地懂了他说的话。

我觉得我真的从羞辱的束缚下解脱了出来。

22. 重联 7：重塑未来

战胜抑郁和焦虑还有一个障碍，并且这个障碍好像比我迄今为止谈到的那些都要强大。如果你想用我一直在谈的那些方式重新建立一种亲密的联系，比如创建一个团体，用一种民主的方式经营企业，或者组建几个团体共同探索人类的内在价值观，就得有时间，还得有信心。

但这两样东西往往会被耗干。大多数人一直都在工作，并且对未来没有信心。他们精疲力尽，感觉身上的压力一年比一年重。挣扎了一天，终于盼到天黑，还让他去做这样的事，未免有些过分。他们的精力已经耗尽了，却还要让他们去做更多的事，这种做法好像显得有些荒唐。

然而，我在为写这本书做调研时知道了一个旨在为人们把时间夺回来、恢复对未来的信心的实验。

20 世纪 70 年代中期，有一群加拿大政府官员 [1] 在农业大省马尼托巴随意挑选了一个名叫多芬的小镇。他们知道，这个小镇看上去没有什么特别的地方。从那里去最近的城市温尼伯，开车的话，也要用 4 个小时。小镇坐落在草原上，生活在那里的人大部分以务农为生，种一种叫作油菜籽的农作物。全镇有 1.7 万人，辛勤劳作，日子却依然过得很辛苦。赶上收成好，日子就好过——买汽车或者去酒吧消遣。收成一差，日子就过得紧巴巴。

然后，有一天，镇上的人被告知，因为立场偏保守的加拿大政府做出的一个大胆决定，他们已被选定为一个实验的对象。很长一段时间以来，加拿大人一直在怀疑，他们这些年断断续续创建的这个福利国家太笨重，效率也太低了，没有让足够多的人享受到福利。创建福利国家最重要的一点就是要建立一个安全网，确保每一个人都不会掉下去，这是一条安全底线，能够让每一个人免受贫困和焦虑的困扰。但结果显示，在加拿大，仍有很多人过着贫困的日子，仍有很多人缺乏安全感。某个地方出问题了。

因此有人就想出了一个貌似很愚蠢的粗陋办法。迄今为止，这个福利国家一直在采用一种"填坑"的方式解决这个问题，也就是及时发现那些生活在某条水平线之下的人，朝上面推他们一把。他们想，如果说不安全感指的就是没有足够多的钱维持生活，那我们为每一个人分发足够多的钱不就完了吗？如果我们每年为每一个加拿大人——无论年纪大小——邮寄一张数额足够大的支票让他们维持正常的生活会怎样？数额是经过仔细考虑才确定好的，够一个人生活，但不会让你过得很舒服。他们将其称为全民基本收入。这次他们不用安全网防止人们掉下去了，而是打算加高每个人站立的地面。

甚至连理查德·尼克松那样的右翼政治家们也讨论过这个想法，然而这个想法以前从未实行过。因此，加拿大政府决定先在一个地方实验一下。多芬小镇的人得到保证，在接下来的几年，政府每年都会为每一个人无条件地分发相当于今天 1.9 万美元的福利金。你用不着担心了，这项基本收入铁定给你了，不要也得要。这是你应得的。

然后，他们后退几步，想看看接下来会发生什么情况。

这个时候，在多伦多的郊区，有一个名叫伊芙琳·福盖特的年轻的经济系学生。一天，她的一位教授在班上提到了这个实验。她的兴趣一下子上来了。然而，这个实验只进行了 3 年，政府权力就转移到了保守党手中，这个项目突然被叫停。保证年收入没有了。除了那些得到支票的人和另外的一个人，大家很快就把这件事忘掉了。

30 年后，那个名叫伊芙琳的经济系的学生已经成了马尼托巴大学医学院的一位教授，她一直在搜寻某些令人不安的证据。众所周知，人越穷就越容易变得抑郁和焦虑，就越容易得各种各样的病。在美国，年收入低于 2 万美元的人和那些年收入超过 7 万美元的人相比，抑郁或者焦虑的概率是后者的两倍。[2] 拥有几处房产，能够定期获得一定收入的人群和虽有房产却无法定期获得一定收入的人群相比，前者身患焦虑症的概率要低 90%。伊芙琳告诉我："我发现的一件令人惊讶的事就是，贫穷和人们服用具有改变情绪功效的抗抑郁药片的数量有直接关系。"伊芙琳认为，如果你真的想要解决这些问题，首先要做的就是面对它们。

因此，伊芙琳发现自己正在想数十年前做的那个实验。实验结果是什么？得到保证最低年收入的那些人变健康了吗？他们的生活中可能发生了哪些变化？她开始搜寻那个时候写的学术研究报告，结果一无所获。因此，她开始写信、打电话。她知道，当时有很多专家认真研究过这个实验，成堆的数据被采集了。最重要的一点是，这是一项严肃的科学研究。那些数据能去哪里呢？

伊芙琳耗费整整 5 年时间做了大量的调查，最终找到了答案。有人告诉她，实验期间所采集的数据都被运送到国家档案馆藏了起来，就要被扔进垃圾桶了。"我去了那里，发现了大部分写在纸上的数据。那些纸用箱子装着，"她对我这样说，"有 1800 立方英尺，足足装了 1800 个箱子，都是纸。"没有人统计过这些数据。保守党上台以后，不允许任何人再去看这些数据，觉得这个实验纯粹是在浪费时间，和他们的道德标准完全相悖。

因此，伊芙琳和一个调研组开始花费大量时间，研究数十年前搞的这项全民基本收入的实验最终取得了什么样的成果。与此同时，他们为了研究这项实验的长期效果，开始搜寻那些参与过这项实验却依然在世的人。

$\sim$

当伊芙琳和当年参与过这个实验的人聊天时，给她留下深刻印象的第一件事就是，这些人依然能够清晰地记得当时的情景。每一个人的生活都因为这个实验受到了不同程度的影响。他们告诉她："有了这钱就像有了保险，不用再担心孩子们明年还能不能上学，不用再担心能不能买得起那些必需品。"

在此之前，这儿一直都是一个保守的农民社区，其中最大的一个变化是女性看待自己的方式变了。伊芙琳认识了一位女士，这位女士靠着这笔钱成了她家里第一位获得中专学历的女性。她学有所成，成了一名图书馆管理员，并一跃成为所在社区最受人尊敬的人物之一。她把两个女儿的毕业照拿给伊芙琳看，还说很骄傲为她们树立了榜样。

其他人表示，以前他们的生活总是不稳定，这笔钱让他们平生第一次抬起了头。有这样的一位妇女，丈夫残疾，还有 6 个孩子，她在自家客厅里靠为人家理发维持一家人的生活。她解释道，这项全民基本收入实验意味着"我们平生以来第一次可以在咖啡中加点奶油了，可以买一些能够为生活增光添色的小东西了"。

这些故事令人动容——但硬邦邦的现实存在于数据中。伊芙琳和她的那个调研组耗费多年统计数据，发现了这个实验的一些主要成果。[3] 孩子们在学校里待的时间长了，表现也更加优秀。妇女准备好了以后再要孩子，这让早产儿的数量减少了。父母在家中照顾新生儿的时间多了，也不用再那么匆忙地返回工作岗位了。大部分人的工作时间缩短了，人们拿出更多的时间陪孩子或者为自己充电。

但有一个结果在我看来尤为重要，给我留下的印象最为深刻。

～

伊芙琳翻阅了参与这个实验的那些人的病历，结果发现，正如她对我解释的那样："去医生那里抱怨心情不好的患者越来越少。"在这个社区中，身患抑郁症和焦虑症的人数大幅度减少。至于那些身患重度抑郁不得不入院治疗的患者的数量在短短的 3 年中就减少了 9%。

这到底是怎么回事？"人们日常生活中的抑郁情绪被一扫而光了，或者说大幅度减少了，"伊芙琳对我这样说，"你知道你下个月、下一年会有一笔稳定的收入，因此就会想到以后的生活是稳定的。"

～

伊芙琳告诉我，这个实验还有一个令人意想不到的效果。如果你知道了你有足够多的钱维持一种稳定的生活，无论发生什么事，你都可以把不顺心的工作辞掉。"你会觉得你不再是工作的奴隶，有些工作很差劲，但人们为了生存不得不做。"她对我这样说，"它能给予你一点力量，让你有勇气对自己说：'这工作我做着不顺心，我没必要再待在这里。'"这就意味着做老板的要做出一些改变，让工作变得更有吸引力。慢慢地，镇子上的不平等的现象也消减了不少，这又缓解了因地位的极度不平等所导致的抑郁情绪。

在伊芙琳看来，这一切让我们认识了抑郁的本质。她告诉我："如果抑郁只是因为大脑出了问题，只是因为身体出了毛病，你就不会看到它和贫穷之间的这种紧密的联系，也不会看到人们因为得到了一笔居民基本收入，抑郁情绪大幅度缓解的喜人场面。当然了，这让领到这笔钱的那些人的生活变得舒服了不少——其实这就是一种抗抑郁药。"

伊芙琳注视着当今世界，注视着多芬镇从 20 世纪 70 年代中期以来的巨大变化，深深地感悟到，全社会对这样的福利计划的需求程度正在增长。那个时候的人们想读完高中就去上班，在一个行业一直做到 65 岁，然后拿着一块漂亮的金表和一笔可观的退休金光荣退休。现在的人们努力奋斗以获得那种安全感、稳定感，但那样的日子已经一去不复返了。我们生活在一个全球化的世界中，世道彻底变了。我们无法回到过去重新找到那种安全感，特别是在当今世界机器人和科技替代越来越多的人工的情况下。正如贝拉克·奥巴马在卸任前的一次采访中提到的那样，一种全民最低收入计划可能是我们重造安全感的最好手段，重建一个失落的世界不能光靠动嘴皮子，要勇于创造，闯出一条新路，找到一种全新的办法。

伊芙琳在那些深藏于加拿大国家档案馆中、满是灰尘的装满数据的箱子里，或许发现了 21 世纪最重要的一种抗抑郁药物。

我想更多地了解这个计划的含意，深入研究我对它的担心和疑问，便去拜访一位名叫罗格·布雷格曼的杰出的荷兰经济史学家。他是全民基本收入这个理念在欧洲的主要倡导者。[4] 我们一边吃汉堡，一边品尝掺杂了咖啡因的饮料，一直畅谈到深夜，聊这个计划的所有含意。"我们一再将集体性的问题归咎于个人，"他对我这样说，"你抑郁了吗？吃药吧。没工作？找职业辅导员——我们会教给你如何写简历，如何在招聘网站上找工作……真正去思考劳动力市场和社会现状的人并不多，绝望的情绪无处不在。"

就连中产阶级也长期生活在一种"缺乏确定性"的状态中，甚至连几个月之后自己的生活会发生怎样的变化都不知道。另外的一个办法——保证最低年收入——能够在一定程度上消除这种羞辱感，代之以一种安全感。罗格在《现实主义者的乌托邦》一书中写道，有很多地方已经在小规模尝试这种办法了。他说方式总会有的。这个办法最初被提出来时，人们纷纷表示：什么？光发钱？这会毁掉职业道德规范。人们有了钱只会用来买酒、买毒品、看电视消磨时间，恶劣的后果马上就会出现。

比如说，在大烟山脉中，有一个 8000 人的印第安人部落，决定开一家赌场，但他们的做法有些不同。他们商定利润均分，每人每年都会收到一张面额 6000 美元的支票（后来这个数额涨到了 9000）。其实，这就是一种全民基本收入的做法，外人说他们疯了。但社会科学家对这种做法进行深入调查之后发现，这种保证收入带来了一个很大的变化。父母愿意把更多的时间用来陪伴孩子，因为压力小了，自然就能更多地和孩子们在一起了。结果怎样？像注意力缺乏症和小儿抑郁症这类行为问题降低了 40%。[5] 在此期间，我没有找到别的能够反映如此有效地治疗儿童心理问题的实例。他们做到这一点靠的就是释放父母的生活空间，让他们和孩子更多地共处、交流，建立一种亲密的关系。

全世界的——从巴西到印度——这些实验的结果都是一样的。罗格告诉我："我问人们——'有了这笔基本收入你会怎么做？'99% 的人会说——'我有梦，我有激情，我要做些有激情、有意义的事。'"不过当他问他们如果别人有了这笔钱会怎么做时，他们会说——哦，他们会变成行尸走肉。

他表示，这个项目的确带来了一个大的变化，却不是大多数人料想的那种。罗格认为，最大的变化是人们对工作的态度发生了改变。[6]当罗格问人们工作的内容是什么，是否觉得自己的工作有意义时，他吃惊地发现很多人都抢着说他们做的事没有任何意义，对世界没有丝毫贡献。罗格说，保证最低年收入最重要的作用是给予了人们一种说"不"的力量。[7]他们会第一次离开有辱他们的人格或者让他们感到极为痛苦的工作。很显然，有些无聊的工作还是要做的。这就意味着那些做老板的必须提供更高的薪水或者更好的工作环境才能把人留住。那些最烂的工作，那些让人抑郁和焦虑的工作，必须马上提高各种待遇吸引工人。

人们会基于各自的想法做生意，像科蒂社区的那些人那样，通过某种方式改善社区环境，改善各自的生活，照顾孩子，照顾老人。这些都是实实在在的工作，但多数时候市场并不会给这类工作什么回报。罗格说："当人们能够自由地说'不'时，我觉得工作就有了某种价值，进而让这个世界变得更有意思或者更加漂亮。"

我们必须坦率地说，这个计划需要花费大量的金钱，保证人人享有最低年收入，这会吃掉任何一个发达国家大量的国家财富。但每一个文明的计划都源于一个乌托邦式的梦想，从福利国家到妇女权利，再到同性恋权利，无不如此。美国前总统奥巴马曾经表示：这个梦想在接下来的 20 年内会变为现实。[8]如果我们现在开始讨论，努力使之成为一种抗抑郁的良药，成为一种对抗弥漫于整个社会、拖垮那么多人的抑郁情绪的方式，我想它也能够帮助我们最先认清这种绝望情绪不断蔓延的一个重要原因。罗格对我解释，这是一种为那些对未来已失去希望的人重建一个有保障的未来的方式，是一种为所有人重建一个能够改善生活、改变不良社会风气的呼吸空间的方式。

～

　　每当回想起那 7 个治疗抑郁和焦虑的办法时，我总能清醒地认识到，施行这些办法需要我们和社会做出巨大的改变。每次我这样想时，总会有一个声音钻进我的脑袋里笑话我。那个声音说：什么都不会改变。你说的那些社会变革的方式只是一种幻想。我们被困在这里了。你看新闻了吗？你觉得那些积极的变化发生了吗？

　　每当我这样想时总会想起我的一位密友。

　　1993 年，记者安德鲁·苏利文被诊断出感染了艾滋病病毒。那个时候正是艾滋病的高发期。全世界的男同性恋者正在死亡边缘徘徊，看不到有什么治疗的办法出来。安德鲁首先想到的是：我活该得这种病，我觉得是我的错。安德鲁生在一个天主教家庭 [9]，家人对同性恋充满憎恶，小时候的他觉得自己是这个世界上唯一的一个同性恋男孩，因为无论在电视上、大街上，还是在书里都看不到像他这样的人。在他生活的这个世界里，如果你足够幸运，搞同性恋会被人家说三道四，如果不那么走运，会被人家在脸上揍一拳。

　　因此，他现在想的是："是我把这病勾来的，这种致命的病是对我的一种惩罚。"

　　别人说安德鲁会死于艾滋病，这让他想起了一个画面。他有一次去看电影，放映机出了点问题，画面都变形了，看不成了。这种状况持续了几分钟。他意识到他现在的生活就像坐在那个电影院里，只是生活的画面再也不会亮起来了。

　　此后没过多久，他便辞掉了美国著名杂志《新共和国》的编辑职务。他最好的朋友帕特里克因患艾滋病正挣扎在死亡的边缘，安德鲁心里很清楚，同样的命运也在等待着他。

　　安德鲁去了马萨诸塞州科德角最边上的同性恋者的圣地普罗温斯敦等死。那年夏天，在靠近海滩的一栋小房子里他开始写一本书。他知道他最后能做的只有这个了，便决定写一些与鼓吹一个疯狂又荒谬的想法有关的东西，这种想法怪透了，以前从来没有人写过这方面的书。他打算向政府提议，让同性恋者也能像普通人那样享有结婚的权利。他觉得这是让同性恋者能够从束缚他们自己的那种自我憎恨和耻辱中解脱出来、获得自由的唯一可行的办法。他想："我是等不到那天了，但或许还能帮助我身后的那些人。"

那本叫作《其实很正常》的书一年后出版了，只在书店的书架上摆了几天帕特里克就死掉了，安德鲁因提出同性婚姻这样可笑的想法备受嘲讽。他不但遭到了右翼分子的攻击，更遭到了左翼同性恋者的羞辱，他们说他相信婚姻，是个叛徒，是异性恋者，是个怪物。有一个叫作女同性恋复仇者的团体，在他举办签名售书活动时公开抗议，还把他的头像挂在一支枪的十字丝上。安德鲁看着那些人，绝望了。这个疯狂的想法——他死前做出的最后一个姿态——显然没有丝毫的用处。

当听到人们说我们为了对抗抑郁和焦虑而需要做出的那些改变根本就不会发生时，我就会幻想着时光能够倒流，能带我回到1993年的那个夏天，回到普罗温斯敦那栋海滩上的小房子里，对安德鲁这样说：

好吧，安德鲁，你是不会相信了，可我还是想和你说说接下来要发生的事。从现在算起，再过25年，你仍会活着。我知道你听了这话会深感吃惊，不过，等着瞧吧，最好的我还没说呢。你写的这本书就要掀起一场声势浩大的运动。这本书就要在最高法院的一项重要裁决中被引用，法官说同性恋者同样拥有结婚的权利。在你接到美国总统写给你的信的那天，我要和你以及你未来的爱人在一起，那封信中说，你引发的这场同性婚姻之战因为你的努力而获得了一定程度上的成功。总统先生会在那天把白宫点亮，就像在为你竖起一面彩虹旗。他会邀你去白宫赴宴，感谢你所做的一切。哦，你问那天的那位总统是谁？他是个黑人。

我说了这么多，你可能会觉得我在讲一部科幻小说的情节，但这件事的的确确发生了。这不算小事，要知道两千年来，同性恋者要么被投入监狱、受尽嘲讽，要么遭受毒打、被活活烧死。这件事之所以发生就因为一个理由，因为有足够多的勇士紧紧地团结在了一起，要求政府给予这项权利。

每一个读这本书的人都是文明社会中某种巨变的受益者，最初有人把它提出来时，人们都觉得不可能实现。你是女人吗？我的祖母直到40岁才被允许拥有私人银行账户。你是工人吗？想当年，工会为工人争取双休日的权利时，很多人都说这是一个乌托邦式的想法。你是黑人吗？是亚洲人吗？是残疾人吗？不用我再说下去了吧。[10]

我就此告诉自己：如果你听到一个想法在你的脑袋里对你说，我们无法对付抑郁和焦虑的社会根源，你就应该停下来好好想想，这正是抑郁和焦虑本身的一个症候。是的，我们需要的是巨变，是革命运动那样浩大的巨变，是一场改变同性恋者悲惨境遇的大革命。这场革命已经发生了。

要想对付这些问题，有一场苦战正在前面等着我们。之所以这样说，是因为我们面对的是一个生死存亡的时刻。我们完全可以否认这一点，然而这么做会让我们再次陷入困境。安德鲁告诉我，面对一个生死存亡的时刻，我们要做的不是回家哭泣，而是勇于迎战。我们要搞一场声势浩大的革命运动，我们需要实现某个看似不可能的任务——不达目的誓不罢休。

～

罗格这个全民基本收入计划在欧洲的主要倡导者不时会读到一则某个人在事业上做出重大选择的新闻故事。有个人都 50 岁了，觉得当经理不合心意，索性辞职成了一位歌剧演员。一位 45 岁的妇女辞掉高盛集团的工作去做慈善。"这是一种有勇气的行为。"我和罗格喝到第 10 杯健怡可乐时他这样对我说。人们吃惊地问他们："你真的想追随内心的意愿去做事吗？你真的想改变现有生活去做你喜欢做的事吗？"

罗格说，这是一种信号，说明我们早已走入歧途，连做自己喜欢做的事都被看作一种古怪的行为，就像某个人买彩票中了大奖，别人死活不能理解，但我们不就应该这么做？他说："让每个人都享受保证最低年收入就能让他们按照内心的意愿行事。你是人，你只能活一次。你喜欢做什么就去做好了，为什么还要去做那些自己不喜欢做的事呢？"

结束语：回家

研究做完了，书也快写完了，一天下午，在伦敦的大街上漫无目的地游荡了数个小时后，我意识到我现在站的地方离我差不多 20 年前第一次购买并服用抗抑郁药的那家药店只有一小段路。我晃荡着走了过去，在门口站住脚，想起了那天和以后的很长一段时间都相信的那个故事：医生、大型医药公司和那个年代的畅销书都告诉我，我的抑郁是脑子里的病，是脑子里的某种化学物质含量不足所致。我的生理机能出了问题，需要修复，吃药吧，这就是解决的办法。

人们从药店里进进出出，从我的身旁走过，医生对他们说吃抗抑郁药很正常，我知道有些人因此会在药店里买些来吃。或许他们当中有谁是第一次吃这种药，在我身上曾经发生的故事又要在他身上重演一遍了。

我学了这么多的知识，但这个时候却不知道该怎么和过去的那个我说，那个当年也是站在这里、第一次服用抗抑郁药的我。如果我能回到过去，在他服药前，我想我会告诉他一个更加真实的故事，我会对他这样说：

他们对你说的那些话都是错的。我没说所有的抗抑郁药都是坏的，有些可信的科学家表示，吃药的确能够缓解一小部分患者的病情，这一点你不要忽略。错误的说法是：抑郁是大脑当中某种化学物质含量不足所致，对多数人来说，服用抗抑郁药是主要的解决途径。这个谬论让大型医药公司每年有 1000 多亿美元的销售额 [1]，这就是它始终横行于世的原因。

我会和他解释，真实的情况科学家们早就掌握几十年了。抑郁和焦虑有 3 个原因：生理的、心理的，还有社会的。这些原因都是真实存在的，只用一句"化学物质失衡"是无法概述的。虽然缺少了社会和心理这两个因素生理因素根本就不会起作用，但它们还是被忽略了很久。

我说的这些原因并不是什么偏激、愚蠢的理论。它们是世界上最重要的医疗组织——世界卫生组织所得出的正式结论，相关人员在 2011 年曾这样解释 [2]："精神病是社会原因造成的，一个人得了精神病，首先是社会出了问题，因此需要在社会和个人那里去寻找原因。"

联合国在 2017 年世界健康日那天发表正式声明称 [3]："抑郁是心理因素所导致的这种占据统治地位的说法是建立在有偏见的、有选择性的研究结果之上的，坏处大过好处，剥夺了患者恢复健康的权利，必须被制止。"声明中还提道："有越来越多的证据显示，抑郁的产生有更深层次的原因，光吃药是不管用的，和社会问题密切相关的那些病需要别的治疗办法。我们应该关注权利失衡，不要再关注化学物质失衡。"

因此，我想告诉那个男孩，对他所承受的痛苦来说，这些发现具有重要的意义。

你不是一台零部件损坏的机器。你是高级动物，只是某些需求没有得到满足才抑郁的。你需要和别人交往。你需要的不是那些掏空了你的整个身体、告诉你幸福源于金钱和购物的垃圾价值观，你需要的是有意义的价值观。你需要自然界。你需要一种被人尊敬的感觉。你需要一个有保障的未来。你需要和这所有的东西建立一种亲密的联系。你需要释放小时候因受到虐待而背负了一辈子的那种羞辱感。

每个人都有这些需求，在我们的社会中，相对来说，我们更善于满足身体上的需求，比如说饥饿的满足，这个成就可不算小。但我们在满足心理需求上做得很差劲。这就是你和你周围那么多的人遭受抑郁和焦虑困扰的一个重要原因。

你的病并不是大脑中某种化学物质含量不足所致，你的病是社会环境和精神失衡所致。你的病不是血清素惹得祸，而是因为社会出了问题。你的病不是脑子里的，而是痛苦所致。生理上出了问题的确会加重你的抑郁，但这并不是原因，并不是驱动的因素。在这里找主要的解释和主要的解决办法是找不到的。

你抑郁了，焦虑了，可人家对你说的那些原因都是错误的，你寻找的方法也是错误的。人家说你的病根在脑子里，你就不去生活中、心理上或者环境中寻找答案了，也不会想去改变它们了。你就完全被包裹在一个血清素的虚假故事中了。[4] 你想方设法地摆脱脑袋里抑郁感觉的折磨，却做不到，只有在生活中除掉抑郁的根源，才能摆脱掉这种感觉。

是的，我会对以前的那个我说：你抑郁并不是因为身体上出了问题。这是一个信号，一个必要的信号。

我知道我对他这样说他很难理解，因为他此刻正在承受病痛的折磨。但我想告诉他的是，这种痛苦并不是你的敌人，虽然痛得很厉害（上帝啊，我知道那种滋味有多难受）。它是你的朋友，能够让你远离一种荒废的生活，指引你去拥抱一种更加充实、更加美好的生活。

然后，我会告诉他，你此刻正处在十字路口。你可以不去理睬这个信号，但这会让你重蹈覆辙，重新品尝过去那么多年它给你带来的痛苦滋味。你也可以认真倾听这个信号，试着让它指引你，远离伤害你、摄取你魂魄的那些垃圾，拥抱能够满足你真正需求的那些美好的事物。

～

那个时候为什么没有人告诉我这一切？你在寻求一种解释时，可以先从那个1000多亿美元的销售额着手。但这并不够，我们不能把所有的过错推到大型医药公司身上。我现在算是明白了，医药公司之所以有这么大的销售额，就是因为它和我们文化中的一个深层次的趋势结合在了一起。

那是数十年前了，那个时候抗抑郁药还没有研发出来，我们就一直处于失联状态——和他人失联，和真正重要的东西失联。我们认为，什么都没有个人重要，什么都没有个人有意义，什么都没有不停购物有意义。在我小的时候，玛格丽特·撒切尔曾说："根本不存在社会这回事，只有个人和他们的家庭。"放眼全世界，她的看法赢了。我们信奉它，甚至连那些对它不齿的人也信奉它。我现在知道它的危害了，在身患抑郁症的那13年中，我始终没有想到我的病可能会跟我周围的世界有关。我觉得我得这种病都是因为个人问题，因为我的脑袋出了毛病。我把我的病痛完全看作了私人问题——我认识的每一个人也秉持这种看法。

在这样的一个世界中，每个人都认为不存在"社会"这种事，如果把抑郁和焦虑归结为社会原因，我想绝大多数的人会不理解。这就像用古老的希伯来语和一个21世纪的孩子对话。大型医药公司为这种孤立的、物质至上的文化提供了其自认为需要的解决办法——一个可以花钱买的办法。我们并不知道有些问题不是靠花钱就能解决了的。

可是，尽管我们假装社会并不存在，可我们好像仍然生活在社会中。对联系的渴望从未丧失。

我不会再把我的抑郁和焦虑看作疯狂的一种表现形式，我会和过去的那个我说：你需要看到这种疯狂中的理智成分。你要明白这种东西是有意义的。当然了，这么做会让你痛苦不堪。我每天都在担心这种痛苦还会回来继续折磨我。但这并不意味着这种痛苦就是疯狂，就是荒谬的。伸出你的手，去触摸火炉，你的手肯定会痛，你会尽快地把手缩回来。这是一种理性的反应。如果你一直摸着火炉，你的手就会着火，最后被烧掉。[5]

从某种意义上讲，抑郁和焦虑可能是最理智的一种反应。[6] 这是一个信号，在告诉你，不要再这样生活下去了，如果没有人帮你找到一条更好的路，你就会失去那么多作为人的最好的东西。

～

那天下午，我发现自己又在想在这次旅程中认识的那么多的人——有一个人是我特别在意的。乔安妮·凯恰托雷的女儿生下来就死掉了，她感到了那种深深的悲伤，这是一种自然的、合理的反应，因为你深爱的东西被夺走了。然而，她和很多悲伤的人从医生那里得到的正式答案都是一样的：如果一段时间过后，你们还是这么难过，就说明你们得了精神病，需要吃药了。

乔安妮告诉我悲伤是必要的。我们爱，所以才悲伤。我们悲伤，是因为我们失去的那个人对我们很重要。悲伤会按照一个简单划一的时间表消失，这种说法是对我们所感受到的那种爱的一种侮辱。

她对我说，深度的悲伤和抑郁有着同样的症状和理由。我认识到，抑郁本来就是悲伤的一种表现形式。我们悲伤，是因为没有得到我们所需要的那种亲密的联系。

我现在知道了，正如说乔安妮那挥之不去的丧女之痛是一种精神病，是对她的一种侮辱，说我的抑郁之痛是因为脑子出了毛病，同样是对年轻时的我的一种侮辱，更是对我所经历的一切和我所需要的东西的一种侮辱。

放眼整个世界，人们的痛苦正在受辱。我们应该把这种侮辱扔回到那些侮辱我们的人的脸上，要求他们解决那些真正需要解决的问题。

～

过去的几年，我一直在消化和吸收这些证据，并且试着把我学到的知识应用到实际生活中去。我已经使用了我在这本书中谈到的一些心理工具：我学着不再那么关注自我，不再那么深地沉浸在物欲的满足中，不再总想着高人一等，我终于明白，这些都是毒药，是它们让我感觉越来越糟。我试着花费更多的时间追求那些能够满足我的内在价值观的东西。我用冥想这样的方式让自己变得更加平静。我释放了童年的伤痛。

我也开始使用我谈论过的一些环境工具。我试着让自己和群体的关系变得越来越紧密，我不再自恋，抽出更多的时间陪伴朋友和家人。我改变了自身所处的环境，周围不再有诱使我想起那些使我抑郁的东西的事物，我不再那么热衷于社交媒体了。凡是有广告的电视节目我一概不看。我抽出更多的时间和我爱的人在一起，追求我觉得真正重要的东西。和以前相比，我和别人的关系更亲近了，和有价值的事物的关系也更亲近了。

我的生活变了，抑郁和焦虑的程度也大幅度减轻了。但这并不是一条直线。有时候，因为个人的挣扎与纠结，因为仍然生活在这个诸多邪恶力量横行的社会中，我会感觉不太舒服。但我已经感觉不到那种不受我控制就从我的身体里不断冒出来的痛苦了。它消失了。

我一直很小心，不想让这句简单的"我做到了，你也能做到"作为这本书的结尾。因为这样会显得不够诚实。我改变了这么多，只是因为我足够幸运。我的工作和我的生活用一种很不同的方式和谐共处着，我有很多的时间，上本书卖了不少钱，生活中有足够的空间供我思考，又不用养孩子。很多读这本书的抑郁症或者焦虑症患者，因为我们所处的这种社会环境，并没有我这么多的有利因素。

这就是我为何认为我们不应该——万万不能——只通过个人改变解决抑郁和焦虑的问题。告诉人们解决的办法主要是或者只能是改变你的生活，这是对我在这次旅程中所获得的那么多的知识的一种否定。你一旦明白了抑郁在很大的程度上来说是我们的不良文化所导致的一个社会性的问题，就会很清醒地认识到，解决这个问题的办法在很大程度上来说也应该到社会中去寻找。我们必须改变社会风气，让更多的人能够自由地选择他们的生活方式。

迄今为止，我们把解决抑郁和焦虑的责任都推到了单个的抑郁症患者和焦虑症患者身上。我们告诫他们、欺骗他们，一定要打起精神来，一定要吃药。不过，如果问题并不出在个人身上，只靠个人是解决不了的。作为一个群体，我们必须改变不良的社会风气，把制造了那么深重的苦痛的抑郁和焦虑的根源挖出来。

然后，我要对年轻时的那个我说，下面这件重要的事你要牢牢记住。你仅靠一己之力无法解决这个问题。这不是你的过错。对这种改变的渴望就在你的周围，就在水面之下。坐地铁时，看看你对面的那些人，很多人抑郁、焦虑。更多的人不快乐，觉得在我们创造的这个世界中被淹没了，其实根本没必要这样。如果你一直这样沮丧下去，孤独下去，就有可能陷入抑郁和焦虑的旋涡中。如果你能同别人建立亲密的联系，就能改变你周围的环境。

在那个我曾住了那么久的德国的科蒂社区，那种变化只是始于要求房租不再涨这样的小事件，但在抗争中，他们意识到，有这么多的亲密关系是他们很久以来一直在忽略的。科蒂社区的一位妇女对我说过的话让我想了很多。我以前提过，她生在土耳其的一座小村子，将整个村子看作她的家。可等她来到欧洲以后才发现，在这里，家的概念只是你住的那栋公寓。在这里，她感觉很孤独。然而，抗议活动开始时，她开始把整个社区和每一个人视作她的家。她意识到，都30多年了，她一直没有感受到过家的温暖，现在那种感觉又回来了。

如今，大多数的西方人都生活在一种无家可归的可悲状态中。科蒂社区的人仅靠一个小小的刺激——片刻的亲密联系——就明白了这一点，并找到了修复的办法。但要做到这一点，需要有个人率先伸出他的手。

这便是我想对年轻时的那个我说的话。你必须把脸扭过去，面对你周围那些受伤的人，找到一种办法和他们开始沟通、交流[7]，和他们共同建造一个家——一个你可以和别人联系在一起、共同找到生命的意义的地方。

我们的失散状态持续了这么久，该回家了。

在那一刻，我第一次懂得了，在这次的整个旅程中，我在越南乡下身染重病那天一直在想的问题。当时，我叫喊着想吃些药缓解我的痛苦，缓解那种天旋地转的恶心，医生却对我这样说："你需要这种恶心的感觉。这是一个信息，我们必须倾听这个信息。它会告诉我们你哪里出了问题。"如果我当时忽视了或者压制了这个信息，我的肾脏就会坏死，我也就死掉了。

你需要这种恶心，你需要这种疼痛。这是一个信息，我们必须倾听这个信息。全世界这些抑郁或者焦虑的人都在给我们发出一个信息。他们告诉我们，我们的生活方式有问题。我们不要再试图消灭、压制或者治愈那种疼痛。我们反倒应该去倾听它，尊重它。只有倾听自身的痛苦才能找到这种痛苦的真正根源，然后将其拔除。

致谢

如果没有很多的人帮助你，写这样的一本书是不可能的。我首先要感谢的是伊夫·恩斯勒，他不但是我的一位特别的朋友，是我所期望能够与之共同探讨这些问题的最佳人选，更是给予我灵感、让我用快乐的而不是愤怒的心态反对不公的那个人。我同样要感谢内奥米·克莱恩，他是我认识的如何在不减损、不抛弃复杂问题的复杂性的前提下对它们进行深度思考的最伟大的榜样。

写这本书时我亏欠最多的是那些社会科学家，这本书之所以能够写成靠的就是他们做的那些科学研究，他们耐心地回答我的各种问题，我曾无数次地请求他们看看我是否真的弄懂了他们说的话。社会科学是能够让这个世界变得更加美好却又最不受赏识的手段之一。基于这一点，我要感谢在剑桥大学教给我这方面知识的那些教授，特别是戴维·古德、帕特里克·贝特和约翰·邓恩。

每当我在这本书概述某个人的作品或其生活中的某个方面时，总会付出百倍努力，确保我说的每一句话都是准确的。我在此想强调一点，这些都是我对他们的观点和发现的复述，我的阐述有可能和原著中的某些部分并不完全一致，因此不应被视作他们的原话。因为这一点，我强烈建议读者去读他们的原著，这本书中引用了大量的著作，我在注释中都标出来了。

我当初之所以想写这本书，其实源于我和我的杰出的美国代理人理查德·派恩的一次交谈，没有他的鼓励，我是写不出来的。布鲁姆斯伯里出版社的编辑安东·穆勒对这本书进行了仔细的修改、编辑，使之变得更为出色。我还要感谢我那出色的英国文学代理人彼得·罗宾逊，我的影片代理人洛克瑟娜·阿德尔以及我的演讲代理人查尔斯·姚。我同样要感谢布鲁姆斯伯里出版社的亚历克斯·冯·赫尔斯堡、格雷西·麦卡纳米、萨拉·基钦和赫迈厄妮·劳顿。

我的朋友们对我无休无止地谈论这个课题给予了极大的耐心，他们的提问和想法改变了我对它的处理方式。我尤其要感谢亚历克斯·希金斯、多萝西·拜恩、杰克·海斯、迪卡·艾特肯海德（此人也提出了一些很棒的编辑修改建议）、雷切尔·舒伯特、罗伯·布莱克赫斯特、阿米·艾尔·惠蒂、朱迪·考汉、哈里·伍德洛克、约瑟夫·杰克森、马特·盖茨、杰·卢森堡、诺姆·乔姆斯基、克里斯·威尔金森、哈里·奎尔特·派纳、彼得·马歇尔、萨拉·潘森、丹·拜、多特·潘森、阿历克斯·法拉利、安德鲁·苏利文、伊姆提亚兹·沙姆斯、安娜·鲍威尔·史密斯、杰米娜·可汗、露西·约翰斯通、阿维·李维斯、泽娜普·格丁、贾森·希克尔、斯图尔特·罗杰、黛博拉·奥尔、斯坦顿·皮尔、杰奎·格莱斯、帕特里克·斯特拉德威克、本·斯图尔特、杰米·拜恩、克里斯平·萨默维尔和乔斯·加曼。

从我小时候算起，这些年，就抑郁和焦虑这些问题，我和下面这些人曾认真谈论，也从他们身上学到了很多东西，他们是：艾米莉·德·皮尔、罗赞·莱文、迈克·莱格、约翰·威廉姆斯、阿历克斯·布劳德本特、本·克兰菲尔德、戴维·皮尔森、佐伊·罗斯、劳伦斯·莫里、劳拉·凯莉、杰里米·默盖尔、马特·罗兰·希尔和伊夫·格林伍德。

或许是斯蒂温·格罗兹的问题和想法最初帮助我形成了对这些问题的看法，在此，我想把他的杰出著作《检视人生》推荐给每一个人。

技术、娱乐与设计大会（TED）的工作人员邀请我去加拿大的班夫镇参加一个会，在那里，我遇到了这本书中提到的一些主要人物，我尤其要感谢的是布鲁诺·朱萨尼和海伦·沃特斯。我在全球性的运动组织"规则"工作的朋友马丁·科克和阿尔努尔·拉德哈把我送到蒙特利尔，并且将他们的智慧融入我创作这本书的整个过程中，想要更多了解他们的杰出贡献，请登录 www.therules.com。

科蒂社区的每一个人以及在柏林仍在进行的抗议活动都很了不起，我尤其要感谢给予了我那么多的帮助的马蒂亚斯·克劳森。

吉姆·盖茨带我去参观印第安纳州的一个阿米什村子，为我付出了大量的时间，并且为我奉献了他的一些深刻见解。凯特·麦卡诺顿在柏林为我提供了一个住处，并且将她的一些不错的看法告诉了我，雅辛塔·南迪一如既往地让我的生活中充满了快乐。斯蒂温·弗赖在洛杉矶和我聊了英国小说家爱德华·摩根·福斯特，并且让我对联系这个问题的一些看法变得更为明晰。卡洛莉·基德用文字记录了我的采访，如果你需要采访全文，请发送电子邮件向她索要，她的邮件地址是：carollee@clktranscrption.com。在丹麦，金·诺艾厄为我安排了一些采访活动。在悉尼，危险思想交流大会让我成功采访到了很多的人，我还要感谢伊曼纽尔·斯塔玛塔基斯在核对事实和科学数据的准确性上面为我提过的诸多建议。在墨西哥城，索菲亚·加西亚和塔妮娅·罗哈斯·加西亚用她们那令人惊叹的思维方式让我对这一切重新进行了思考。在渥太华，加博·梅特为我介绍了文森特·费利蒂的著作，并且教给了我很多的知识。在多伦多，希瑟·马里克告诉了我一些非常有用的想法。在挪威，司徒拉·豪斯亚德和奥达·朱莉给了我很多的帮助。在圣保罗，瑞贝卡·雷日尔让我认识到了万物存在的意义。在越南，我的翻译唐黄林给了我无微不至的照顾，让我没有因为呕吐而死掉，对于他所付出的一切，我将永远表示感谢。

杰出的却又富有人情味的心理学家布鲁斯·亚历山大，通过他那足以改变生命的"老鼠乐园"实验，首先鼓励我用一种不同的方式看待精神健康问题，这个实验我在我的上一本书《追逐尖叫》中讨论过。杰克·威尔金森和乔·威尔金森帮助我设计了这本书的封面（这里指原版书封面），他们在设计的时候给了我很多的快乐。我的母亲维奥利特·麦克雷，我的父亲爱德华·海利，我的弟弟史蒂芬，我的妹妹艾丽莎，我的妹夫尼古拉，我的3个外甥乔希、阿伦、本和我的侄女艾琳都为我这本书的最终成形付出了辛劳。

如果你想让教给我"体谅的快乐冥想"的那个人教给你这项技巧——无论在伊利诺伊州面对面地教，还是在网上教——都可以登录 www.rachelshubert.com 这个网站进行咨询，雷切尔也在监狱和幼儿园中教授这种冥想练习。如果你想在美国买辆自行车，在巴尔的摩自行车铺订购就行，也算是对他们那间用民主的方式经营的铺子的一种支持，他们的网址是 www.baltimorebicycleworks.com。

虽然有3位我很喜欢的作家再也读不到这本书了，但他们用各自不同的方式帮助我思考了"联系"这个问题，他们是詹姆斯·鲍德温、爱德华·摩根·福斯特（每位读者都误解了他对联系这个问题的看法，他们有时会向我讨教）和安德丽娅·德沃金。有一位作家可能会读到这本书，因为她仍然在世，她的作品帮助我对这些问题进行了更为深入的思考，她就是查蒂·史密斯，我认为她在描写现代社会的种种失联形式方面是一位伟大的诗人。

我最后尤其要感谢的是我的朋友莉齐·戴维森，她在搜寻我需要采访的每一个人的私人联系方式这方面的能力甚为惊人。我在写这本书的过程中几度因为材料不足而停笔，她给予我的技术支持和搜寻资料的能力对这本书的最终完成是至关重要的。我敢说，再过 10 年，她有可能会进入国家安全局（莉齐，到时候我要是犯了什么过错，千万不要把我弄到古巴的关塔那摩湾监狱里头去！）

这本书中出了任何的错误都是我的责任。确保这本书中的所有事实都是准确的对我来说非常重要。如果我们那全面而彻底的事实核查过程中有任何的疏漏之处，请发送电子邮件告诉我，我的地址是 chasingthescream@gmail.com，我会在以后的版本中进行修正。请登录这本书的网站检视别人告诉我犯过的每一个错误。

注释

导论

1. "无比舒畅" This formulation started with Peter D Kramer, Listening to Prozac (New York: Penguin, 1997).

2. "因为这种说法我早已知晓" Mark Rapley, Joanna Moncrieff and Jacqui Dillon, eds. De-Medicalizing Misery: *Psychiatry, Psychology and the Human Condition* (London: Palgrave Macmillan, 2011), 7.

3. "为了治疗精神上的疾病，每5个成年人当中就有一个在服用上述药物" Allen Frances, Saving Normal: *An Insider's Revolt against Out-of-Control Psychiatric Diagnosis, DSM-5, Big Pharma, and the Medicalization of Ordinary Life* (New York: William Morrow, 2014), xiv.

4. "在美国，每4个中年妇女当中就有一个定期服用抗抑郁药"

http://www.health.harvard.edu/blog/astounding-increasein-antidepressant-use-by-americans-201110203624, as accessed January 8, 2016;

Edward Shorter, How Everyone Became Depressed: *The Rise and Fall of the Nervous Breakdown* (New York: Oxford University Press, 2013), 2, 172.

5. "在美国的中学里面，学生为了提高专注力，每10人当中差不多就有一人在服用兴奋类药物"

Carl Cohen and Sami Timimi, eds. Liberatory Psychiatry: *Philosophy, Politics and Mental Health* (Cambridge: Cambridge University Press, 2008);

Alan Schwarz and Sarah Cohen, *"A.D.H.D. Seen in 11% of U.S. Children as Diagnoses,"* New York Times, March 31, 2013, http://www.nytimes.com/2013/04/01/health/ more-diagnoses-of-hyperactivity-causing-concern.html?_r =0

Esquire, March 27, 2014, http://www.esquire.com/ news-politics/a32858/druggingof-the-american-boy-0414/;

Marilyn Wedge, Ph.D., "Why French Kids Don't Have ADHD," *Psychology Today*, March 8, 2012, https://www.psychologytoday.com/blog/suffer-the-children/201203/why-french-kidsdont-have-adhd;

Jenifer Goodwin, *Number of U.S. Kids on ADHD Meds Keeps Rising*," USNews. com, September 28, 2011, https://health.usnews.com/health-news/family-health/brain-and-behavior/articles/2011/09/28/number-of-us-kids-on-adhdmeds-keeps-rising, all as accessed January 8, 2016.

6. "在法国，每 3 人中就有一人在服用精神类药物"

"France's drug addiction: 1 in 3 on psychotropic medication," France24, May 20, 2014, http://www.france24.com/en/20140520-francedrug-addiction-1-3-psychotropic-medication, as accessed January 8, 2016.

7. "而在英国，服用此类药物的人数比例全欧洲最高"

Dan Lewer et al. "Antidepressant use in 27 European countries: associations with sociodemographic, cultural and economic factors," *British Journal of Psychiatry* 207, No. 3 (July 2015): 221–6, doi: 10.1192/bjp.bp.114.156786, as accessed June 1, 2016.

8. "我们整天服用、排泄这种东西"

Matt Harvey, "Your tap water is probably laced with antidepressants", *Salon*, March 14, 2013, http://www.salon.com/2013/03/14/your_tap_water_is_probably_laced_with_anti_depressants_partner/;

"Prozac 'found in drinking water'", BBC News, August 8, 2004, http://news.bbc.co.uk/1/hi/health/ 3545684.stm, both accessed January 8, 2016.

9. "不再为把抑郁和焦虑分开研究的科研项目提供资金支持"

https://www.nimh.nih.gov/about/directors/thomas-insel/blog/2013/transforming-diagnosis.shtml, as accessed January 10, 2017.

10. "它们并非一模一样，却是一对孪生兄弟" Edward Shorter, *How Everyone Became Depressed: The Rise and Fall of the Nervous Breakdown* (New York: Oxford University Press, 2013).

1. 魔杖

1. "这到底是怎么回事？"

John Haygart, *Of the Imagination as a Cause And as a Cure of Disorders of the Body, Exemplified by Fictitious Tractors and Epidemical Convulsions* (London: R. Crutwell, 1800);

Stewart Justman, "Imagination's Trickery: The Discovery of the Placebo Eff ect", *The Journal of the Historical Society* 10, No. 1 (March 2010): 57–73, doi: 10.1111/j.1540-5923.2009.00292.x, as accessed January 1, 2016;

Joel Falack and Julia M. Wright, eds., *A Handbook of Romanticism Studies* (Chichester, West Sussex, UK; Malden, MA: Wiley, 2012), 31–2;

Heather R. Beatty, *Nervous Disease in Late Eighteenth-Century Britain: The Reality of a Fashionable Disorder* (London; Vermont: Pickering and Chatto, 2011).

2. "欧文·柯什坐在……"

Irving Kirsch, *The Emperor's New Drugs: Exploding the Antidepressant Myth* (London: Bodley Head, 2009), 1.

3. "安慰剂能让发炎肿胀的下巴恢复正常状态"

Dylan Evans, *Placebo: The Belief Effect* (New York: HarperCollins, 2003), 35.

4. "有个美国人，叫亨利·比彻"

Ben Goldacre, *Bad Science: Quacks, Hacks, and Big Pharma Flacks* (London: Harper, 2009), 64.

5. "欧文说，尽管所有的此类研究都会忽略掉这第 3 组" Evans, *Emperor's New Drugs*, 7.

6. "50% 因安慰剂好转"

Irving Kirsch and Guy Sapirstin, "Listening to Prozac but Hearing Placebo: A Meta-Analysis of Antidepressant Medication", *Prevention & Treatment* 1, No. 2 (June 1998);

Kirsch, "Anti-depressants and the Placebo Effect", *Z Psychol* 222, No. 3 (2014): 128–134, doi: 10.1027/2151-2604/a000176;

Kirsch, "Challenging Received Wisdom: Antidepressants and the Placebo Effect", *MJM* 11, No. 2 (2008): 219–222, PMCID: PMC2582668;

Kirsch et al. "Initial Severity and Antidepressant Benefits: A Meta-Analysis of Data Submitted to the Food and Drug Administration", http://dx.doi.org/10.1371/journal.pmed.0050045;

Kirsch et al. "The emperor's new drugs: An analysis of antidepressant medication data submitted to the U.S. Food and Drug Administration", *Prevention & Treatment* 5, No. 1 (July 2002), http://dx.doi.org/10.1037/1522-3736.5.1.523a;

Kirsch, ed. "Efficacy of antidepressants in adults", *BMJ* (2005): 331, doi: https://doi.org/10.1136/bmj.331.7509.155;

Kirsch, ed. *How Expectancies Shape Experience* (Washington, DC: American Psychological Association, 1999), xiv, 431, http://dx.doi.org/10.1037/10332-000;

Kirsch et al. "Antidepressants and placebos: Secrets, revelations, and unanswered questions", *Prevention & Treatment* 5, No. 1 (July 2002): No Pagination Specified Article 33, http://dx.doi.org/10.1037/1522-3736.5.1.533r;

Irving Kirsch and Steven Jay Lynn, "Automaticity in clinical psychology", American Psychologist 54, No. 7 (July 1999): 504–515, http://dx.doi.org/10.1037/0003-066X.54.7.504;

Arif Khan et al. "A Systematic Review of Comparative Efficacy of Treatments and Controls for Depression", http://dx.doi.org/10.1371/journal.pone.0041778;

Kirsch, "Yes, there is a placebo effect, but is there a powerful antidepressant drug effect?" *Prevention & Treatment* 5, No. 1 (July 2002): No Pagination Specified Article 22, http://dx.doi.org/10.1037/1522-3736.5.1.522i;

Ben Whalley et al. "Consistency of the placebo effect", *Journal of Psychosomatic Research* 64, No. 5 (May 2008): 537–541;

Kirsch et al. "National Depressive and Manic-Depressive Association Consensus Statement on the Use of Placebo in Clinical Trials of Mood Disorders", *Arch Gen Psychiatry* 59, No. 3 (2002): 262–270, doi:10.1001/archpsyc.59.3.262;

Kirsch, "St John's wort, conventional medication, and placebo: an egregious double standard", *Complementary Therapies in Medicine* 11, No. 3 (Sept. 2003): 193–195;

Kirsch, "Antidepressants Versus Placebos: Meaningful Advantages Are Lacking", *Psychiatric Times*, September 1, 2001, 6, Academic OneFile, as accessed Nov. 5, 2016;

Kirsch, "Reducing noise and hearing placebo more clearly", *Prevention & Treatment* 1, No. 2 (June 1998): No Pagination Specified Article 7r, http://dx.doi.org/10.1037/1522-3736.1.1.17r;

Kirsch et al. "Calculations are correct: reconsidering Fountoulakis & Möller's re-analysis of the Kirsch data", *International Journal of Neuropsychopharmacology* 15, No.

8 (August 2012): 1193–1198, doi: https://doi.org/10.1017/S146114571 1001878;

Erik Turner et al. "Selective Publication of Antidepressant Trials and Its Influence on Apparent Efficacy", *N Engl J Med* 358 (2008): 252–260, doi: 10.1056/NEJMsa065779.

7. "有一个专门的词形容这种做法，叫作'出版偏见'。"Evans, *Emperor's New Drugs*, 25. http://www.badscience.net/category/publication-bias/.

8. "欧文来了兴趣" Evans, *Emperor's New Drugs*, 26–27.

9. "这 27 个病人" Evans, *Emperor's New Drugs*, 41.

10. "龌龊的小秘密" Evans, *Emperor's New Drugs*, 38.

11. "罚了 250 万美元"

http://web.law.columbia.edu/sites/default/files/microsites/career-services/Driven%20 to%20Settle.pdf;

http://www.independent.co.uk/news/business/news/drug-firm-settles-seroxat-research-claim-557943.html;

http://news.bbc.co.uk/1/hi/business/3631448.stm;

http://www.pharmatimes.com/news/ gsk_to_pay_$14m_to_settle_paxil_fraud_ claims_995307;

http://www.nbcnews.com/id/5120989/ns/business-us_business/t/spitzer-sues-glaxosmithkline-over-paxil/;

http://study329.org/;

http://science.sciencemag.org/content/304/5677/1576.full?sid=86b4a57d-2323-41a5-ae9e-e6cbf406b142;

http://www.nature.com/nature/journal/v429/ n6992/full/429589a.html;

Wayne Kondro and BarbSibbald, "Drug company experts advised staff to withhold data about SSRI use in children", *Canadian Medical Association Journal* 170, No. 5 (March 2004): 783.

12. "不应继续给青少年服用这些药物"

Andrea Cipriani et al. "Comparative efficacy and tolerability of antidepressants for major depressive disorder in children and adolescents: a network meta-analysis" *The Lancet* 338, No. 10047 (Aug. 2016): 881–890, doi:

http://dx.doi.org/10.1016/S0140-6736 (16)30385-3, as accessed November 1, 2016.

13. "却依然在大肆鼓吹"

Ben Goldacre, *Bad Pharma: How Drug Companies Mislead Doctors and Harm Patients* (London: Fourth Estate, 2012);

Marcia Angell, *The Truth About Drug Companies: How They Deceive Us and What We Can Do About It* (New York: Random House, 2004);

Harriet A. *Washington: Deadly Monopolies: the Shocking Corporate Takeover of Life Itself* (New York: Anchor, 2013).

2. 失衡

1. "美国副总统阿尔·戈尔的妻子蒂珀·戈尔"

David Healy, *Let Them Eat Prozac* (New York; London: New York University Press, 2004), 263.

2. "有什么证据支撑？"

John Read and Pete Saunders, *A Straight-Taking Introduction to The Causes of Mental Health Problems* (Ross-on-Wye, Hertfordshire, UK: PCCS Books, 2011), 43–45.

3. "这个血清素的故事"

Katherine Sharpe, *Coming of Age on Zoloft. How Anti-depressants Cheered Us Up, Let Us Down, and Changed Who We Are* (New York: Harper, 2012), 31;

Untitled article, Popular Science, November 1958, 149–152. See also: https://deepblue.lib.umich.edu/bitstream/handle/2027.42/83270/LDH%20science%20 gender.pdf?sequence =1;

"TB Milestone," *Life* magazine, March 3, 1952, 20–21; Scott Stossell: "My Age of Anxiety," (London: William Heinemann, 2014), 171.

4. "在此以后，同类药物也出来了" Evans, *Emperor's New Drugs*, 83–85.

5. "真的不敢说这些蹩脚的科学家"

Gary Greenberg, *Manufacturing Depression: The Secret History of a Modern Disease* (London: Bloomsbury, 2010), 167–168.

Gary Greenberg, *The Noble Lie: When Scientists Give the Right Answers for the Wrong Reasons* (Hoboken, NJ: Wiley, 2008).

6. "这最多是一种简单的说法"

James Davies, Cracked: *Why Psychiatry Is Doing More Harm Than Good* (London: Icon Books, 2013), 29.

7. "也就是说病人不会因此变抑郁"

Evans, *Emperor's New Drugs*, 91–92.

8. "没有证据能够证明这两者之间存在必然联系"

Edward Shorter: *How Everyone Became Depressed: The Rise and Fall of the Nervous Breakdown* (New York: Oxford University Press, 2013), 4–5;

Davies, Cracked, 125;

Gary Greenberg: *The Book of Woe: The DSM and the Unmasking of Psychiatry* (Victoria, Australia: Scribe, 2013), 62–64;

Gary Greenberg, *Manufacturing Depression: The Secret History of a Modern Disease* (London: Bloomsbury, 2010), 160–8, 274–276.

9. "结果显示它和抑郁之间没有直接关系"

H. G. Ruhé, et al. "Mood is indirectly related to serotonin, norepinephrine, and dopamine levels in humans: a meta-analysis of monoamine depletion studies," *Mol Psychiatry* 8, No. 12 (April 2007): 951–973.

10. "一种深深的误导"

Davies, *Cracked*, 128;

John Read and Pete Saunders, *A Straight-Taking Introduction to the Causes of Mental Health Problems* (Ross-on-Wye, Hertfordshire: PCCS Books, 2011), 45.

11. "他们会这么说，好吧"

Shorter, *How Everyone Became Depressed*, 156–159.

12. "如果一种化学物质不是治疗心理疾病的良方"

Lawrence H. Diller: *Running on Ritalin: A Physician Reflects on Children, Society, and Performance in a Pill* (New York: Bantam Books, 1999), 128.

13. "我拜访了这方面的一位专家，她叫乔安娜·蒙克里夫。"

The Myth of the Chemical Cure: A Critique of Psychiatric Treatment (London: Palgrave Macmillan, 2009);

Mark Rapley, Joanna Moncrieff, and Jacqui Dillon, eds. *De-Medicalizing Misery: Psychiatry, Psychology and the Human Condition* (London: Palgrave Macmillan, 2011).

14. "心理学家露西·约翰斯通说得更加直白"

A Straight-Talking Guide To Psychiatric Diagnosis (London: PCCS, 2014);

Formulation In Psychology and Psychotherapy (London: Routledge, 2006), Users and

Abusers of Psychiatry (London: Routledge, 1989).

15. "'可能是在世的最伟大的科学家之一'"

David H. Freedman, "Lies, Damned Lies, and Medical Science", *The Atlantic*, November 2010, http://www.theatlantic.com/magazine/archive/2010/11/lies-damned-lies-and-medical-science/308269/.

16. "对年轻人而言，服用这些药物会增大自杀风险。"

H.Edmund Pigott et al. "Efficacy and Effectiveness of Antidepressants: Current Status of Research", *Psychotherapy and Psychosomatics* 79 (2010): 267–279, doi: 10.1159/000318293;

Yasmina Molero et al. "Selective Serotonin Reuptake Inhibitors and Violent Crime: A Cohort Study", *PLOS Medicine* 12 No. 9 (Sept. 2015), doi:10.1371/journal.pmed.1001875;

Paul W. Andrews, "Primum non nocere: an evolutionary analysis of whether antidepressants do more harm than good", *Frontiers in Psychology* 3, No. 177 (April 2012), https://doi.org/10.3389/ fpsyg.2012.00117;

A. D. Domar, "The risks of selective serotonin reuptake inhibitor use in infertile women: a review of the impact on fertility, pregnancy, neonatal health and beyond", *Human Reproduction* 28, No. 1 (2013): 160–171;

Dheeraj Rai "Parental depression, maternal antidepressant use during pregnancy, and risk of autism spectrum disorders: population based case-control study", *BMJ* 346 (April 2013); doi: https://doi.org/10.1136/bmj.f2059;

André F. Carvalho et al. "The Safety, Tolerability and Risks Associated with the Use of Newer Generation Antidepressant Drugs: A Critical Review of the Literature", *Psychotherapy and Psychosomatics* 85 (2016): 270–288, https://doi.org/10.1159/000447034.

17. "约有 20% 的人有过严重的戒毒般的痛苦感受" Evans, *Emperor's New Drugs*, 153.

18. "这番话几乎激怒了每一个人。" John Haygart, *Of the Imagination as a Cause And as a Cure of Disorders of the Body, Exemplified by Fictitious Tractors and Epidemical Convulsions* (London: R. Crutwell, 1800), 25.

19. "20 世纪 90 年代，彼得·克莱默医生" Peter D. Kramer, *Listening To Prozac:*

The Landmark Book About Antidepressants and the Remaking of the Self (New York: Penguin, 1993), VI–VII.

20. "针对欧文对抗抑郁药物的批评" Peter D. Kramer. *Ordinarily Well: The Case for Anti-Depressants* (New York: Farrar, Straus and Giroux, 2016).

21. "在第二个中，安慰剂的效果胜于抗抑郁药物。" Evans, *Emperor's New Drugs*, 63–67; Davies, Cracked, 143.

22. "他见过这种情况" Peter D. Kramer, *Ordinarily Well: The Case For Anti-Depressants*, (New York: Farrar, Straus and Giroux, 2016), 127.

23. "其他的试验对象都是重度抑郁症患者" Joanna Moncrieff, *The Myth of the Chemical Cure: A Critique of Psychiatric Treatment* (London: Palgrave Macmillan, 2009), 143.

24. "临床试验本身就是骗人的。" Kramer, *Ordinarily Well*, 132–133, 138–146.

25. "只有约 1/3 的服药患者的康复状态维持了下去" Evans, *Emperor's New Drugs*, 58–62, 73, 94; Healy, *Let Them Eat Prozac*, 29.

26. "如今，我读了这次'Star-D'的试验结果"

Diane Warden et al. "The STAR-D Project Results: A Comprehensive Review of Findings", *Current Psychiatry Reports* 9, No. 6 (2007): 449–459;

A. John Rush et al. "Acute and Longer-Term Outcomes in Depressed Outpatients Requiring One or Several Treatment Steps: A STAR-D Report," *American Journal of Psychiatry* 163 (2006): 1905–1917;

Bradley Gaynes et al. "What Did STAR-D Teach Us? Results from a Large-Scale, Practical, Clinical Trial for Patients With Depression," *Psychiatric Services* 60, No. 11 (November 2009), http://dx.doi.org/10.1176/ps.2009.60.11.1439;

Mark Sinyor et al. "The Sequenced Treatment Alternatives to Relieve Depression (STAR-D) Trial: A Review", *Canadian Journal of Psychiatry* 55, No. 3 (March 2010): 126–135, doi: 10.1177/070674371005500303;

Thomas Insel at al. "The STAR-D Trial: Revealing the Need for Better Treatments" *Psychiatric Services* 60 (2009): 1466–1467.

Warden et al. "The STAR-D project results: A comprehensive review of findings," *Current Psychiatry Reports* 9, No. 6 (Dec. 2007): 449–459.

Robert Whitaker, "Mad in America: History, Science, and the Treatment of

Psychiatric Disorders", *Psychology Today*,

https://www.psychologytoday.com/blog/mad-in-america/201008/the-stard-scandal-new-paper-sums-it-all;

https://www.nimh.nih.gov/funding/clinical-research/practical/stard/allmedicationlevels.shtml.

27. "此后数月，证据继续浮现"

Corey-Lisle, P. K. et al. "Response, Partial Response, and Nonresponse in Primary Care Treatment of Depression", *Archives of Internal Medicine* 164 (2004): 1197–1204;

Trivedi et al. "Medication Augmentation after the Failure of SSRIs for Depression", *New England Journal of Medicine* 354 (2006): 1243–1252;

Stephen S. Ilardi, The Depression Cure: *The Six-Step Programme to Beat Depression Without Drugs* (London: 2010, Ebury Publishing), 44–45.

3. 悲伤除外

1. "此后的很多年，乔安妮一直在学习临床心理学"

Joanne Cacciatore and Kara Thieleman, "When a Child Dies: A Critical Analysis of Grief-Related Controversies in DSM-5", *Research on Social Work Practice* 24, No. 1 (Jan. 2014): 114–122;

Caciattore and Thieleman, "The DSM-5 and the Bereavement Exclusion: A Call for Critical Evaluation", *Social Work* (2013), doi: 10.1093/sw/swt021;

Jeffrey R. Lacasse and Joanne Cacciatore, "Prescribing of Psychiatric Medication to Bereaved Parents Following Perinatal/Neonatal Death: An Observational Study", *Death Studies* 38, No. 9 (2014);

Cacciatore, "A Parent's Tears: Primary Results from the Traumatic Experiences and Resiliency Study", *Omega: Journal of Death and Dying* 68, No. 3 (Oct. 2013–2014): 183–205;

Caciattore and Thieleman, "Pharmacological Treatment Following Traumatic Bereavement: A Case Series", *Journal of Loss and Trauma* 17, No. 6 (July 2012): 557–579.

2. "一种叫作'悲伤除外'的说法"

Gary Greenberg, *Book of Woe* (New York: Penguin, 2013) 6, 158–160; *Manufacturing Depression: The Secret History of a Modern Disease* (London: Bloomsbury, 2010), 246–248;

John Read and Pete Sanders, *A Straight-Talking Introduction to the Causes of Mental Health Problems* (Herefordshire, UK: PCCS Books, 2013), 60, 88–91.

3. "我们在界定痛苦这个概念的时候没有考虑一个人所处的环境"

William Davies, *The Happiness Industry: How the Government and Big Business Sold Us well-Being* (New York: Verso, 2016), 174.

4. "只有几个症状图表，下面附带着一些模棱两可的注释。"

American Psychiatric Association, *Diagnostic and Manual of Mental Disorders, 5th Edition* (Washington, DC: American Psychiatric Publishing, 2013), 155–189.

4. 月球上的第一面旗子

1. "并慢慢有了一个惊人发现"

George W. Brown et al. "Social Class and Psychiatric Disturbance Among Women in An Urban Population", *Sociology* 9, No. 2 (May 1975): 225–254;

Brown, Harris et al. "Social support, self-esteem and depression", *Psychological Medicine* 16, No. 4 (November 1986): 813–831;

George W. Brown et al. "Life events, vulnerability and onset of depression: some refinements", *The British Journal of Psychiatry* 150, No. 1 (Jan. 1987): 30–42;

George W. Brown et al. "Loss, humiliation and entrapment among women developing depression: a patient and non-patient comparison" *Psychological Medicine* 25, No. 1 (Jan. 1995): 7–21;

George W. Brown et al. "Depression and loss", *British Journal of Psychiatry* 130, No. 1 (Jan. 1977): 1–18;

George W. Brown et al. "Life events and psychiatric disorders 1 Part 2: nature of causal link", *Psychological Medicine* 3, No. 2 (May 1973): 159–176;

George W. Brown et al., "Life Events and Endogenous Depression: A Puzzle Reexamined," *Arch Gen Psychiatry* 51, No. 7 (1994): 525–534;

Brown and Harris, "Aetiology of anxiety and depressive disorders in an inner-city population. 1. Early adversity", *Psychological Medicine* 23, No. 1 (Feb. 1993): 143–154;

Brown et al., "Life stress, chronic subclinical symptoms and vulnerability to clinical depression", *Journal of Affective Disorders* 11, No. 1 (July–August 1986): 1–19;

Harris et al. "Befriending as an intervention for chronic depression among women in an inner city. 1: Randomised controlled trial", *British Journal of Psychiatry* 174, No. 3 (March 1999): 219–224;

Brown et al. "Depression: distress or disease? Some epidemiological considerations", *British Journal of Psychiatry* 147, No. 6 (Dec. 1985): 612–622;

Brown et al. "Depression and anxiety in the community: replicating the diagnosis of a case", *Psychological Medicine* 10, No. 3 (Aug. 1980): 445–454;

Brown et al. "Aetiology of anxiety and depressive disorders in an inner-city population. 2. Comorbidity and adversity," *Psychological Medicine* 23, No. 1 (Feb. 1993): 155–165;

Brown and Harris, "Stressor, vulnerability and depression: a question of replication", *Psychological Medicine* 16, No. 4 (Nov. 1986): 739–774;

Harris et al. "Mourning or early inadequate care? Reexamining the relationship of maternal loss in childhood with adult depression and anxiety", *Development and Psychopathology* 4, No. 3 (July 1992): 433–449;

Brown et al. "Psychotic and neurotic depression Part 3. Aetiological and background factors'", *Journal of Affective Disorders* 1, No. 3 (Sept. 1979): 195–211;

Brown et al. "Psychiatric disorder in a rural and an urban population: 2. Sensitivity to loss", *Psychological Medicine* 11, No. 3 (Aug. 1981): 601–616; "Psychiatric disorder in a rural and an urban population: 3. Social integration and the morphology of affective disorder", *Psychological Medicine* 14, No. 2 (May 1984): 327–345;

Brown and Harris, "Disease, Distress and Depression," *Journal of Affective Disorders* 4, No. 1 (March 1982): 1–8.

George and Tirril's, *Life Events and Illness* (Sydney, Australia: Unwin Hyman, 1989); *Where Inner and Outer Worlds Meet: Psychosocial Research in the Tradition of George Brown* (London: Routledge, 2000).

2. "专业人士避开大众目光讨论抑郁症这件事时往往秉持两种截然不同的看法"

George Brown and Tirril Harris, *Social Origins of Depression: A Study of Psychiatric Disorder in Women* (London: Tavistock Publications, 1978), 19; Edward Shorter: *How Everyone Became Depressed: The Rise and Fall of the Nervous Breakdown* (New York: Oxford University Press, 2013) 152–155.

3. "他们把这种抑郁症称为'内源性抑郁症'" Shorter, *How Everyone Became*

Depressed, 80, 89, 112, 122, 135–139, 171.

4. "也不知道这两种不同的抑郁症的根本区别"

John Read and Pete Saunders, *A Straight-Taking Introduction to the Causes of Mental Health Problems* (Ross-on-Wye, Hertfordshire, UK: PCCS Books, 2011), 32–41.

5. "这组共有 114 人，团队的工作就是在她们家中对其进行深度采访，并收集她们的主要信息。" Harris and Brown, *Social Origins of Depression*, 162.

6. "他们把第一类称作'麻烦'" Harris, *Where Inner and Outer Worlds Meet*, 14–16; Harris and Brown, *Social Origins of Depression*, 174–175.

7. "48% 的差别，不可能是偶然。" Harris and Brown, *Social Origins of Depression*, 63, 136.

8. "研究结果发表以后，一位教授称这是人类在研究抑郁症这个问题上的一次重大飞跃"

Harris and Brown, *Where Inner and Outer Worlds Meet*, 123.

9. "抑郁只是对不幸的一种正常反应，是可以理解的。" Harris, *Social Origins of Depression*, 46.

10. "数年后，社会科学家运用乔治和蒂丽尔的方法深入巴斯克地区和津巴布韦等地调查抑郁症的根源。"

I. Gaminde et al. "Depression in three populations in the Basque Country—A comparison with Britain", *Social Psychiatry and Psychiatric Epidemology* 28 (1993): 243–51;

J. Broadhead et al. "Life events and difficulties and the onset of depression amongst women in an urban setting in Zimbabwe", *Psychological Medicine* 28 (1998): 29–30. Harris and Brown, Where Inner and Outer Worlds Meet, 22–25.

11. "他们由此断定这种区别没有任何意义" Harris, *Social Origins of Depression* 217–278.

12. "数年后，乔治用同样的方式搞了一次关于焦虑症的科学研究"

R. Finlay-Jones and G. W. Brown, "Types of stressful life event and the onset of anxiety and depressive disorders", *Psychological Medicine* 11, No. 4 (1981): 803–815;

R. Prudo, et al. "Psychiatric disorder in a rural and an urban population: 3. Social integration and the morphology of affective disorder", *Psychological Medicine* 14 (May 1984): 327–345;

G. W. Brown et al. Aetiology of anxiety and depressive disorders in an inner-city population. 1. Early adversity", *Psychological Medicine*, 23 (1993):143–154. Brown et al. "Aetiology of anxiety and depressive disorders in an inner-city population. 2. Comorbidity and adversity. *Psychological Medicine* 23 (1993): 155–165.

13. "抑郁症和焦虑症这类精神疾病由生理因素、心理因素和社会因素共同导致"

Harris, *Social Origins of Depression*, 235; Harris, *Where Inner and Outer Worlds Meet*, 25–27

14. "这就是所谓的"生理 - 心理 - 社会模式。"

Nassir Ghaemi, *The Rise and Fall of the Biopsychcosocial Model: Reconciling Art and Science in Psychiatry* (Baltimore: Johns Hopkins University Press, 2010).

Nassir Ghaemi, *On Depression: Drugs, Diagnosis and Despair in the Modern World* (Baltimore: Johns Hopkins University Press, 2013);

John Read and Pete Saunders, *A Straight-Taking Introduction to the Causes of Mental Health Problems* (Ross-on-Wye, Hertfordshire, UK: PCCS Books, 2011), 36–37, 53–55.

15. "关注患者所处的社会环境至少与身体上的治疗具有同样的效果" Harris, *Social Origins of Depression*, 266.

5. 捡起那面旗子

1. "在接下来的几年中，我发现世界上有很多的社会科学家和心理学家正在捡起乔治和蒂丽尔的那面破旗子。"

Tirril Harris, *Where Inner and Outer Worlds Meet: Psychosocial Research in the Tradition of George Brown* (London: Routledge, 2000), 27–28.

6. 原因 1：和有意义的工作决裂

1. "著名民调机构盖洛普公司……却对自己的工作提不起兴趣，缺乏热情。"

William Davies, *The Happiness Industry: How the Government and Big Business Sold Us Well-Being* (New York: Verso, 2016), 106.

2. "更有 23% 的人对工作'极其不感兴趣'。"

Peter Fleming, *The Mythology of Work* (London: Pluto Press, 2015), 41–43;

Daniel Pink, *Drive: The Surprising Truth About What Motivates Us* (London, Canongate, 2011), 111;

Joel Spring, *A Primer On Libertarian Education* (Toronto: Black Rose Books, 1999).

3. "一位研究此种状况的教授很详细地写道：'……因此 87% 的职员不喜欢本职工作这个事实正在慢慢地蔓延到我们的生活中。'"

Fleming, *Mythology of Work*, 35;

Rutger Bregman: *Utopia, For Realists* (London: Bloomsbury, 2017), 41.

4. "现实感消失" Matt Haig, *Reasons to Stay Alive* (London: Canongate, 2016), 157.

5. "20 世纪 60 年代末的一天……我整天都在哭。我觉得自己浑身没力气，也睡不好。"

Marmot et al. "Health inequalities among British civil servants: the Whitehall II study", *The Lancet* 337, No. 8745 (June 1991): 1387–1393;

Marmot et al. "Low job control and risk of coronary heart disease in whitehall ii (prospective cohort) study", *BMJ* 314 (1997): 558, doi: http://dx.doi. org/10.1136/bmj.314.7080.558;

Marmot et al. "Work characteristics predict psychiatric disorder: prospective results from the Whitehall II Study", *Occup Environ Med* 56 (1999): 302–307, doi:10.1136/oem.56.5.302;

Marmot et al. "Subjective social status: its determinants and its association with measures of ill-health in the Whitehall II study", *Social Science & Medicine* 56, No. 6 (March 2003): 1321–1333;

Marmot et al. "Psychosocial work environment and sickness absence among British civil servants: the Whitehall II study", *American Journal of Public Health* 86, No. 3 (March 1996): 332–340, doi: 10.2105/AJPH.86.3.332;

Marmot et al. "Explaining socioeconomic differences in sickness absence: the Whitehall II Study", *BMJ* 306, No. 6874 (Feb. 1993): 361–366, doi: http://dx.doi. org/10.1136/bmj.306.6874.361;

Marmot et al. "When reciprocity fails: effort–reward imbalance in relation to coronary heart disease and health functioning within the Whitehall II study", *Occupational and Environmental Medicine* 59 (2002): 777–784, doi:10.1136/oem.59.11.777;

Marmot et al. "Effects of income and wealth on GHQ depression and poor self rated health in white collar women and men in the Whitehall II study", *J Epidemiol Community Health* 57 (2003): 718–723, doi:10.1136/jech.57.9.718;

M. Virtanen et al. "Long working hours and symptoms of anxiety and depression: a 5-year follow-up of the Whitehall II study", *Psychological Medicine* 41, No. 12 (December 2011): 2485–2494.

6. "他数年后这样写道'……我们只是给他们开点白色合剂。'" Michael Marmott, The Health *Gap: The Challenge of an Unequal World* (London: Bloomsbury, 2015), 2.

7. "他们发现高级别的公务员患心脏病的概率要远远低于低级别的公务员。"

Michael Marmot, *Status Syndrome: How Your Place on the Social Gradient Affects Your Health* (London: Bloomsbury, 2004), 1.

8. "如果你是英国公务员……你变抑郁或者重度沮丧的概率就要小一些。" Michael Marmot, *Status Syndrome: How Your Place on the Social Gradient Affects Your Health* (London: Bloomsbury, 2004), 130–131, 157.

9. "我们不允许说话……还不能和这些人说话。" Michael Marmot, *Status Syndrome: How Your Place on the Social Gradient Affects Your Health* (London: Bloomsbury, 2004), 126.

10. "想象一下……我一直想和你说这事，却不敢张口。"

Michael Marmot, *Status Syndrome: How Your Place on the Social Gradient Affects Your Health* (London: Bloomsbury, 2004), 129.

11. "迈克尔发现……人家也不会多紧张不安。" Marmot, *The Health Gap*, 180.

12. "缺乏控制力和付出与回报不成正比是其手下员工抑郁以至于频频自杀的两个原因。" Marmot, *Status Syndrome*, 125.

7. 原因 2：孤独

1. "约翰和他的同事把数据集中到一起，结果让他们震惊不已。"

Y. Luo et al. "Loneliness, health, and mortality in old age: A national longitudinal study", Social Science & Medicine 74, No. 6 (March 2012): 907–914;

Cacioppo et al. "Loneliness as a specific risk factor for depressive symptoms: Cross-sectional and longitudinal analyses", *Psychology and Aging* 21, No. 1 (March 2006): 140–151;

L. C. Hawkley and J. T. Cacioppo, "Loneliness Matters: A Theoretical and Empirical Review of Consequences and Mechanisms", *Ann Behav Med* 40, No. 2 (2010): 218;

Cacioppo et al. "Loneliness and Health: Potential Mechanisms", *Psychosomatic*

Medicine 64, No. 3 (May/June 2002): 407–417;

J. T. Cacioppo et al. "Lonely traits and concomitant physiological processes: the MacArthur social neuroscience studies", *International Journal of Psychophysiology* 35, No. 2–3 (March 2000): 143–154;

Cacioppo et al. "Alone in the crowd: The structure and spread of loneliness in a large social network", *Journal of Personality and Social Psychology* 97, No. 6 (Dec. 2009): 977–991;

Cacioppo et al. "Loneliness within a nomological net: An evolutionary perspective", *Journal of Research in Personality* 40, No. 6 (Dec. 2006): 1054–1085;

Caioppo et al. "Loneliness in everyday life: Cardiovascular activity, psychosocial context, and health behaviors", *Journal of Personality and Social Psychology* 85, No. 1 (July 2003): 105–120;

Cacioppo and Ernst, "Lonely hearts: Psychological perspectives on loneliness", *Applied and Preventive Psychology* 8, No. 1 (1999): 1–22;

Caioppo et al. "Loneliness is a unique predictor of age-related diff erences in systolic blood pressure", *Psychology and Aging* 21, No. 1 (March 2006): 152–164;

Cacioppo et al. "A Meta-Analysis of Interventions to Reduce Loneliness", *Personality and Social Psychology Review* 15, No. 3 (2011);

Hawkley and Cacioppo, "Loneliness and pathways to disease", *Brain, Behavior, and Immunity* 17, No. 1 (Feb. 2003): 98–105;

Cacioppo et al. "Do Lonely Days Invade the Nights? Potential Social Modulation of Sleep Efficiency", *Psychological Science* 13, No. 4 (2002);

Hawkley et al. "From Social Structural Factors to Perceptions of Relationship Quality and Loneliness: The Chicago Health, Aging, and Social Relations Study", *J Gerontol B Psychol Sci Soc Sci* 63, No. 6 (2008): S375–S384;

Cacioppo et al. "Loneliness. Clinical Import and Interventions Perspectives on Psychological Science", 10, No. 2 (2015);

Cacioppo et al. "Social Isolation", *Annals of the New York Academy of Sciences* 1231 (June 2011): 17–22;

Cacioppo et al. "Evolutionary mechanisms for loneliness", *Cognition and Emotion* 28, No. 1 (2014).

Cacioppo et al. "Toward a neurology of loneliness", *Psychological Bulletin* 140, No. 6 (Nov. 2014): 1464–1504;

Cacioppo et al. "In the Eye of the Beholder: Individual Differences in Perceived Social Isolation Predict Regional Brain Activation to Social Stimuli", *Journal of Cognitive Neuroscience* 21, No. 1 (Jan. 2009): 83–92;

Cacioppo et al. "Objective and perceived neighborhood environment, individual SES and psychosocial factors, and self-rated health: An analysis of older adults in Cook County, Illinois", *Social Science & Medicine* 63, No. 10 (Nov. 2006): 2575–2590;

Jarameka et al. "Loneliness predicts pain, depression, and fatigue: Understanding the role of immune dysregulation", *Psychoneuroendocrinology* 38, No. 8 (Aug. 2013): 1310–1317;

Cacioppo et al. "On the Reciprocal Association Between Loneliness and Subjective Wellbeing", *Am J Epidemiol* 176, No. (2012): 777–784;

Mellor et al. "Need for belonging, relationship satisfaction, loneliness, and life satisfaction", *Personality and Individual Differences* 45, No. 3 (Aug. 2008): 213–218;

Doane and Adam, "Loneliness and cortisol: Momentary, day-to-day, and trait associations", *Psychoneuroendocrinology* 35, No. 3 (April 2010): 430–441;

Cacioppo et al. "Social neuroscience and its potential contribution to psychiatry", *World Psychitary* 13, No. 2 (June 2014): 131–139;

Shanakar et al. "Loneliness, social isolation, and behavioral and biological health indicators in older adults", *Health Psychology* 30, No. 4 (July 2011): 377–385;

Cacioppo et al. "Day-to-day dynamics of experience-cortisol associations in a population-based sample", *PNAS* 103, No. 45 (Oct. 2006): 17058–17063;

Cacioppo et al. "Loneliness and Health: Potential Mechanisms", *Psychosomatic Medicine* 64 (2002): 407–417.

2. "实验表明，一个人觉得孤独时，其考的索的水平就会急剧攀升"

John T. Cacioppo and William Patrick, *Loneliness: Human Nature and the Need for Social Connection* (New York: W. W. Norton, 2008), 94–95.

3. "他了解到一位叫谢尔顿·科恩的教授做过一项研究……结果发现，前者患感冒的概率是后者的 3 倍。Marmot, *Status Syndrome*, 164–165.

4. "还有一位科学家，叫丽莎·伯克曼……比如说癌症、心脏病、呼吸系统疾病等。

Susan Pinker, *The Village Effect: Why Face-to-Face Contact Matters* (London: Atlantic Books, 2015), 67–68.

5. "约翰和其他的科学家们把这些数字叠加到一起时发现，一个人，不与周围的人接触，其危害就和肥胖症一样——那个时候，肥胖症被视为发达国家所面对的最大的健康危害。"

Cacioppo, *Loneliness*, 5, 94; George Monbiot, "The age of loneliness is killing us", *Guardian*, October 14, 2014,

https://www.theguardian.com/commentisfree/2014/oct/14/age-of-loneliness-killingus.

6. "然后让一个名叫戴维·斯皮戈尔的精神病专家挨个为他们实施催眠。"

Cacioppo et al. "Loneliness within a nomological net: An evolutionary perspective," *Journal of Research in Personality* 40 (2006): 1054–1085.

7. "'孤独,'他解释道,'绝对在抑郁的发生中扮演着重要的角色。'" Cacioppo, *Loneliness*, 88.

8. "孤独先于抑郁出现"

Cacioppo et al. "Perceived Social Isolation Makes Me Sad: 5-Year Cross-Lagged Analyses of Loneliness and Depressive Symptomatology in the Chicago Health, Aging, and Social Relations Study", *Psychology and Aging* 25, No. 2 (2010): 453–463.

9. "自然就是联系" Cacioppo, *Loneliness*, 61.

10. "你会觉得很糟糕，其实这是一种正常反应。" Bill McKibben, *Deep Economy: The Wealth of Communities and the Durable Future* (New York: Henry Holt, 2007), 109, 125.

11. "这是从你的身体和大脑中发出的一个紧急信号" Cacioppo, *Loneliness*, 7.

12. "人类需要群体，正如蜜蜂需要蜂巢。"

Sebastian Junger: *Tribe: One Homecoming and Belonging* (New York: Twelve, 2016), especially p. 1–34;

Hugh MacKay, *The Art of Belonging: It's Not Where You Live, It's How You Live* (Sydney, Pan Macmillan, 2016), especially p. 27–28.

13. "进化不但能让我们感觉不舒适，更能让我们觉得不安全。" Cacioppo, *Loneliness*, 15.

14. "结果显示，几乎没有人会经历这种状态。"

Cacioppo et al. "Loneliness Is Associated with *Sleep* Fragmentation in a Communal Society", Sleep 34, No. 11 (Nov, 2011): 1519– 1526. See also Junger, *Tribe*, 19.

15. "有一位叫作罗伯特·普特南的哈佛大学教授……做着自己的事情。那种传统意义上的团队模式已经看不到了。"

Robert Putnam, *Bowling Alone: The Collapse and Revival of American Community* (New York: Simon and Schuster, 2001), 111–112.

16. "'从 1985 年到 1994 年这短短的 10 年间,'罗伯特这样写道,'社区活动减少了 45%。'"

Putnam, *Bowling Alone*, 60.

17. "到了 2004 年,最常听到的答案是一个也没有。" Cacioppo, Loneliness, 247; M. McPherson et al. "Social isolation in America: Changes in core discussion networks over two decades", *American Sociological Review* 71 (2006): 353–375.

18. "'其实,一切形式的家庭和睦相处,'罗伯特用一系列的图表和研究结果证明,'在 20 世纪的最后 25 年中变得越来越罕见。'" Putnam, *Bowling Alone*, 101.

19. "当时她是一脸困惑地对国内公共无限电台(NPR)《清新空气》的主持人泰莉·格罗斯说这话的。"

http://www.npr.org/sections/health-shots/2015/10/22/450830121/sarah-silverman-opens-up-about-depressioncomedy-and-troublemaking.

20. "比如说,玛莎·麦卡琳托克教授……前者患上乳腺恶性肿瘤的概率是后者的 84 倍。"

Pinker, *Village Effect*, 26;

McClintock et al. "Social isolation dysregulates endocrine and behavioral stress while increasing malignant burden of spontaneous mammary tumors", *Proc Natl Acad Sci USA* 106, No. 52 (Dec. 2009): 22393–22398.

21. "我们开始这样想:我会照顾好自己的,别人也应该照顾好自己。除了你自己,没人能帮助你。" McKibben, *Deep Economy*, 96–104.

22. "这就是所谓的'社会神经系统科学'"

William Davies, *The Village Effect*, pp. 4–18. See also William Davies, *The Happiness Industry: How the Government and Big Business Sold Us Well-Being* (New York: Verso, 2016), 212–214.

23. "我此时正站在一个名为'重新开始生活'的网瘾和游戏成瘾戒治中心门

前，这个治疗机构是海莉 10 年前和别人共同出资开办的。"

Hilarie, *Video Games and Your Kids: How Parents Stay in Control* (New York: Issues Press, 2008).

24. "如果你是一个身在 21 世纪的典型的西方人，每隔 6.5 分钟就要拿出手机来看一下。"

Sherry Turkle, *Reclaiming Conversation: The Power of Talk in a Digital Age* (New York: Penguin, 2015), 42.

25. "喜剧演员马克·马龙曾这样写道：'每一次（游戏中的）升级都是基于一次简单的请求：有人愿意承认我的级别吗？'"

Marc Maron, *Attempting Normal* (New York, Spiegel and Grau, 2014), 161.

8. 原因 3：和有意义的价值观断裂

1. "提姆十几岁时……人也可以这样活，却找不到和他倾心交谈的人。"

Tim, *Lucy in the Mind of Lennon* (New York: OUP, 2013).

2. "数千年来，哲学家一直在说……却没人真正研究过这些哲学家说的是否正确。"

R. W. Belk, "Worldly possessions: Issues and criticisms", *Advances in Consumer Research* 10 (1983): 514–519;

Tim Kasser and Allen Kanner, eds. *Psychology and Consumer Culture: The Struggle for a Good Life in a Materialistic World* (Washington, DC: American Psychological Association, 2003), 3–6.

3. "他把这个称为'渴望指数'"

Tim Kasser, *The High Price of Materialism* (Cambridge: MIT Press, 2003), 6–8;

Kasser and Ryan, "A dark side of the American dream: Correlates of financial success as a central life aspiration", *Journal of Personality and Social Psychology* 65, No. 2 (1993): 410–422.

4. "等结果出来……和那些不怎么看重这些东西的学生相比要高得多。"

Kasser, "A dark side..." 410–422; Kasser, *High Price of Materialism*, 10.

5. "物欲越强的学生变抑郁或者焦虑的概率也越高。"

Kasser and Ryan, "Further examining the American dream: Differential correlates of intrinsic and extrinsic goals", *Personality and Social Psychology Bulletin*, 31, 907–914.

6. "提姆开始认为：'对于物质的强烈渴望，真的会影响到一个人的日常生活，降低其日常生活体验的质量。'他们体验到的是更少的快乐，更多的绝望。" Kasser, *High Price of Materialism*, 11–2, 14.

7. "一种是内在动机……这些内在动机在我们童年过后的相当长的一段时间内会一直存在。"

Pink, *Drive*, 1–11, 37–46; Junger, *Tribe*, 21–22.

8. "还有一系列相反的因素，我们把它称为外在动机。"

http://www.monbiot.com/2010/10/11/ the-values-of-everything/.

9. "他计算出的结果让他极为震惊。"

Kasser and Sheldon, "Coherence and Congruence: Two Aspects of Personality Integration", *Journal of Personality and Social Psychology* 68, No. 3 (1995): 531–543.

10. "近年来的 22 份不同的研究报告均表明……全世界的研究结果都是一样的。"

Helga Dittmar et al. "The Relationship Between Materialism and Personal Well-Being: A Meta-Analysis", *Journal of Personality and Social Psychology* 107, No. 5 (Nov. 2014): 879–924; Kasser, *High Price of Materialism*, 21.

11. "他和一位叫作理查德·瑞安的教授……他本人的品质也会变得越来越烂。"

Kasser and Ryan, "Be careful what you wish for: Optimal functioning and the relative attainment of intrinsic and extrinsic goals", in *Life Goals and Well-Being: Towards a Positive Psychology of Human Striving*, ed. by P. Scmuck and K. Sheldon (New York: Hogrefe & Huber Publishers, 2001), 116–131. See also Kasser, *High Price of Materialism*, 62.

12. "这样一来，你拥有的朋友和人际关系就会越来越少，即便是有那么一些，也不会持续很久。"

Sherry Turkle, *Reclaiming Conversation: The Power of Talk in a Digital Age* (New York: Penguin, 2015), 83;

Robert Frank, *Luxury Fever: Weighing the Cost of Excess* (Princeton: Princeton University Press, 2010);

William Davies, *The Happiness Industry: How the Government and Big Business Sold Us Well-Being* (New York: Verso, 2016), 143.

13. "我们能够从一种所谓的'流动状态'中获得最大的快乐"

Mihály Csíkszentmihály, *Creativity: the Power of Discovery and Invention* (London: Harper, 2013).

14. "他们所经历的这种流动状态比其他人要少得多。"

Tim Kasser, "Materialistic Values and Goals," *Annual Review of Psychology* 67 (2016): 489–514, doi: 10.1146/ annurev-psych-122414-033344.

15. "提姆认为崇尚物质主义的人不会太快乐，因为他们所追求的那种生活方式无法满足这些需求。"

Tim Kasser, "The 'what' and 'why' of goal pursuits", *Psychol Inqu* 11, No. 4 (2000) 227–268; Ryan and Deci, "On happiness and human potential," *Annu Rev Psychol* 52 (2001): 141–166.

16. "每一种价值观都是一块馅饼。"

Kasser, *Materialistic Values*; S. H. Schwartz, "Universals in the structure and content of values: theory and empirical tests in 20 countries", *Advances in Experimental Social Psychology* 25 (Dec. 1992): 1–65.

17. "有越来越多的年仅 18 个月的孩子，可能不知道自己姓什么，却能辨认出麦当劳的那个标志性的大 M。"

Neal Lawson, *All Consuming: How Shopping Got Us into This Mess and How We Can Find Our Way Out* (London: Penguin, 2009), 143.

18. "一个孩子，到了 36 个月大的时候，就能辨别出 100 多个品牌商标了。"

Martin Lindstrom, Brandwashed: *Tricks Companies Use to Manipulate Our Minds and Persuade Us to Buy* (New York: Kogan Page, 2012), 10.

19. "他和另一位名叫琼·特温格的社会科学家追查了全美国从 1976 年到 2003 年在广告上的投入占整个国民收入的百分比，结果发现：在广告上投的钱越多，青少年就变得越物质。"

Twenge and Kasser, "Generational changes in materialism," *Personal Soc Psychol Bull* 39 (2013): 883–97.

20. "几年前，一个名叫南希·谢拉克的广告公司的主管这样感叹：'……因为他们在心理上最容易受到影响。'"

Kasser, *High Price of Materialism*, 91.

21. "如果这个广告真这么播……过一种更加快乐的生活。"

Gary Greenberg, *Manufacturing Depression: The Secret History of a Modern Disease* (London: Bloomsbury, 2010), 283.

22. "提姆对我说：'我是这么看有意义的价值观的……我们的整个经济体系就

是建立在这一点上的。'" Kasser, *Materialistic Values*, 499,

9. 原因 4：与童年创伤失联

1. "在北爱尔兰……也不用像别的犯人那样做苦工。"

http://www.bbc.co.uk/history/events/republican_hunger_strikes_maze.

2. "只是一年会丢掉 300 多磅的肉。"

Vincent Felitti et al. "Obesity: Problem, Solution, or Both?" *Premanente Journal* 14, No. 1 (2010): 24; Vincent Felitti et al. "The relationship of adult health status to childhood abuse and household dysfunction", *American Journal of Preventive Medicine* 14 (1998): 245–258.

3. "那些表现最优、体重减得最多的病人常常会突然变得抑郁或者狂躁"

Vincent Felitti, "Ursprün ge des Suchtverhaltens—Evidenzen aus einer Studie zu belastenden Kindheitserfahrungen", *Praxis der Kinderpsychologie und Kinderpsychiatrie* 52 (2003): 547–559.

4. "身上的负担没有了，她们好像不知道怎么做才好了，还变得异常脆弱。"

Vincent Felitti et al. *Chadwick's Child Maltreatment: Sexual Abuse and Psychological Maltreatment*, Volume 2 of 3, Fourth edition, (2014): 203;

Vincent Felitti et al. "The relationship of adult health status to childhood abuse and household dysfunction", *American Journal of Preventive Medicine* 14 (1998): 245–258.

5. "'我胖了，男人就不看我了，我需要这么做。'" Felitti et al. *Chadwick's Child Maltreatment*, 203.

6. "文森特开始想，那些治疗肥胖的办法——包括他这个——给病人提些饮食上的建议，是否从一开始就是错误的。" Felitti, *Obesity: Problem, Solution, or Both?*, 24.

7. "这项问卷调查面对的是 1.7 万名曾向圣地亚哥恺撒医疗集团寻求医疗救助的病人。"

Felitti, *Chadwick's Child Maltreatment*, 204.

8. "如果这 10 个伤痛事件中你经历过 6 个，那么和没有经历这些的人相比，你成年后变抑郁的概率就会增加 5 倍。"

Vincent Feliiti, "Adverse childhood experiences and the risk of depressive disorders in childhood", *Journal of Affective Disorders* 82 (Nov. 2004): 217–225.

9. "如果这 10 个伤痛事件中你经历过 7 个，那么成年后你自杀的概率就会增加 31 倍。"

Felitti, *Chadwick's Child Maltreatment*, 209.

10. "这些数据很珍贵，在医学研究中不能够常得到。"

Felitti, *Chadwick's Child Maltreatment*, 206;

Vincent Felitti, "Ursprü nge des Suchtverhaltens—Evidenzen aus einer Studie zu belastenden Kindheitserfahrungen", *Praxis der Kinderpsychologie und Kinderpsychiatrie*, 52 (2003): 547–559.

Vincent Felitti, "Childhood Sexual Abuse, Depression, and Family Dysfunction in Adult Obese Patients", *Southern Medical Journal* 86: (1993): 732–736.

11. "奇怪的是，心灵创伤相较其他创伤——甚至比性骚扰——更容易让一个人变抑郁。"

Felitti, *Adverse childhood experiences*, 223; *Chadwick's Child Maltreatment*, 208.

12. "在此后的数年中，这项研究一再被复制——结果都是一样的。"

A. Danese and M. Tan, "Childhood maltreatment and obesity: systematic review and meta-analysis", *Molecular Psychiatry* 19 (May 2014): 544–554;

Nanni et al. "Childhood Maltreatment Predicts Unfavorable Course of Illness and Treatment Outcome in Depression: A Meta-Analysis", *American Journal of Psychiatry* 169, No. 2 (Feb. 2012): 141–151.

13. "文森特认为，很多人的看法就像有一所房子着了火，光注意烟了，没有看到里面的火。"

George Brown and Tirill Harris, *Where Inner and Outer Worlds Meet*, 16–20, 227–240.

14. "斯坦福大学有一位叫艾伦·巴勃尔的内科医师说过，抑郁不是病，而是对不正常的生活经历的一种正常反应。"

Felitti, *Chadwick's Child Maltreatment*, 209.

15. "解决了这些疑问，更多的病人就能够施行他们的绝食计划，从而让体重保持健康状态。"

Felitti, *Obesity: Problem, Solution, or Both?*, 24.

10. 原因 5：和地位、尊重失联

1. "20 世纪 60 年代末的一个下午……觉得就像庇护所——他应该属于这些地方。"

Robert Sapolsky: *A Primate's Memoir* (London: Vintage, 2002), 13.

2. "又过了 10 多年，罗伯特的梦想变成了现实。"

Sapolsky, *Primate's Memoir*, 65; Robert Sapolsky, *Why Zebras Don't Get Ulcers* (New York: Henry Holt, 2004), 312.

3. "5 只狒狒松了口气，他也一样。" Sapolsky, *Primate's Memoir*, 240.

4. "当初在纽约时，罗伯特第一次见到了人类的表亲，他觉得在这里，在狒狒们身上，或许能够找到那把打开抑郁之门的钥匙。" Sapolsky, *Primate's Memoir*, 302–303.

5. "是个丛林狒狒王" Sapolsky, *Primate's Memoir*, 16–21.

6. "他很快便用《旧约》中那个最有智慧的所罗门的名字命名它" Sapolsky, *Primate's Memoir*, 21–22.

7. "检查血样有几个目的" Robert Sapolsky, *Why Zebras Don't Get Ulcers*, 355–356

8. "血样检测结果显示……常常会感到压力和焦虑。"

Robert Sapolsky, "Cortisol concentrations and the social significance of rank instability among wild baboons", *Psychoneuroendochrinology* 17, No. 6 (Nov. 1992): 701–709;

Robert Sapolsky, "The endocrine stress-response and social status in the wild baboon", *Hormones and Behavior* 16, No. 3 (September 1982): 279–292.

Robert Sapolsky, "Adrenocortical function, social rank, and personality among wild baboons", *Biological Psychiatry* 28, No. 10 (Nov. 1990): 862–878.

9. "地位最低的狒狒不想被强者粗暴对待，只好表现出一副落寞、被斗败的模样。"

Sapolsky, *Primate's Memoir*, 97; Sapolsky, Why Zebras Don't, 300–4, 355–359.

10. "所罗门当大哥当了一年，一天，一只叫乌利亚的年轻狒狒做了一件骇人的事。"

Sapolsky, *Primate's Memoir*, 23.

11. "一天，绝望至极的所罗门落寞地离开狒狒群，走入草原，再也没有回来。"

Sapolsky, *Primate's Memoir*, 177.

12. "其他科学家由此怀疑，从某种程度上说，抑郁可能与人类动物属性内的某种更深的东西有关。"

Carol Shivley et al. "Behavior and physiology of social stress and depression in female cynomolgus monkeys", *Biological Psychiatry* 41, No. 8 (April 1997): 871–882.

13. "他们看了罗伯特的研究结果，知道狒狒群内的等级制度是早就固化了的，它们会这样一直生活下去，只做出一些微小的调整。"

Natalie Angier, "No Time for Bullies: Baboons Retool Their Culture", New York Times, April 13, 2004, http://www.nytimes.com/2004/04/13/science/no-time-for-bullies-baboons-retool-their-culture.html.

14. "另有一些社会科学家从他们的研究中得到启示，开始研究抑郁和不平等的社会之间的关系，结果发现，社会越不平等，得抑郁症的人数就越多。"

Erick Messias et al. "Economic grand rounds: Income inequality and depression across the United States: an ecological study", *Psychiatric Services* 62, No. 7 (2011):710–712. http://csi.nuff.ox.ac.uk/?p = 642.

15. "比对不同国家的情况，比对美国各个州的情况，你就会发现这一点是对的。"

Richard Wilkinson and Kate Pickett, *The Spirit Level: Why Equality Is Better for Everyone* (London: Penguin, 2009), 31–41, 63–72, 173–196.

16. "'我们对这些东西极为敏感'" Paul Moloney, *The Therapy Industry* (London: Pluto Press, 2013), 109.

17. "在公司上班，你清楚地记得，过去，老板挣的钱可能比员工多 20 倍。"

http://www.hrreview.co.uk/hr-news/ftse-100-bosses-earn-average-5-5m-year-report-says/100790,

Sebastian Junger, *Tribe: One Homecoming and Belonging* (New York: Twelve, 2016), 31.

18. "沃尔玛集团的 6 位继承人的财富比 1 亿底层美国人的财富都要多。"

http://www.vanityfair.com/news/2012/05/joseph-stiglitz-the-price-on-inequality.

19. "8 位亿万富翁的财富比全世界一半的贫困人口的财富总和都要多。"

http://www.bbc.co.uk/news/business-38613488.

20. "罗伯特·萨博斯基和他那群野生狒狒在肯尼亚的大草原上共同生活多年，终于回家了。"

https://www.youtube.com/watch?v = NOAgplgTxf.

21. "回家以后……罗伯特梦到自己就要变成这样的人。" Sapolsky, *Primate's Memoir*, 127.

11. 原因 6：和自然界失联

1. "有些被圈养的大象遭受的心理创伤太重，以至于长年累月站着睡觉，神经性地不停地走来走去。"

John Sutherland, Jumbo: *The Unauthorized Biography of a Victorian Sensation* (London: Aurum Press, 2014), 9–10 26–7, 46, 58–60, 127.

2. "很多被圈养的动物失去了性欲，这就是很难让它们交配的原因。"

John Sutherland, Jumbo: *The Unauthorized Biography of a Victorian Sensation* (London: Aurum Press, 2014), 62.

3. "她想，如果人类离开了原来的生存环境同样变得抑郁会怎样？"

Edmund Ramsden and Duncan Wilson, "The nature of suicide: science and the self-destructive animal", *Endeavour* 34, No. 1 (March 2010): 21–24.

4. "人们早已知道，各类精神疾病，包括精神失常和精神分裂症这类重度精神类疾病，在城市中的发生率要远远大于乡下"

Ian Gold and Joel Gold, *Suspicious Minds: How Culture Shapes Madness* (New York: Free Press, 2015);

T. M. Luhrmann, "Is the World More Depressed?" *New York Times*, March 24, 2014, https://www.nytimes.com/2014/03/25/opinion/a-great-depression.html.

5. "结果一看便知：从城里搬到乡下的那些人的抑郁程度明显减轻，而从乡下搬到城里的那些人的抑郁程度明显加重。"

Ian Alcock et al. "Longitudinal Effects on Mental Health of Moving to Greener and Less Green Urban Areas", *Environmental Science and Technology* 48, No. 2 (2014):1247–1255.

William Davies, *The Happiness Industry: How the Government and Big Business Sold Us Well-Being* (New York: Verso, 2016), 245–247.

6. "此后，有更多的科学家进行过此类研究，结果都差不多。"

David G. Pearson and Tony Craig. "The great outdoors? Exploring the mental health benefits of natural environments", *Front Psychol* 5 (2014): 1178;

Kirsten Beyer et al. "Exposure to Neighborhood Green Space and Mental Health: Evidence from the Survey of the Health of Wisconsin", *Int J Environ Res Public Health* 11, No. 3 (March 2014): 3452–3472.

Richard Louv, *The Nature Principle* (New York: Algonquin Books, 2013), 29, 33–34;

Richard Louv: *Last Child in The Woods* (New York: Atlantic Books, 2010), 50.

7. "结果发现，在绿化程度较高的社区，人们的压力和绝望的程度要小得多。"

Catherine Ward Thompson et al. "More green space is linked to less stress in deprived communities", *Landscape and Urban Planning* 105, No. 3 (April 2012): 221–229.

8. "他们的情况，相比其他的人，好转了 5 倍。"

Marc Berman et al. "Interacting with Nature Improves Cognition and Affect for Individuals with Depression", *Journal of Affective Disorders* 140, No. 3 (Nov. 2012): 300–305.

9. "她说，一只动物，饥肠辘辘，地位又高，在自然界中四处活动，很难想象它会抑郁，其实，根本就不可能发生这样的事。" Louv, *Last Child*, 32.

10. "科学证据已经清晰地证明，大量的运动能够降低抑郁和焦虑的程度。"

Andreas Ströhle, "Physical activity, exercise, depression and anxiety disorders", *Journal of Neural Transmission* 116 (June 2009): 777.

11. "科学家通过比较健身房内跑步机上的跑步者和户外跑步者发现，他们的抑郁程度都有不同程度的减轻，但户外跑步者显然更快乐一些。"

Natasha Gilbert, "Green Space: A Natural High", *Nature* 531 (March 2016):S56–S57.

12. "20 世纪最有影响力的生物学家威尔逊认为，人生来就有一种热爱生命的自然的感觉。"

E. O. Wilson: *Biophilia* (Cambridge: Harvard University Press, 1984).

13. "社会科学家戈登·奥利安和朱迪斯·希尔维根……这种偏爱好像是人类天生就有的。" Louv: *The Nature Principle*, 54.

14. "但很多科学家都曾表示，一个人走入自然所获得的那种普通的反应，刚好和这种被囚禁的感觉相反，那是一种对自然界的畏惧感。"

https://www.psychologytoday.com/articles/201603/its-not-all-about-you.

15. "19 世纪 70 年代，一个非常偶然的机会，在南密歇根州立监狱，有人搞了一次研究这些看法的实验。"

"Beyond Toxicity: Human Health and the Natural Environment", *Am J Prev Med* 20, No. 3 (2001): 237;

David Kidner, "Depression and the Natural World", *International Journal of Critical Psychology* 19 (2007).

12. 原因 7：和有希望或者有保障的未来失联

1. "一个绰号为'多棒击'的印第安人首领……他那以捕猎为生的族人（绰号

'乌鸦')即将消亡。"

Jonathan Lear, *Radical Hope: Ethics in the Face of Cultural Devastation* (New York: Harvard University Press, 2006), 1–4.

2. "他说，他小时候……都和你在打猎或者打仗中扮演的角色有关。"

Jonathan Lear, *Radical Hope: Ethics in the Face of Cultural Devastation* (New York: Harvard University Press, 2006), 10.

3. "这便是他们道德观的核心。"

Jonathan Lear, *Radical Hope: Ethics in the Face of Cultural Devastation* (New York: Harvard University Press, 2006), 13–14.

4. "他说：'此后，什么事也没有发生。'"

Jonathan Lear, *Radical Hope: Ethics in the Face of Cultural Devastation* (New York: Harvard University Press, 2006), 2.

5. "……哲学家乔纳森·李尔这样说"

Jonathan Lear, *Radical Hope: Ethics in the Face of Cultural Devastation* (New York: Harvard University Press, 2006), 40–41.

6. "一个世纪过去了，一位名叫迈克尔·钱德勒的心理学教授有了一个重大发现。"

Michael J.Chandler and Christopher Lalonde, "Cultural continuity as a hedge against suicide in Canada's First Nations", *Transcultural Psychiatry* 35, No. 2 (1998): 191–219;

Marc Lewis, *The Biology of Desire: Why Addiction Is Not a Disease* (Victoria, Australia: Scribe, 2015), 203–204.

7. "让他们说说 5 年或者 10 年后他们的样子，他们马上就不知所措了。"

Lorraine Ball and Michael Chandler, "Identity formation in suicidal and non-suicidal youth: The role of self-continuity", *Development and Psychopathology* 1, No. 3 (1989): 257–275;

Michael C. Boyes and Michael Chandler, "Cognitive development, epistemic doubt, and identity formation in adolescence", *Journal of Youth and Adolescence* 21, No. 3 (1992): 277–304;

Michael Chandler et al. "Assessment and training of role-taking and referential communication skills in institutionalized emotionally disturbed children", *Developmental Psychology* 10, No. 4 (July 1974): 546;

Michael Chandler, "The Othello Effect", *Human Development* 30, No. 3 (Jan.

1970): 137–159;

Chandler et al. "Aboriginal language knowledge and youth suicide", *Cognitive Development* 22, No. 3 (2007): 392–399;

Michael Chandler, "Surviving time: The persistence of identity in this culture and that", *Culture & Psychology* 6, No. 2 (June 2000): 209–231.

8. "这就像他们身上的某块肌肉，完全不受他们的控制了。"

Brown and Harris, *Where Inner and Outer Worlds Meet: Psychosocial Research in the Tradition of George Brown* (London: Routledge, 2000), 10–11.

9. "意大利哲学家保罗·维尔诺说过……不知道下周是否还有工作，也许永远不会有稳定的工作。"

Ivor Southwood, *Non-Stop Inertia* (Arlesford, Hants: Zero Books, 2011), P15–6;

Nick Srnicek and Alex Williams, *Inventing the Future: Postcapitalism and a World Without Work* (London: Verso, 2015), 93;

Mark Fisher, *Capitalist Realism: Is There No Alternative?* (Winchester, UK: O Books, 2009), 32–37

13. 原因 8：基因和脑变化的真正作用

1. "马克·刘易斯的朋友们都以为他死了。"

Marc Lewis, *Memoirs of an Addicted Brain: A Neuroscientist Examines His Former Life on Drugs* (Toronto: Doubleday Canada, 2011), 139–142.

2. "他想知道一个人陷入深度抑郁时其大脑会如何变化。"

Marc Lewis, *The Biology of Desire: Why Addiction Is Not a Disease* (Victoria, Australia: Scribe, 2015), xv.

3. "他说，要想弄明白这是怎么回事先要搞清楚一个叫作'神经可塑性'的重要概念。"

Norman Doidge, *The Brain That Changes Itself* (London: Penguin, 2008);

Moheb Costandi, *Neuro-plasticity* (Cambridge: MIT Press, 2016);

Lewis, *Memoirs of an Addicted Brain*, 154–6; Lewis, Biology of Desire, 32–33, 163–165, 194–197.

4. "如果你给伦敦的一位出租车司机进行大脑 X 光扫描"

Eleanor A. Maguire et al. "London taxi drivers and bus drivers: A structural MRI and neuropsychological analysis", *Hippocampus* 16, No. 12 (2006): 1091–1101.

5. "比如说，你在完全的黑暗环境中养育一个孩子"

Gabor Mate, *In the Realm of Hungry Ghosts* (Toronto: Random House Canada, 2013), 183.

6. "马克认为……永远无法逃脱出来。"

John Read and Pete Saunders, *A Straight-Taking Introduction to the Causes of Mental Health Problems* (Ross-on-Wye, Hertfordshire, UK: PCCS Books, 2011), 34.

7. "不要问你的大脑里有什么，要问你的大脑是由什么构成的。"

http://cspeech.ucd.ie/Fred/docs/Anthropomorphism.pdf; http://www.trincoll. edu/~wmace/publications/Ask_inside.pdf.

8. "找几对长得很像的双胞胎，再找几对长得不像的双胞胎，把他们进行对比。"

Sami Timimi, *Rethinking ADHD: From Brain to Culture* (London: Plagrave Macmillan, 2009), 63.

9. "这个办法同样适用于对抑郁和焦虑的判断。"

Falk W. Lohoff, "Overview of the Genetics of Major Depressive Disorder", *Curr Psychiatry Rep* 12, No. 6 (Dec. 2010): 539–546.

http://coping.us/images/Hettema_et_al_2001_OCD_Meta_analysis.pdf.

10. "你能长多高，90% 的因素源自遗传"

Michael Marmot, *Status Syndrome: How Your Place on the Social Gradient Affects Your Health* (London: Bloomsbury, 2004), 50.

11. "如果你没有经历过那些惨痛的事情，即便有这种与抑郁相关联的基因，也不会比其他人更容易抑郁。"

Robert Sapolsky, *Monkeyluv: And Other Lessons on Our Lives as Animals* (New York: Vintage, 2006), 55–6;

A. Caspi et al. "Influence of Life Stress on Depression: moderation by a polmorphism in the 5-HTT gene", *Science* 301 (2003): 386;

Brown and Harris, *Where Inner and Outer Worlds Meet: Psychosocial Research in the Tradition of George Brown* (London: Routledge, 2000), 131–6.

12. "因为数项研究发现，抑郁和焦虑的社会因素仍会影响他们的抑郁程度和发病频率"

Brown and Harris, *Where Inner and Outer Worlds Meet*, 263–272;

S. Malkoff -Schwartz et al. "Stressful Life events and social rhythm disruption in the onset of manic and depressive bipolar episodes: a preliminary investigation", *Archives of General Psychiatry* 55, No. 8 (Aug. 1998): 702–709.

13. "但我的思考方式的改变源于我偶然读到的 20 世纪 60 年代的一些著名女权主义者的作品"

Betty Freidan, *The Feminine Mystique* (London: Penguin, 2010).

14. "但这些东西并不是你真正想要的"

Tim Wilson, *Strangers to Ourselves* (Cambridge: Harvard University Press, 2010).

15. "英国右翼学者凯蒂·霍普金斯曾表示……"

http://www.mirror.co.uk/3am/celebrity-news/katie-hopkins-comes-under-fire-5427934.

16. "希拉和其他的工作人员想知道的是：根据那个演员所描述的他患病的两个不同原因，他所受到的电击的次数和强度是否有区别？"

Sheila Mehta and Amerigo Farina, "Is Being 'Sick' Really Better? Effect of the Disease View of Mental Disorder on Stigma," *Journal of Social and Clinical Psychology* 16, No. 4 (1997):405–419.

James Davies, *Cracked: Why Psychiatry Is Doing More Harm Than Good* (London: Icon Books, 2013), 222.

Ethan Watters, "The Americanization of Mental Illness", *New York Times* Magazine, January 8, 2010, http://www.nytimes.com/2010/01/10/magazine/10psyche-t.html.

17. "我前面说过，精神病学家行医时都懂得某种叫作'生理 - 心理 - 社会模式'的东西。"

S. Nassir Ghaemi, *The Rise and Fall of the Biopsychosocial Model*;

John Read and Pete Saunders, *A Straight-Taking Introduction to the Causes of Mental Health Problems* (Ross-on-Wye, Hertfordshire, UK: PCCS Books, 2011), 36–37, 53–55.

18. "抑郁或者焦虑的发生有三种原因：生理的、心理的和社会的"

Bruce Alexander, *The Globalization of Addiction: A Study in Poverty of the Spirit* (New York: Oxford University Press, 2008).

19. "精神病的治疗方式变了"

Roberto Lewis-Fernandez, "Rethinking funding priorities in mental health research", *British Journal of Psychiatry* 208 (2016): 507–509.

20. "……会在政治上遭遇极大的挑战"

Mark Rapley, Joanna Moncrieff, and Jacqui Dillon, eds. *De-Medicalizing Misery: Psychiatry, Psychology and the Human Condition* (London: Palgrave Macmillan, 2011);

Merrill Singer and Hans A. Baer, *Introducing Medical Anthropology: A Discipline in Action* (Lanham, MD: AltaMira Press, 2007), 181.

14. 奶牛

1. "留下了不少地雷"

"The Killing Fields of Today: Landmine Problem Rages On", *Huffington Post*, June 2, 2013, http://www.huffingtonpost.com/michaela-haas/the-killing-fields-of-tod_b_2981990.html.

2. "他想起了诊治过的病人"

Derek Summerfield, "Global Mental Health Is an Oxymoron and Medical Imperialism", British Medical Journal 346 (May 2013): f3509.

3. "一位名叫雷吉娜·许温克的老妇人将我带到她小时候和家人藏身过的地堡，她说她们曾在里面向上帝祈祷希望她们能活下来。"

"Life inside the bunkers", *Exberliner*, September 17, 2013,

http://www.exberliner.com/features/people/inside-we-felt-safe/.

15. 这座城市是我们建造的

1. "这座城市是我们建造的。"

https://kottiundco.net/; https://www.flickr.com/photos/79930329@N08/;

https://www.neues-deutschland.de/artikel/228214.mieter-protestieren-gegen-verdraengung.html;

http://www.tagesspiegel.de/berlin/kreuzberg-protest-aus-der-huette/6686496.html;

http://www.taz.de/Protestcamp-am-Kotti/!5092817/;

http://needleberlin.com/2010/10/31/when-youre-from-kotti/;

http://jungle-world.com/artikel/2012/24/45631.html;

http://www.tagesspiegel.de/berlin/mietenprotest-am-kotti-opposition-will-mietobergrenze-fuersoziale-wohnungen/6772428.html;

Peter Schneider *Berlin Now: The Rise of the City and the Fall of the Wall* (London:

Penguin, 2014).

2. "连市政官员都不理解多年前签订的那些荒唐可笑的合同"

Mischa and Susan Claasen, *Abschoeibongs Dschungel Buch* (Berlin, LitPol, 1982).

16. 重联 1：与他人重联

1. "她们想知道，有意识地让自己快乐起来是否真的有效？"

https://eerlab.berkeley.edu/pdf/papers/Ford_etal_inpress_JEPG.pdf, B. Q. Ford et al. "Culture Shapes Whether the Pursuit of Happiness Predicts Higher or Lower Well-Being," *Journal of Experimental Psychology: General. Advance* online publication 144, No. 6 (2015), http://dx.doi.org/10.1037/xge0000108.

2. "东方人的做法刚好相反：先描述那群听众，再描述那个站在前面的演讲者。"

Richard Nisbett, *The Geography of Thought: How Asians and Westerners Think Differently... and Why* (New York: Nicholas Brealey Publishing, 2005);

Paul Moloney, *The Therapy Industry: The Irresistible Rise of the Talking Cure, and Why It Doesn't Work* (London: Pluto Press, 2013), 118.

3. "不要再做自己，要做我们，成为我们中的一员，成为群体的一分子。"

John Gray, *The Silence of Animals: On Progress and Other Modern Myths* (London: Penguin, 2014), 108–112.

4. "大约有 80% 的年轻人会选择回归家庭"

http://www.npr.org/templates/story/story.php?storyId = 545557.

5. "然而，20 世纪 70 年代的一项科学研究证明，阿米什人患抑郁症的概率远低于其他的美国人。"

J. A. Egeland et al. "Amish Study: I. Affective disorders among the Amish, 1976–1980", *American Journal of Psychiatry* 140 (1983): 56–61, https://www.ncbi.nlm.nih.gov/pubmed/6847986;

E. Diener et al. "Beyond money: Toward an economy of well-being", *Psychological Science in the Public Interest* 5, No. 1 (July 2004): 1–31;

Tim Kasser, "Can Th rift Bring Well-being? A Review of the Research and a Tentative Theory", *Social and Personality Psychology Compass* 5, No. 11 (2011):865–877, 10.1111/j.1751-9004.2011.00396.x.

Brandon H. Hidaka, "Depression as a disease of modernity: explanations for increasing prevalence", *Journal of Affective Disorders* 140, no.3 (Nov. 2013): 205–214, https://www.ncbi.nlm.nih.gov/pmc/articles/PMC3330161/;

Kathleen Blanchard, "Depression symptoms may come from modern living", Emaxhealth.com, August 13, 2009;

http://www.emaxhealth.com/1020/25/32851/depression-symptoms-may-come-modern-living.html;

Sebastian Junger, *Tribe: One Homecoming and Belonging* (New York: Twelve, 2016), 22.

17. 重联 2：社交良方

1. "萨姆把这个办法称为'社交良方'"

Janet Brandling and William House, "Social prescribing in general practice: adding meaning to medicine", *Br J Gen Pract* 59, No. 563 (June 2009): 454–456, doi: 10.3399/bjgp09X421085.

Peter Cawston, "Social prescribing in very deprived areas", *Br J Gen Pract* 61, No. 586 (May 2011): 350, doi: 10.3399/bjgp11X572517.

2. "然而，针对'做园艺能治病'这个课题，有人做过几次专门的科学研究"

Marianne Thorsen Gonzalez et al. "Therapeutic horticulture in clinical depression: a prospective study of active components", *Journal of Advanced Nursing* 66, No. 9 (Sept. 2010): 2002–2013, doi: 10.1111/j.1365-2648.2010.05383.x;

Y. H. Lee et al. "Effects of Horticultural Activities on Anxiety Reduction on Female High School Students", *Acta Hortric* 639 (2004): 249–251, doi: 10.17660/ActaHortic.2004.639.32;

P. Stepney et al. "Mental health, social inclusion and the green agenda: An evaluation of a land based rehabilitation project designed to promote occupational access and inclusion of service users in North Somerset, UK", *Soc Work Health Care* 39, No. 3–4 (2004): 375–397;

M. T. Gonzalez, "Therapeutic Horticulture in Clinical Depression: A Prospective Study", *Res Theory Nurs Pract* 23, No. 4 (2009): 312–328;

Joe Sempik and Jo Aldridge, "Health, well-being and social inclusion: therapeutic horticulture in the UK", https://dspace.lboro.ac.uk/2134/2922;

V. Reynolds, "Well-being Comes Naturally: an Evaluation of the BTCV Green Gym at Portslade, East Sussex", *Report* No.17, Oxford: Oxford Brookes University;

Caroline Brown and Marcus Grant, "Biodiversity and Human Health: What Role for Nature in Healthy Urban Planning?" *Built Environment* (1978-) 31, No. 4, Planning Healthy Towns and Cities (2005): 326–338;

http://ahta.org/ahta-journal-therapeutic-horticulture;

William Davies, *The Happiness Industry: How the Government and Big Business Sold Us Well-Being* (New York: Verso, 2016), 246.

3. "上述研究至少说明，做园艺是个改善不良精神状态的好方子。"

Paul Moloney, *The Therapy Industry: The Irresistible Rise of the Talking Cure, and Why It Doesn't Work* (London: Pluto Press, 2013), 61.

4. "直到 19 世纪 50 年代人们才知道霍乱是怎么回事"

http://www.bbc.co.uk/history/historic_figures/bazalgette_joseph.shtml.

18. 重联 3：有意义的工作

1. "每逢周日晚上，她总会感觉到心脏在怦怦乱跳，害怕下周的到来。"

Paul Verhaeghe, What About Me? The Struggle for Identity in a Market-Based Society (Victoria, Australia: Scribe, 2014), 199.

2. "乔希解释，生活方式和工作方式的改变是解决这个问题的一种尝试。"

Daniel Pink, *Drive: The Surprising Truth About What Motivates Us*, pp. 28–31, and p. 51,

Thomas Georghegan, *Were You Born on the Wrong Continent? How the European Model Can Help You Get a Life.*

Paul Rogat Loeb, *The Soul of a Citizen. Living with Conviction in Challenging Times* (New York: St. Martin's Press, 2010), 100–104.

3. "每个人都想体现自己的价值，每个人都有追求的目标。"

Daniel Pink, *Drive: The Surprising Truth About What Motivates Us*, 76.

4. "结果显示，那些用民主的方式经营的企业的业务量比那些老板一个人说了算的企业的业务量多出了整整 4 倍。"

Pink, *Drive*, 91;

Paul Baard et al. "Intrinsic Need Satisfaction: A Motivational Basis of Performance and Well-Being in Two Work Settings", *Journal of Applied Social Psychology* 34 (2004).

5. "然而，正如我此前所讨论的……的确会变得更加抑郁和焦虑。"

William Davies, *The Happiness Industry: How the Government and Big Business Sold Us Well-Being* (New York: Verso, 2016) 108, 132–133;

Robert Karasek and Tores Theorell, *Healthy Work: Stress, Productivity and the Reconstruction of Working Life* (New York: Basic Books, 1992).

19. 重联 4：致有意义的价值观

1. "比如说，巴西的圣保罗，正在慢慢地被铺天盖地的广告牌埋葬。"

Justin Thomas, "Remove billboards for the sake of our mental health", *The National*, January 25, 2015, http://www.thenational.ae/opinion/comment/remove-billboards-for-the-sake-of-our-mental- health;

Amy Curtis, "Five Years Aft er Banning Outdoor Ads, Brazil's Largest City Is More Vibrant Than Ever", NewDream.org, https://www.newdream.org/resources/sao-paolo-ad-ban;

Arwa Mahdawi, "Can cities kick ads? Inside the global movement to ban urban billboards", *The Guardian*, August 12, 2015,

https://www.theguardian.com/cities/2015/aug/11/can-cities-kick-ads-ban-urban-billboards.

2. "有一家销售公司在伦敦地铁站里面张贴了一则减肥产品的广告"

Rose Hackman, "Are you beach body ready? Controversial weight loss ad sparks varied reactions," *The Guardian*, June 27, 2015,

https://www.theguardian.com/us-news/2015/jun/27/beach-body-ready-america-weight-loss-ad-instagram,

3. "这是一种很显著的、可测的效果。"

Tim Kasser et al. "Changes in materialism, changes in psychological well-being: Evidence from three longitudinal studies and an intervention experiment", *Motivation and Emotion* 38 (2014): 1–22.

20. 重联 5：体谅的快乐以及战胜自恋

1. "在那个实验对照组中，有 58% 的患者又抑郁了"

Miguel Farias and Catherine Wikholm, *The Buddha Pill: Can Meditation Change You?* (London: Watkins Publishing, 2015), 74;

C. Hutcherson and E. Seppala, "Loving-kindness meditation increases social connectedness", *Emotion* 8, No. 5 (Oct. 2008): 720–724;

J. Mascaro et al. "Compassion meditation enhances empathic accuracy and related neural activity", *Social Cognitive and Affective Neuroscience* 8, No. 1 (Jan. 2013): 48–55;

Y. Kang et al. "The non-discriminating heart: Loving kindness meditation training decreases implicit intergroup bias", *Journal of Experimental Psychology*, General 143, No. 3 (June 2014): 1306–1313;

Y. Kang et al. "Compassion training alters altruism and neural responses to suffering", *Psychological Science* 24, No. 7 (July 2013), 1171–1180;

Eberth Sedlmeier et al. "The psychological effects of meditation: A meta-analysis", *Psychological Bulletin* 138, No. 6 (Nov. 2012): 1139–1171.

2. "一项不同的科学研究结果也显示……康复的概率要大得多。"

Farias and Wikholm, *Buddha Pill*, 112;

Frank Bures, *The Geography of Madness: Penis Thieves, Voodoo Death and the Search for the Meaning of the World's Strangest Syndromes* (New York: Melville House, 2016), 123.

3. "结果显示……前者的意愿几乎是后者的两倍。" Farias and Wikholm, *Buddha Pill*, 128–131.

4. "事实证明，经常祷告的人不容易抑郁"

P. A. Boelens et al. "A randomized trial of the effect of prayer on depression and anxiety", *International Journal of Psychiatry Medicine* 39, No. 4 (2009): 377–92.

5. "另外一个就是认知行为疗法"

D. Lynch, "Cognitive behavioural therapy for major psychiatric disorder: does it really work? A meta-analytical review of well-controlled trials", *Psychological Medicine* 40, No. 1 (Jan. 2010): 9–24, doi: https://doi.org/10.1017/S003329170900590X.

6. "他们会有一种超越自我、超越日常琐事的感觉，会感觉到和某种更深的东西——和别人、自然，甚至是存在本身紧密地联系在了一起。"

Walter Pahnke and Bill Richards, "Implications of LSD and experimental mysticism", *Journal of Religion and Health* 5, No. 3 (July 1966): 175–208;

R. R. Griffith et al. "Psilocybin can occasion mystical-type experiences having substantial and sustained personal meaning and spiritual significance", *Psychopharmacology* 187,

No. 3 (Aug. 2006): 268–283;

Michael Lerner and Michael Lyvers, "Values and Beliefs of Psychedelic Drug Users: A Cross-Cultural Study", *Journal of Psychoactive Drugs* 38, No. 2 (2006): 143–147;

Stephen Trichter et al. "Changes in Spirituality Among Ayahuasca Ceremony Novice Participants", *Journal of Psychoactive Drugs* 41, No. 2 (2009): 121–134;

Rick Doblin: "Pahnke's 'Good Friday experiment': A long-term follow-up and methodological critique", *Journal of Transpersonal Psychology* 23, No. 1 (Jan. 1991): 1;

William Richards, *Sacred Knowledge: Psychedelics and Religious Experiences* (New York: Columbia University Press, 2016).

7. "很多长期嗜酒如命的人，服用了这类药物，成功戒掉了恶习。"

Pahncke et al. "LSD In The Treatment of Alcoholics", *Pharmacopsychiatry* 4, No. 2 (1971); 83–94, doi: 10.1055/s-0028-1094301.

8. "很多长期饱受抑郁折磨的人，服用了这种药物，明显感觉好了很多，摆脱了抑郁的困扰。"

L. Grinspoon and J. Bakalar, "The psychedelic drug therapies", *Curr Psychiatr Ther* 20 (1981): 275–283.

9. "这些科学研究并不是依照我们现在所使用的标准做的"

Bill Richards explains why in *Sacred Knowledge: Psychedelics and Religious Experiences* (New York: Columbia University Press, 2015).

10. "有人便编造了很多故事，试图把这类药物妖魔化"

Jacob Sullum, *Saying Yes* (New York: Jeremy Tarcher, 2004).

11. "有 80% 的人成功戒掉了烟瘾"

Matthew W. Johnson et al. "Pilot study of the 5-HT 2A R agonist psilocybin in the treatment of tobacco addiction", *Journal of Psychopharmacology* 28, No. 11 (Sept. 2014): 983–992.

12. "伦敦大学的一个科研团队做了一个实验，让那些多年来饱受重度抑郁折磨，且没有接受过任何其他形式治疗的人服用二甲 -4- 羟色胺磷酸。"

Robin Carrhart-Harris et al. "Psilocybin with psychological support for treatment-resistant depression: an open-label feasibility study", *Lancet Psychiatry* 3, No. 7 (July 2016): 619–627.

13. "上述良好的效果依赖于一件事"

Matthew W. Johnson et al. "Pilot study of the 5-HT 2A R agonist psilocybin in the treatment of tobacco addiction", *Journal of Psychopharmacology* 28, No. 11 (Sept. 2014): 983–992.

14. "……正和罗兰从事一项科学研究……"

https://vimeo.com/148364545.

21. 重联 6：承认并战胜童年创伤

1. "你觉得这件事对你有长期的不利影响吗？"

Vincent Felitti et al. *Chadwick's Child Maltreatment: Sexual Abuse and Psychological Maltreatment*, Volume 2 of 3, Fourth edition, (2014): 211;

V. Felitti et al. "The relationship of adult health status to childhood abuse and household dysfunction," *American Journal of Preventive Medicine* 14 (1998): 245–258.

2. "最后，数据出来了。"

Felitti et al. *Chadwick's Child Maltreatment*, 212; V. Felitti, "Long Term Medical Consequences of Incest, Rape, and Molestation" *Southern Medical Journal* 84 (1991): 328–331.

3. "比如说，有一位老妇人……"

Felitti et al. *Chadwick's Child Maltreatment*, 205.

4. "在接下来的那一年，这些患者再次来就医、抱怨身体不舒服或者拿药的次数减少了 50%。"

Vincent Felitti, "Ursprü nge des Suchtverhaltens——Evidenzen aus einer Studie zu belastenden Kind-heitserfahrungen", *Praxis der Kinderpsychologie und Kinderpsychiatrie*, 52 (2003): 547–559.

5. "比如说，那些身患艾滋病却没有公开出柜的同性恋者和那些公开出柜的同性恋者相比……也要比后者早死两到三年。"

Judith Shulevitz, "The Lethality of Loneliness", *New Republic*, May 13, 2013;

https://newrepublic.com/article/113176/science-loneliness-how-isolation-can-kill-you.

22. 重联 7：重塑未来

1. "20 世纪 70 年代中期，有一群加拿大政府官员……"

Evelyn Forget, "The Town with No Poverty: The Health Effects of a Canadian

Guaranteed Annual Income Field Experiment", *Canadian Public Policy* 37, No. 3 (2011), doi: 10.3138/cpp.37.3.283;

Nick Srnicek and Alex Williams, *Inventing the Future: Post capitalism and a World Without Work* (London: Verso, 2015);

Rutger Bregman and Elizabeth Manton, *Utopia For Realists: The Case for a Universal Basic Income, Open Borders, and a 15-hour Workweek* (Netherlands: Correspondent Press, 2016);

Zi-Ann Lum, "A Canadian City Once Eliminated Poverty and Nearly Everyone Forgot About It", *Huffington Post*, January 3, 2017, http://www.huffingtonpost. ca/2014/12/23/mincome-in-dauphin-manitoba_n_6335682.html;

Benjamin Shingler, "Money for nothing: Mincome experiment could pay dividends 40 years on", *Aljazeera America*, August 26, 2014, http://america.aljazeera.com/ articles/2014/8/26/dauphin-canada-cash.html;

Stephen J. Dubner, "Is the World Ready for a Guaranteed Basic Income?" *Freakonomics*, April 13, 2016, http://freakonomics.com/podcast/mincome/;

Laura Anderson and Danielle Martin, "Let's get the basic income experiment right", TheStar.com, March 1, 2016, https://www.thestar.com/opinion/commentary/2016/03/01/ lets-get-the-basic-income-experiment-right.html;

CBC News, "1970s Manitoba poverty experiment called a success", CBC.ca, March 25, 2010, http://www.cbc.ca/news/canada/manitoba/1970s-manitoba-poverty-experiment-called-a-success-1.868562.

2. "在美国，年收入低于 2 万美元的人和那些年收入超过 7 万美元的人相比，抑郁或者焦虑的概率是后者的两倍。"

Carl I. Cohen and Sami Timimi, eds. *Liberatory Psychiatry: Philosophy, Politics and Mental Health* (Cambridge: Cambridge University Press, 2008), 132–134;

Blazer et al. "The prevalence and distribution of major depression in a national community sample: the National Comorbidity Survey", *Am Psych Assoc* 151, No. 7 (July 1994): 979–986.

3. "伊芙琳和她的那个调研组耗费多年统计数据，发现了这个实验的一些主要成果。"

Rutger Bregman and Elizabeth Manton, *Utopia For Realists: The Case for a*

Universal Basic Income, Open Borders, and a 15-hour Workweek (Netherlands: Correspondent Press, 2016), 63–64.

4. "他是全民基本收入这个理念在欧洲的主要倡导者。"

https://www.indybay.org/newsitems/2010/07/06/18652754.php.

5. "像注意力缺乏症和小儿抑郁症这类行为问题降低了 40%。"

E. Jane Costello et al. "Relationships Between Poverty and Psychopathology: A Natural Experiment", *JAMA* 290, No. 15 (2003): 2023–2029;

Moises Velasquez-Manoff, "What Happens When the Poor Receive a Stipend?" *New York Times*, January 18, 2014, http://opinionator.blogs.nytimes.com/2014/01/18/what-happens-when-the-poor-receive-a-stipend/?_r = 0, as accessed Jan 1, 2017;

Bregman and Manton, *Utopia for Realists*, 97–99;

https://academicminute.org/2014/06/jane-costello-duke-university-sharing-the-wealth/, as accessed Jan 1, 2017.

6. "罗格认为,最大的变化是人们对工作的态度发生了改变。"

http://edoc.vifapol.de/opus/volltexte/2014/5322/pdf/Papers_Basic_Income_Blaschke_2012pdf;

Danny Dorling: *A Better Politics: How Government Can Make Us Happier* (London: London Publishing Partnership, 2016), 98–100.

7. "罗格说,保证最低年收入最重要的作用是给予了人们一种说'不'的力量。"

Nick Srnicek and Alex Williams, *Inventing the Future: Post capitalism and a World Without Work* (London: Verso, 2015), 120–121.

8. "美国前总统奥巴马曾经表示:这个梦想在接下来的 20 年内会变为现实。"

https://www.wired.com/2016/10/president-obama-mit-joi-ito-interview/.

9. "安德鲁生在一个天主教家庭"

Andrew Sullivan, *Love Undetectable* (London: Vintage, 2014).

10. "不用我再说下去了吧。"

Rebecca Solnit, *Hope in the Dark: Untold Histories, Wild Possibilities* (London: Canongate, 2016);

Paul Rogat Loeb, *The Soul of a Citizen: Living with Conviction in Challenging Times* (New York: St Martin's Press, 2010).

结束语：回家

1. "这个谬论让大型医药公司每年有 1000 多亿美元的销售额"

http://www.researchandmarkets.com/research/p35qmw/u_s.

2. "相关人员在 2011 年曾这样解释……"

Paul Verhaeghe, *What About Me? The Struggle for Identity in a Market-Based Society* (Victoria, Australia: Scribe, 2014), 191–193.

3. "联合国在 2017 年世界健康日那天发表正式声明称……"

http://www.ohchr.org/EN/NewsEvents/Pages/DisplayNews.aspx?NewsID = 21480&LangID = E.

4. "你就完全被包裹在一个血清素的虚假故事中了。"

Paul Moloney, *The Therapy Industry: The Irresistible Rise of the Talking Cure, and Why It Doesn't Work* (London: Pluto Press, 2013), 70.

5. "如果你一直摸着火炉，你的手就会着火，最后被烧掉。"

Stephen Grosz, *The Examined Life: How We Lose and Find Ourselves* (London: Vintage, 2015).

6. "从某种意义上讲，抑郁和焦虑可能是最理智的一种反应。"

Mark Fisher, *Capitalist Realism: Is There No Alternative?* (Winchester, UK: O Books, 2009)—see pp. 18–20.

7. "你必须把脸扭过去，面对你周围那些受伤的人，找到一种办法和他们开始沟通、交流"

Naomi Klein, *How the Gospel Transforms the Teen Years* (London: Penguin, 2015).